Klimawandel und regionale Wirtschaft

Strukturwandel und Strukturpolitik

Herausgegeben von Prof. Dr. Wolfram Elsner

Band 12

PETER LANG
Frankfurt am Main · Berlin · Bern · Bruxelles · New York · Oxford · Wien

Wolfram Elsner
Christoph Otte
Inhi Yu

Klimawandel und regionale Wirtschaft

Vermögensschäden und Einkommensverluste durch extreme Klimaereignisse sowie Kosten-Nutzen-Analysen von Schutzmaßnahmen

Am Beispiel der nordwestdeutschen Küstenregion

PETER LANG
Europäischer Verlag der Wissenschaften

Bibliografische Information Der Deutschen Bibliothek
Die Deutsche Bibliothek verzeichnet diese Publikation in der Deutschen Nationalbibliografie; detaillierte bibliografische Daten sind im Internet über <http://dnb.ddb.de> abrufbar.

ISSN 1438-2644
ISBN 3-631-52925-2

www.peterlang.de

Zur Reihe "Strukturwandel und Strukturpolitik"

"Strukturwandel", vor allem "globaler" Strukturwandel, ist in aller Munde. Er ist in der Tat das wichtigste Phänomen, in dem sich die *Dynamik* des Wirtschaftens äußert und das dem Wachstum der Wirtschaft zugrunde liegt. Auch Wirtschaftspolitik ist seit mehr als zwei Jahrzehnten weit eher "Strukturpolitik" (im weitesten Sinne, also institutionelle Strukturen eingeschlossen) als "Globalsteuerung".

Statisch-statistisch gesehen haben Struktur und Strukturwandel mit ökonomischen Phänomenen auf *"mittlerer" Aggregationsebene* und ihrem Wandel zu tun: Sektoren, Branchen, sektorale Cluster und Netzwerke, ferner Regionen, regionale Cluster und Netzwerke sowie schließlich Betriebsgrößenklassen (wie z. B der "Mittelstand" oder Kleinstunternehmen und Existenzgründer). Diese strukturelle Dimension der Wirtschaft beschreibt zugleich das moderne Feld der *Meso-Ökonomik*. Zur Strukturpolitik zählen dementsprechend die sektorale Strukturpolitik (industrial policy), die heutzutage auch *cluster- und netzwerkorientiert* ist, einschließlich der Technologiepolitik, die *regionale* Strukturpolitik, einschließlich der Humankapitalförderung i. w. S., sowie die *Mittelstands- und Existenzgründungsförderpolitik*.

Dynamisch und *ökonomisch-theoretisch* betrachtet haben Strukturwandel und Strukturpolitik etwas mit unmittelbaren (d. h. nicht nur indirekten, preisvermittelten) *Interaktionen* von Akteuren zu tun. Diese finden i. d. R. in komplexen und mit Unsicherheit behafteten Entscheidungssituationen statt und induzieren Prozesse, deren Ergebnisse nicht nur in Mengen und Preisen beschreibbar sind. Sie sind bedingt durch funktional und räumlich fragmentierte Wertschöpfungsketten, die zugleich technologisch höchst interdependent sind und insbesondere durch Netztechnologien und Netzexternalitäten die Akteure in ihren Entscheidungen voneinander abhängig machen. Diese neue Realität der New Economy verlangt hochgradig abgestimmte individuelle Entscheidungen und dichte Interaktionen. Solche Interaktionen wiederum verlangen vielfältige *Koordinierungs- und Kooperationsleistungen* von den Akteuren einschließlich der öffentlichen Akteure. Diese Leistungen lassen sich nach aller Erfahrung und theoretisch erhärtet vor allem in *"mittelgroßen" Gruppen* effektiv erbringen. Dort finden *soziale Lernprozesse* relativ leicht statt, und private Akteure können in diesem Rahmen im evolutionären Prozeß soziale Institutionen der Koordination und Kooperation herausbilden. Netzwerke, als fortgeschrittene Kooperationsformen, bewirken dann nach empirischen Erkenntnissen erhebliche Effizienzsteigerungen, z. B. oft erhebliche Beschleunigungen des Innovationsprozesses zwischen kleinen und mittleren Unternehmen. Solche spontanen dezentralen Prozesse sind jedoch zugleich - sowohl in der sozialökonomischen Realität wie in sozialen Experimenten, erhärtet durch theoretische Forschung - oft *blockiert*, anhaltend *fragil* und/oder sehr *zeitaufwendig*.

Wenn Global Player vor diesem Hintergrund ihre Macht einsetzen und globale Zuliefernetzwerke hierarchisch organisieren und kommandieren ("Hub & Spoke Netzwerke"), dann finden dezentrale Lernprozesse i.d.R. ebenfalls in suboptimaler Weise statt. Die Koordinations- und Kooperationsleistungen der privaten Akteure lassen sich jedoch *initiieren*, *stabilisieren* und/oder *beschleunigen* durch eine moderne Wirtschafts(struktur)politik, die die Anreize, Motive und Leistungen der Privaten nicht (etwa im Sinne der traditionellen Kollektivguttheorie) ersetzt, sondern sich wiederum interaktiv mit diesen koordiniert, um die Privaten zu Beiträgen im eigenen, aber auch im strukturpolitischen Interesse zu motivieren. Zu dem damit angedeuteten Paradigma einer "*interaktiven*" (und damit zugleich "schlankeren") *Wirtschafts- und Strukturpolitik* soll diese Buchreihe ebenfalls Beiträge liefern.

Insgesamt soll mit dieser Reihe der Anspruch verfolgt werden, eine moderne, interaktive *Meso-Ökonomik* zu repräsentieren. Diese kann die vielfältigen Insuffizienzen reiner Mikro- und reiner Makro-Ökonomik und die vielfältigen, oft unbeabsichtigten (wenngleich oft systematischen) strukturellen Effekte von mikro- und makroökonomischen Vorgängen und mikro- und makropolitischen Aktionen aufdecken helfen und schließlich die Probleme durch adäquate privat-private und privat-öffentliche Interaktionsstrukturen einer Lösung näherbringen.

Wolfram Elsner, Bremen

Inhaltsverzeichnis

Einleitung ____ 9

1. Küstenregionen als Objekt regionalökonomischer Klimafolgenforschung ____ 17

1.1 Küsten als Risikoräume ____ 17

1.2 Globaler Klimawandel und seine regionalen Folgen ____ 22

1.3 Der Einsatz von Szenarien ____ 26

1.4 Untersuchungsgebiet „Nordwestdeutsche Küstenregion“ ____ 31

2. Grundlagen der Bestimmung von Schadenspotenzial und Schadensausmaß künftiger Sturmflutereignisse ____ 33

2.1 Personenschäden ____ 34

2.2 Schäden an Kulturgütern ____ 36

2.3 Küstenschutzaufwendungen ____ 37

2.4 Vermögensschäden ____ 38

2.4.1 Mikroskaliger Ansatz ____ 41

2.4.2 Makroskaliger Ansatz ____ 43

2.4.3 Mesoskaliger Ansatz ____ 47

2.5 Wertschöpfungsverluste ____ 51

2.6 Ökologische Schäden ____ 59

3. Schadensfunktionen und Vermögensschäden künftiger Sturmflutereignisse ____ 69

3.1 Interdisziplinäre Folgenabschätzung ____ 69

3.2 Ermittlung von Schadensfunktionen ____ 71

3.2.1 Methode ____ 71

3.2.2 Spezifizierung mesoskaliger Schadensfunktionen ____ 77

3.3 Vermögensschäden in lokalen Fokusflächen
und in der Gesamtregion 80

4. Regionalökonometrische Simulation der regionalen Klimafolgen 89
4.1 Das regionalökonometrische Modell im Überblick 89
4.2 Theoretische und formale Grundstruktur des Modells 93
4.2.1 Privater Konsum 93
4.2.2 Bruttoanlageinvestitionen 95
4.2.3 Kapitalstock 96
4.2.4 Bruttowertschöpfung 97
4.2.5 Lohnsatz 97
4.2.6 Arbeitsnachfrage 98
4.2.7 Arbeitsangebot 99
4.3 Modellevaluation: Ex-Post-Prognose 100
4.3.1 Prognose der gemeinsamen abhängigen Variablen 100
4.3.2 Ex-Post-Prognose 101
4.4 Längstfrist-Prognose der ökonomischen Entwicklung
für Bremen und Niedersachsen 104
4.4.1 Basis- und Kontrastszenarien 104
4.4.2 Die Entwicklung der regionalen Wirtschaft
in den Referenzszenarien 105
4.5 Simulationen der Klimafolgen und präventiver
Küstenschutz-Maßnahmen 112
4.5.1 Zur Methode 112

4.5.2 Simulation 1: Klimawandelbedingtes Küstenschutzversagen mit Überflutungen in den Fokusflächen 113

4.5.3 Simulation 2: Investitionsimpulse durch präventive Küstenschutzmaßnahmen 116

5. Ökologische Schäden 119

5.1 Vorgehensweise und Bewertungsansatz 119

5.2 Ökologische Schäden in den Fokusflächen 129

6. Kosten-Nutzen-Analysen von Schutzmaßnahmen 133

6.1 Methode 133

6.2 Kosten und Nutzen von Reaktionsvarianten in den lokalen Fokusflächen 140

7. Schlußbemerkungen 149

Literatur 152

Arbeitspapiere und Veröffentlichungen zur regionalökonomischen Klimafolgenforschung 180

Anhänge 183

Anhang 1: Spezifizierung von Schadensfunktionen 185

Anhang 2: Simulationsergebnisse - Klimawandelbedingtes Küstenschutzversagen mit Überflutungen in den Fokusflächen 204

Anhang 3: Simulationsergebnisse - Investitionsimpulse durch präventive Küstenschutzmaßnahmen 213

Anhang 4: Ökonometrisches Modell für das Land Bremen 216

Anhang 5: Ökonometrisches Modell für das Land Niedersachsen 230

Anhang 6: Ex-Post-Simulation, 1977-1995 – Prüfmaße 243

Anhang 7: Endogene Variablen des Modells für das Land Bremen 246

Anhang 8: Endogene Variablen des Modells für das Land Niedersachsen 251

Anhang 9: Exogene Variablen 255

Anhang 10: Entwicklung der exogenen Variablen von 1997-2040 ________ 257

Abkürzungsverzeichnis ________ 269
Abbildungsverzeichnis ________ 271
Tabellenverzeichnis ________ 275

Einleitung

Internationale Klimaforschung

Die internationale Forschung zum globalen Klimawandel konzentriert sich traditionell auf die Simulation von Klimaszenarien und die Erarbeitung längerfristiger globaler Klimaprognosen. Diese setzen exakter Identifikation der *Ursachen* gut spezifizierte Klimamodelle mit und *Erklärungsfaktoren* des Klimawandels voraus. Globale Klimaforschung ist also zuerst Ursachen- und Prognoseforschung. Sie zielt damit natürlich indirekt auch auf mögliche Handlungsaufforderungen und Handlungsoptionen.

Klimafolgenforschung

Neben der Ursachenforschung mit ihren eher indirekten Handlungsimplikationen hat sich eine Klimawirkungsforschung etabliert. Sie erforscht die vieldimensionalen und i.d.R. komplexen Wirkungsmechanismen des Klimawandels auf andere sozioökonomische und sozioökologische Dimensionen und Bereiche. Sie scheint zunächst v.a. beschreibend zu sein, muss jedoch über Deskription hinausgehen, insofern sie ebenfalls *Wirkungsmechanismen* – nunmehr nicht auf der Klimaursachen- sondern auf der Klimafolgenseite – herausarbeiten muss. Ihre *Handlungsimplikationen* liegen daher im Bereich der Beeinflussung von Klimafolgen in den verschiedenen Wirkungsbereichen.

Regionalisierung und Handlungsorientierung

Die stärkere Berücksichtigung von Klimafolgen in den letzten Jahren hat zugleich mit der Tendenz der globalen Klimaforschung zu tun, sich zu regionalisieren. Globale Klimaszenarien und –prognosen können in der Tat auf die Gegebenheiten bestimmter natürlicher Großräume und Ökosysteme heruntergebrochen werden und werden erfolgreich auf solche Großregionen angepasst. Es sind damit regionalisierte Klimaszenarien und –prognosen entstanden. Auf dieser regionalen Ebene kann – je nach quantitativer und qualitativer Bedeutung der Region – in deutlich geringerem Maße von einem *Beitrag der Region zu den Ursachen* des Klimawandels gesprochen werden; dieser ist oft nur als marginal anzusehen. Regionalspezifische Handlungsimplikationen der erstgenannten Art sind hier deutlich weniger zu sehen.

Umso größer erscheint die Affinität der *regionalisierten* Klimaforschung mit der Klima*folgen*forschung und ihren spezifischen *Handlungsimplikationen.* Die Implikationen liegen bereits in der größeren *Detailliertheit*, mit der die Klimafolgen in den *verschiedenen Wirkungsbereichen* und –dimensionen ermittelt und in ihren Wirkungszusammenhängen untersucht werden können; die Handlungsimplikationen konzentrieren sich hier explizit auf Maßnahmen und Strategien der *Vermeidung und Verminderung regionaler Klimafolgen* in den verschiedenen Wirkungsdimensionen.

Interdisziplinarität und ökonomische regionale Klimafolgenforschung

Schließlich ist es naheliegend, dass eine besondere Affinität vorliegt zwischen der regionalisierten Klimafolgenforschung und der Interdisziplinarität der Forschung. Zwar wäre es absurd zu behaupten, die globale Klima(ursachen)forschung sei nicht ebenfalls interdisziplinär angelegt und es gebe irgendeine Art „reiner" Klimaforschung. Bei der Analyse der Wirkungen, Wirkungsmechanismen und Handlungsimplikationen der *regionalen* Klimafolgenforschung auf die verschiedenen sozioökonomischen und sozioökologischen Dimensionen sind verschiedene Einzelwissenschaften jedoch unabweisbar direkt angesprochen.

Deshalb ist in den letzten Jahren auch die *ökonomische* Wissenschaft explizit Adressat von Anforderungen der regionalen Klimafolgenforschung geworden. Die nationale Klimafolgenforschung verlangt seit Ende der neunziger Jahre explizit die Einbeziehung der ökonomischen Wissenschaft in Verbünde der interdisziplinären Klimafolgenforschung, um auch die ökonomischen Implikationen des regionalen Klimawandels, ihre *Vermeidungsmöglichkeiten* und deren *Kosten und Nutzen* analysieren zu lassen. Hier liegt der Ansatzpunkt der vorliegenden Untersuchung.

Das Programm DEKLIM C

Das Deutsche Klimaforschungsprogramm DEKLIM von 1999 fokussiert dementsprechend auf eine Regionalisierung, größere empirische Nähe und Interdisziplinarität der Klimaforschung. Sein Teil C gilt dabei der Klima*folgen*forschung. Hier wurde explizit mehr und vernetztes (interdisziplinäres) *„Orientierungs- und Handlungswissen"* verlangt über die Klimawirkungen auch auf *„sozio-ökonomische Systeme"* und ihre Vermeidung – bzw. Verminderungsmöglichkeiten. Dabei sind auch die *Reaktionen* der Systeme zu untersuchen, die *private* und *öffentliche Handlungen* und Maßnahmen beinhalten. Insbesondere für öffentliche Defensivmaßnahmen der Vermeidung oder Verminderung von Klimafolgen werden sodann *Kosten-Nutzen*-Überlegungen erwartet. Erwartet wurden schließlich die Entwicklung und Verwendung sozio-ökonomischer Modelle auf z.T. kleine, subnationale oder auch grenzüber-schreitende, *Regionen* (s. DEKLIM-Richtlinie vom 28.12.1999).

Ökonomische regionale Klimafolgenforschung – Modellorientierung, Längstfrist-Perspektive, Stocks und Flows

Die ökonomische Wissenschaft treffen solche öffentlichen Aufgabenzuweisungen und Leistungserwartungen einigermaßen unvorbereitet. Eine ökonomische regionale Klimafolgenforschung hat sich bis heute noch kaum etabliert, v.a. nicht in Deutschland. Die vorherrschende ökonomische Theorie ist nur schwer zugänglich sowohl für eine *Regionalisierung* empirischer (ökonometrischer) Modelle als auch für die hier notwendige *Interdisziplinarität* mit natur- und ingenieurwissenschaftlichen Disziplinen, v.a. aber für die hier geforderte *Längstfristperspektive*, die Prognosen bis zum Jahre 2050 verlangt, welche in den Klimaprognosen der früheste Prognose-Fluchtpunkt ist.

Die bisherige ökonomische Klimafolgenforschung war daher relativ grob, arbeitete v.a. mit groben theoretischen Modellen und Parametern und fokussierte auf überschlägige Schätzungen von *Vermögensschäden* des Klimawandels und von mit ihm einhergehenden Extremereignissen. Vermögensschäden in Form von *Landverlusten* und Verlusten weniger damit verbundener Kapitalkategorien machten lange Zeit die ökonomische klimarelevante Forschung aus. Diese Anstöße kamen v.a. aus den USA.

Die Ansätze waren weitgehend *disziplinär* und daher naturwissenschaftlich, ingenieurwissenschaftlich und ökologisch weitgehend uninformiert. *Konkrete geographische Flächenkenntnisse* (Höhenlagen, Nutzungsarten, lokale Kapitalstockausstattungen, Deichlinien etc.) fehlen ebenso wie beispielsweise konkrete *Überflutungssimulationen* oder konkrete *Schadensfunktionen* für spezifische Kapitalstöcke.

Dieser disziplinäre Zustand kontrastiert erheblich mit den proaktiven Anforderungen derjenigen *Teile der Wirtschaft*, die *potentiell gefährdet* sind, nach besseren vorausschauenden Gefährdungsanalysen, ferner der *Versicherungswirtschaft*, die hier einen erheblichen, konkreten Informationsbedarf angemeldet hat, sowie schließlich den Anforderungen der *öffentlichen Akteure*, die ihren Küstenschutz erheblich qualifizieren müssen.

Die „ökologische Ökonomik" auf der anderen Seite hat weitgehend ihre eigenen kritischen Diskurse, die weniger mit einer „pragmatischen" regionalen ökonomischen Klimafolgenermittlung zu tun haben.

Wollen Ökonomen also über den bisherigen Stand der vergleichsweise wenigen ökonomischen Untersuchungen zu Klimafolgen hinausgelangen, so müssen sie die Risiken eingehen,

- eine empirische, d.h. *ökonometrische* Forschung an die Stelle einer modelltheoretischen Forschung oder qualitativer Diskurse zu stellen,

- vorhandene *ökonometrische Modelle* zu *regionalisieren*,

- regionalisierte ökonometrische Modelle auf die *Längstfrist* zu kalibrieren, d.h. mit informierten sozio-ökonomischen Längstfristprognosen und mit Szenarien zu arbeiten und diese mit den ökonometrischen Modellen zu verknüpfen,

- *Vermögensschäden* und *Wertschöpfungsverluste* (stocks und flows) gemeinsam sowie insbesondere Kapitalstockverluste i.w.S. auch als Impulse für Wertschöpfungsfolgen zu analysieren,

- eine *interdisziplinäre* Öffnung in dem Sinne vorzunehmen, dass (naturwissenschaftliche) *Klimaimpulse* in *primäre Kapitalstock-Schäden* i.w.S. bzw. in *primäre Wertschöpfungsverluste* übersetzbar und *sekundäre (Einkommens-) Folgen* als Systemreaktionen ökonometrisch schätzbar und simulierbar werden, und schließlich

- eine konkrete, unideologische *Handlungsorientierung* für private und öffentliche Akteure insoweit zu entwickeln, als Defensivmaßnahmen nach ihren *Kosten und Nutzen* hin untersucht und ggf. verglichen werden können.

Diese vielfältigen Risiken und Neuland-Erschliessungen dürften die meisten ökonomischen Wissenschaftler für in der Summe prohibitiv halten. Die hier vorgelagerte Untersuchung ist diese Risiken bewusst eingegangen.

Der Projektverbund KRIM

Im Rahmen von DEKLIM wurde seit dem Jahr 2001 der interdisziplinäre Projektverbund „Klimawandel und präventives Risiko- und Küstenschutz-Management an der deutschen Nordseeküste“ (KRIM) gefördert. Vorangegangen waren Erfahrungen der beteiligten Projektpartner mit dem Bund-Länder-Programm „Klimaveränderung und Küste“, in dessen Rahmen bereits ein dreijähriger Projektverbund „Klimaänderung im Unterweserraum“ (KLIMU) durchgeführt worden war (s. Schuchardt, Schirmer (Hg.) 2005).

Dort war eine regionalisierte Klimaprognose entwickelt und auf ihre regionalen Wirkungen in verschiedenen Dimensionen hin untersucht, gerechnet und simuliert worden. Die Erkenntnis, dass v.a. der beschleunigte Meeresspiegelanstieg langfristig vorsorgendes Handeln erforderlich macht, bildete nun bei KRIM den Ausgangspunkt. Die *Handlungsorientierung* des Krisenmanagements und des *integrierten Küstenzonenmanagements* stand hier stärker im Zentrum als bei KLIMU.

Die Forschungsfrage von KRIM lautete: *Welche Anforderungen stellen ein beschleunigter Meeresspiegelanstieg und verstärkte Extremereignisse (Sturmfluten) an den zukünftigen Küstenschutz?*

Da DEKLIM dabei auch an *Governance*-Problemen, also an Fragen der organisatorischen und *Management*-bezogenen Umsetzung interessiert war, führte dies bei KRIM dazu, dass auch sozialwissenschaftliche Fragen der gesellschaftlichen Rezeptions- und Kommunikationsmuster, Konfliktpotentiale sowie Organisationsfragen und Entscheidungsstrukturen aufgenommen wurden. Ziel war u.a. die Entwicklung eines *Decision-Support-System* (DSS) zum Küstenschutzmanagement.

Im nordwestdeutschen Küsten- und Ästuar-Raum (Weser-Jade-Region) wurden dabei acht repräsentative Küstensituationen als *Fokusflächen* definiert und exemplarisch tiefergehend analysiert (s. dazu u. Abschn. 4.3.).

Beteiligt waren die Projekte (projektverantwortliche Einrichtungen):

- „Hydrodynamik und Morphologie“ (GKSS-Forschungszentrum, Geesthacht),
- „Küstenschutz“ (Franzius-Institut, Universität Hannover),
- „Ökologie“ (Universität Bremen, Fachbereich Biologie),
- „Regionalökonomische Risikoanalyse“ (Universität Bremen, Fachbereich Wirtschaftswissenschaft),
- „Klimawandel und Öffentlichkeit“ (Forschungszentrum Jülich),
- „Politisch-administrative Steuerungssysteme“ (Universität Bremen, Zentrum Arbeit und Technik).

Das ökonomische Projekt RECOACT

Das ökonomische Projekt des KRIM-Verbundes, „Regional ECOnomic Risk and Response Analysis of Climate Change ImpacTs“ (RECOACT), dessen Ergebnisse in diesem Band vorgestellt werden, fokussiert dabei auf Klimawandel-induzierte *Kapitalstockschäden* i.w.S. und *sekundäre Wertschöpfungs-Verluste* als Folge der Reaktionen des regionalen ökonomischen Systems, die durch das ökonometrische Modell abgebildet werden. Die Berechnung der Schäden i.w.S. - als vermiedene Schäden bzw. als *Nutzen* einer möglichen Küstenschutzstrategie und eines öffentlichen Investitionsprojektes interpretierbar - und der *Kosten* eben solcher Küstenschutz-Investitions-Maßnahmen lassen sich sodann für *Kosten-Nutzen-Analysen* bestimmter alternativer Küstenschutzvarianten verwenden.

Im Interesse einer konkreten raumbezogenen Kapitalstockermittlung wurde der Ansatz eines *regionalen ökonometrischen Modells mit Längstfristkalibrierung (hier: 2040) und Sektoralisierung* von Kapitalstöcken und Produktionsfunktionen gewählt, d.h. das ökonometrische Modell liegt mit *sektoraler Differenzierung von Kapitalstock und Produktion* vor. Dies gestattet es, Kapitalstöcke mit konkreten Nutzungen mit *konkreten Flächeninformationen* (Höhenlage, Nutzungsart, etc.), die von detaillierten geographischen Informationssystemen (GIS) bereitgestellt werden, in Verbindung zu bringen und damit Kapitalstöcke und *Kapitalstockverluste räumlich detaillierter* zu ermitteln (zu den Vorlaufarbeiten im Rahmen von KLIMU s. Elsner, Knogge, Yu 2005; Knogge, Elsner 2005).

Das Projekt RECOACT untersucht also quantitativ die *ökonomischen Folgen* des langfristigen Klimawandels. Für den langfristigen Klimawandel werden wie im gesamten Verbund KRIM exemplarisch Sturmflutereignisse bzw. extreme Sturmflutereignisse analog zum Extrem-Tiefdruck-Ereignis ANATOL vom Dezember 1999 verwendet, sowie ihre *Eintrittswahrscheinlichkeiten* und ihre wahrscheinlichen *Überflutungsparameter* (Überflutungshöhe und –dauer) geschätzt.

Die regionale ökonomische Klimafolgenforschung, die hier vorgelegt wird, versucht also, Antworten auf folgenden *Fragen* zu geben:

- Welche Schäden am regionalen Sachkapitalstock i.w.S. sind aufgrund des langfristigen Klimawandels und der mit ihm einhergehenden Extremereignisse zu erwarten?

- Welche volkswirtschaftlichen Wertschöpfungs-, Einkommens- und Arbeitsplatzeffekte sind in der Region aufgrund der o.g. Kapitalstockverluste als sekundäre Wirkungen zu erwarten?

- Welche monetarisierbaren Schäden am ökologischen „Kapitalstock“ (ökologische Schäden) sind aufgrund der o.g. Extremereignisse zu erwarten?

- Welche der o.g. Schäden und Verluste sind durch bestimmte öffentliche Küstenschutzinvestitionen vermeidbar (Nutzen)? Wie hoch sind die Kosten verschiedener Küstenschutzinvestitionen? Welche Küstenschutzmaßnahmen können entsprechend vergleichender Kosten-Nutzen-Analysen empfohlen werden?

An *Schäden* werden (1) *Vermögensschäden* am *industriellen*, sektoral differenzierten *Sachkapitalstock* und am *Haushalts-Kapitalstock* (Wohnhäuser, Kfz. etc.), sowie schließlich am *infrastrukturellen Kapitalstock*, ferner (2) mit der Schädigung des Kapitalstocks verbundene sekundäre *Wertschöpfungsverluste* sowie (3) *ökologische Schäden* berechnet.

Für den Sachkapitalstock werden *Schadensfunktionen* in Abhängigkeit von der *Überflutungshöhe* ermittelt. Detaillierte *geographische Informationen* über Flächenhöhen und Flächennutzungen lassen sich so mit Informationen zu sektoralen Kapitalstöcken zu konkreten *flächenbezogenen Kapitalstockwerten* und gemeinsam mit *Überflutungssimulationen* zur Berechnung konkreter Kapitalstockverluste kombinieren. *Risiko* kann somit exakt quantifiziert werden.

Für *ökologische Schäden* wird der bekannte Zahlungsbereitschafts-Ansatz und der Ansatz des Benefit-Transfer auf Küstenlinien angewendet und wertbezogen berechnet.

Die *Wertschöpfungs- und Arbeitsplatzverluste* werden im Rahmen eines *regionalökonometrischen Modells* für die Länder Bremen und Niedersachsen in Längstfristsimulationen alternativer *Zukunftsszenarien* berechnet. Die vorherige *Längstfristkalibrierung* des Modells (Szenarien „ohne Klimaimpuls“) geschieht u.a. mithilfe von Setzungen exogener Variablen, die aus den *Deutschland-Reports* bzw. aus speziell für die Region aufbereiteten Daten der Firma *Prognos AG* (Basel) bereitgestellt wurden.

Die Informationen zu den verschiedenen Schadenskategorien - (als vermiedene Schäden: *Nutzen*) – werden schließlich mit Informationen über die *Kosten* alternativer öffentlicher *Küstenschutz-Investitionen* für Kosten-Nutzen-Analysen und damit für Handlungsoptionen für den Küstenschutz in Deutschland verwendet.

Die vorliegende Untersuchung stellt mit diesem Ansatz gegenüber dem State of the Art ökonomischer Impact-Forschung einen Schritt vorwärts auf verschiedenen Gebieten dar:

- in der Verknüpfung ökologischer und ökonomischer Daten: Überflutungsszenarien – geographische Flächeninformationen – Kapitalstöcke und Kapitalstock-Schädigungen;

- in der Regionalisierung, Sektoralisierung, Kapitalstock-Differenzierung, der Verknüpfung naturwissenschaftlicher Impulse mit ökonomischen Größen und schließlich der Längstfrist-Kalibrierung alternativer Zukünfte eines ökonometrischen Modells sowie seiner Stock- und Flow-Impacts;

- in der Ermittlung ökologischer Schäden und in Kosten-Nutzen Analysen für Küstenschutz-Maßnahmen sowie in der Operationalisierung von Schadenspotentialen und Eintrittswahrscheinlichkeiten, d.h. insgesamt in der konkreten Definition von langfristigen regionalen ökonomischen *Risiken* des Klimawandels.

1. Küstenregionen als Objekt regionalökonomischer Klimafolgenforschung

1.1 Küsten als Risikoräume

"Küsten sind Risikoräume." [1] Auch wenn diese Aussage nicht quantifiziert formuliert ist, charakterisiert sie zutreffend den Ansatzpunkt des Forschungsprojekts RECOACT. Um das Konzept des Risikos näher charakterisieren zu können, werden im Folgenden zunächst einige begriffliche Abgrenzungen vorgenommen.

Unter *Risiko* verstehen wir Ereignisse, deren konkreter Eintrittszeitpunkt zwar nicht bekannt ist, bei denen aber zumindest Abschätzungen hinsichtlich ihrer Häufigkeit in einem Zeitintervall bzw. der Eintrittswahrscheinlichkeit vorliegen. Liegen selbst diese Informationen nicht vor, so handelt es sich nicht mehr um Risiko, sondern um (echte) Unsicherheit[2].

Risiko und *Gefahr* lassen sich anhand des Kriteriums der Beeinflussbarkeit des Ereignisses durch den Menschen unterscheiden: *"(...) wird in der Tendenz ein Sachverhalt je eher dem Begriff Risiko zuzurechnen sein, desto mehr Entscheidungsmöglichkeiten erkennbar sind, die einen potentiellen Schadenseintritt beeinflussen bzw. vermeiden können.* [3] *"* Auf dieser Grundlage wird oftmals unterschieden zwischen Natur*gefahren* und Technik*risiken*. Diese Trennung suggeriert jedoch eine Eindeutigkeit, die so nicht mehr gegeben ist. Vormals eindeutig der Natur zurechenbare Ereignisse werden inzwischen oftmals durch eine Kombination aus menschlichem Handeln und natürlichen Phänomenen hervorgerufen und ihre Wirkungsstärke wird anthropozentrisch, d.h. anhand der den Menschen entstandenen Schäden, gemessen[4]. So wird beispielsweise ein Naturereignis wie Hochwasser auch durch die menschliche Beeinflussung des Klimasystems mitverursacht, seine Stärke durch Handlungen wie Oberflächenversiegelung und Flussbegradigungen mitbestimmt und sein Schadensausmaß maßgeblich durch die Besiedelung von Überflutungsflächen bestimmt.

Durch diese Akzentverschiebung, Naturereignisse verstärkt als Risiko und nicht als Gefahr wahrzunehmen, ergibt sich aus Sicht der Bevölkerung für die Entscheidungsträger die gleichzeitige Legitimation und Verpflichtung, die existierenden Beeinflussungspotentiale zur Minimierung des Risikos zu nutzen[5].

---

[1] Sterr (1997), S. 87.
[2] Vgl. WBGU (1998), S. 36-37.
[3] Greiving (2002), S. 15.
[4] Vgl. Plapp (2003), S. 65-75.
[5] Vgl. Plapp (2003), S. 9-12. Natürlich existiert auch die entgegengesetzte Ausweichstrategie der politischen Entscheidungsträger, ein Risiko in der Öffentlichkeit als Gefahr darzustellen. Dies soll gegen potentielle Vorwürfe eines mangelnden Risikomanagement im Vorfeld des

KRIM und RECOACT setzen an dieser Stelle an: *Sturmflutereignisse* werden in diesem Projektzusammenhang als Quelle von Risiken verstanden, deren Schadensausmaß nicht nur durch meteorologische Faktoren bestimmt wird, sondern auch durch das politisch festgelegte Niveau der Küstenschutzaktivitäten und die politisch und privat determinierte Vermögensakkumulation im Küstengebiet.

Der Versuch, den Begriff Risiko empirisch anwendbar zu definieren, wird i.d.R. mit Hilfe der beiden Kategorien *Schadensausmaß* und *Eintrittswahrscheinlichkeit* unternommen[6]. Das Risiko eines Ereignisses ist demnach das Produkt dieser beiden Größen:

*Risiko = Schadensausmaß * Eintrittswahrscheinlichkeit*

Vor diesem Hintergrund ist die Bezeichnung Risikoräume so zu verstehen, dass Küsten im Vergleich zu anderen Regionen ein relativ hohes Risiko aufweisen, das Produkt aus Schadensausmaß und Eintrittswahrscheinlichkeit also einen vergleichsweise hohen Wert annimmt. Hierzu tragen beide Faktoren gleichermaßen bei. Die Hauptprobleme dieser Gleichung liegen jedoch auch auf der Hand, nämlich die Notwendigkeit, für beide Faktoren quantifizierte Werte zu bestimmen und die verschiedenen Komponenten des Schadensausmasses in einer einheitlichen Dimension auszudrücken, um sie vergleichbar und addierbar zu machen.

Risiken und Risikomanagement sind nur dort politisch und gesellschaftlich relevante Themen, wo bei Ereigniseintritt ein Schadensausmaß oberhalb einer gewissen *Aufmerksamkeitsschwelle* zu erwarten ist. So kann ein Risiko in Höhe von 1 € sowohl auf einem Schadensausmaß von 1 Mrd. € und einer Eintrittswahrscheinlichkeit von 0,000000001 beruhen, als auch auf einem Schaden von lediglich 10 € und einer Wahrscheinlichkeit von 0,1. Von diesen beiden denkbaren Konstellationen wird nur die erste gesellschaftliche und damit politische Aufmerksamkeit genießen. Ein Schaden von 10 € im Eintrittsfall reicht hingegen kaum aus, um über das unmittelbar betroffene Individuum hinaus bei weiteren Personen Beachtung zu finden.

Ereignisses immunisieren und bietet gleichzeitig die Chance, sich im Eintretensfall als Katastrophen-/Krisenmanager zu profilieren, vgl. Greiving (2002), S. 27-28.

[6] Vgl. Hauptmanns et al. (1987), S. 1-15, SwissRe (1994), Hauptmanns (1997), S. 1-6, WBGU (1998), S. 35-46, UNISDR (2002), S. 41-47, Plapp (2003), S. 12-13. Für Anwendungen im Hochwasser- bzw. Küstenschutz vgl. CUR/TAW (1990), Plate (1999), Hofstede, Hamann (2000), IKSR (2000), Kortenhaus, Oumeraci (2002), Mai, v. Lieberman (2002), Reese, Markau (2002), Sayers et al. (2002), Reese et al. (2003), Environment Agency (2003), Markau, Reese (2003).

Bevor man aber darangehen kann, die Höhe des Schadens zu beziffern, ist zunächst festzulegen, was überhaupt als *Schaden* definiert werden soll. Dabei sind folgende Punkte von zentraler Bedeutung: Der Schadensbegriff ist keine naturgesetzliche, allgemeingültige Größe, sondern das Ergebnis einer normativen Bewertungshandlung. Nach dem Motto, "wo kein Geschädigter, da auch kein Schaden", ist der Schadensbegriff anthropozentrisch definiert. Nur unter der Voraussetzung, dass sich jemand geschädigt fühlt (ökonomisch: einen Nutzenverlust erleidet), wird die Wirkung eines Ereignisses auch zu einem Schaden. Dies wiederum setzt jedoch nicht zwangsläufig eine direkte Betroffenheit des Geschädigten durch das Ereignis selbst voraus[7].

Erst durch die Kategorisierung einer *Ereignisauswirkung* als Schaden erlangt diese Risikorelevanz. Damit ist klar, dass auch der Risikobegriff nicht wertfrei zu verstehen ist, sondern auf einem *Werturteil* des für die Risikoanalyse Verantwortlichen beruht. Die Entscheidung, welche Auswirkungen als Schaden in die Risikoanalyse einfließen und welche nicht, hat daher weitreichende Konsequenzen für die Höhe des Risikos und die Beurteilung von Risikomanagementalternativen.

Der in Hochwasser- und Sturmflutrisikoanalysen verwendete Schadensbegriff ist traditionell relativ eng gefasst und bezieht sich auf *Personen- und Vermögensschäden*. Abweichend hiervon wurden im Rahmen von RECOACT diese beiden Schadenskomponenten um *Wertschöpfungsverluste* und *ökologische Schäden* erweitert[8].

Bei einem Sturmflutereignis ist das Schadensausmaß vor allem vom *Schadenspotenzial* abhängig, also von der Zahl der in der Region lebenden Menschen und der dort akkumulierten bzw. existierenden ökonomischen und ökologischen Werte. Man schätzt, dass ungefähr 20 % der Weltbevölkerung in einer Entfernung von maximal 30 km von der Küste leben und knapp 40 % in einem 100-km-Streifen[9]. Darüber hinaus befinden sich viele der größten sogenannten "urban agglomerations" ebenfalls in *Küstenregionen*[10]. Küsten sind ökonomische und ökologische "hot spots", d.h. es handelt sich um Gebiete, die sowohl durch hohe ökonomische Wertkonzentrationen, als auch durch die Existenz bedeutender und einmaliger

---

[7] Vgl. WBGU (1998), S. 47.

[8] Zur in RECOACT eingesetzten Schadensklassifikation vgl. Abschnitt 4. Eine zusammenfassende Darstellung der für die Risikoberechnung notwendigen Schadenswerte findet sich in Abschn. 7 zur Kosten-Nutzen-Analyse.

[9] Vgl. Cohen et al. (1997), S. 1211, Gommes et al. (1998), WRI (2000), S. 73.

[10] Hierzu zählen u.a. Tokio (26 Mio. Einwohner im Jahr 2000), New York (17 Mio.), Bombay (16 Mio.) und Los Angeles (13 Mio.). Vgl. UN (2002), S.118. Zur speziellen Gefährdungssituation der Coastal Megacities vgl. Deelstra (1995), Klein (2002), S. 4-5, Klein et al. (2002).

Ökosysteme, wie z.B. das Nordsee-Wattenmeer, gekennzeichnet sind: "Coastal environments occupy one of the most dynamic interfaces on Earth, at the boundary between land and sea, and they support some of the most diverse and productive habitats. These habitats include natural ecosystems, in addition to important managed ecosystems, economic sectors, and major urban centers.[11]" Allein für die deutschen Küsten kalkulierte die Münchener Rückversicherung 1999 ein Sturmflut-Schadenpotenzial von 60 (Nordsee) bzw. 5 Mrd. DM (Ostsee)[12].

Neben dem Schadensausmaß ist die *Wahrscheinlichkeit* des Eintritts des schadenverursachenden Ereignisses der zweite risikobestimmende Faktor. Zu ihrer Bestimmung müssen die relevanten Ereignisse identifiziert und dann hinsichtlich ihrer Eintrittswahrscheinlichkeit bewertet werden. Küsten sind als geographisch exponierte Regionen an der Grenze zwischen Land und Meer einer ganzen Reihe solcher Ereignisse ausgesetzt: "Coastal environments, settlements, and infrastructure are exposed to land-sourced and marine hazards such as storms [...], associated waves and storm surges, tsunamis, river flooding, shoreline erosion, and influx of biohazards such as algal blooms and pollutants.[13]" Eine der Hauptgefahren, der sich Küstenregionen dabei gegenüber sehen, ist - allgemein formuliert - die Gefahr durch erhöhte Wasserstände. Zum einen liegen viele Küstenabschnitte unterhalb des Meeresspiegels und müssen daher, wenn sie als Land genutzt werden sollen, dauerhaft vor Überflutung geschützt werden. Zum zweiten können Küstenregionen, selbst wenn sie sich oberhalb des Meeresspiegels befinden, zusätzlich von hochwasserbedingten *Überflutungsereignissen* betroffen sein[14]. Wo diese Gefahren drohen, wird die Küstenlinie daher vielfach mit Hilfe von Küstenschutzanlagen (Deiche, Sperrwerke) geschützt.

Die Berechnung von *Versagenswahrscheinlichkeiten von Küstenschutzanlagen* wurde in Deutschland bisher nur relativ selten durchgeführt. Probabilistische Verfahren sind auch (noch) nicht Stand der behördlichen Bemessungspraxis für die Dimensionierung von Küstenschutzbauwerken. Die Ausbauhöhe der Deiche wird hier stattdessen traditionell mit Hilfe deterministischer Additionsverfahren festgelegt. Gebräuchlich sind das Einzelwert- und das Vergleichswertverfahren[15]:

---

[11] McLean, Tsyban (2001), S. 356. Vgl. auch Turner, Adger (1996), S. 18, Brückner (1999), WRI (2000), S. 69-85, Turner et al. (2001), S. 1 ff., Klein (2002), S. 1 ff., Daschkeit, Sterr (2003), S. 199-200.

[12] Vgl. Münchener Rück (1999), S. 26.

[13] McLean, Tsyban (2001), S. 356.

[14] Vgl. Schirmer (1998), S. 394 f.

[15] Vgl. Bezirksregierung (1997), S. 13-14, Mai, von Liebermann (1999), S. 300-301, Schleswig-Holstein (2001), S. 24-25, Kortenhaus, Oumeraci (2002), S. 10-11, Gönnert, Triebner (2004), S. 122-124.

- Beim Einzelwertverfahren bemisst sich die Ausbauhöhe eines Deiches durch folgende Addition:

	Mittleres Tidehochwasser (MTHW)
+	maximale Springtidenerhöhung
+	größter bisher eingetretener Windstau
+	maximaler Wellenauflauf
+	Sicherheitszuschlag zur Berücksichtigung des säkularen Meeresspiegelanstiegs
+	Sicherheitszuschlag für Sacken und Setzen des Deiches nach Fertigstellung.

- Beim Vergleichswertverfahren wird stattdessen der mit der höchsten bisher eingetretenen Sturmflut einhergegangene Wasserstand (HHTHW) als Ausgangspunkt genommen. Die Ausbauhöhe bemisst sich dann aus der Summe von HHTHW, maximalem Wellenauflauf und den beiden oben beschriebenen Sicherheitszuschlägen.

Bei der probabilistischen Analyse wird hingegen untersucht, wie hoch die Wahrscheinlichkeit ist, dass ein bestimmtes Küstenschutzelement in einer bestimmten Art und Weise, z.B. durch Wellenüberlauf, versagt. Hierfür wird zunächst ermittelt, welche Konstellation meteorologischer und hydrologischer Rahmenbedingungen für ein solches Versagen notwendig ist und dann, mit welcher Wahrscheinlichkeit deren *gemeinsames Eintreten* zu erwarten ist. Ausführliche Darstellungen dieser Methodik für eine ganze Reihe von möglichen Deichversagensmechanismen enthalten *CUR/TAW (1990)* und *Kortenhaus, Oumeraci (2002a)*.

Die probabilistische Analyse zur Bestimmung der Versagenswahrscheinlichkeiten der Küstenschutzinfrastruktur im KRIM-Untersuchungsgebiet beschränkt sich auf den Fall des Küstenschutzversagens durch Wellenüberlauf[16].

---

[16] Vgl. Mai, Zimmermann (2003), Elsner et al. (2004), S. 138-140. Für weitere Einzelheiten und Ergebnisse der probabilistischen Analyse sei hier auf den Abschlußbericht des Teilprojektes "Klimaänderung und Küstenschutz" verwiesen. Eine kurze Zusammenfassung der für die Risikoberechnung notwendigen Wahrscheinlichkeiten findet sich in Abschnitt 7 zur Kosten-Nutzen-Analyse.

1.2 Globaler Klimawandel und seine regionalen Folgen

Die Gefährdung der Küstenregion durch Sturmflutereignisse bildet die Schnittstelle des vorliegenden Projektberichts zur Klima- bzw. Klimafolgenforschung. Die Häufigkeit und Intensität von Sturmflutereignissen wird maßgeblich durch die Höhe des Meeresspiegels und die Stärke und Richtung des Windes beeinflusst. Die Werte dieser Parameter wiederum werden durch den globalen Klimawandel deutlich verändert.

Der Stand der internationalen Klimaforschung erlaubt es inzwischen, eine Reihe von abgesicherten Aussagen zu den Ursachen, Ausprägungen und Folgen des globalen Klimawandels zu treffen. Es ist Konsens, dass der Stand des Wissens der Klimaforschung durch den jeweils aktuellen Sachstandsbericht (Assessment Report) des Intergovernmental Panel on Climate Change (IPCC) repräsentiert wird[17].

Im Third Assessment Report des IPCC aus dem Jahr 2001 heißt es zusammenfassend zur Frage eines anthropogen verursachten Klimawandels: "The Earth's climate system has demonstrably changed on both global and regional scales since the pre-industrial era, with some of these changes attributable to human activities.[18]" Die Beeinflussung des globalen Klimasystems durch den Menschen vollzieht sich dabei v.a. durch die Emission von Treibhausgasen (Kohlendioxid, Methan, Distickstoffoxid u.a.) infolge menschlicher Aktivitäten, insbesondere den Einsatz fossiler Brennstoffe. Die bis heute bereits eingetretenen Veränderungen des Klimasystems lassen sich durch folgende Indikatoren beschreiben[19]:

- Anstieg der atmosphärischen Kohlendioxidkonzentration von 280 ppm in der vorindustriellen Zeit (1750) auf 368 ppm im Jahr 2000.
- Anstieg der atmosphärischen Methankonzentration in der Zeit von 1750 bis 2000 von 700 ppb auf 1750 ppb.
- Anstieg der atmosphärischen Distickstoffoxidkonzentration von 270 ppb im Jahr 1750 auf 316 ppb im Jahr 2000.
- Anstieg der mittleren globalen Erdoberflächentemperatur um 0,6 (± 0,2) °C im 20. Jahrhundert.
- Anstieg der kontinentalen Niederschläge auf der Nordhalbkugel um 5-10 % im 20. Jahrhundert.

---

[17] Informationen des IPCC online unter: http://www.ipcc.ch . Der derzeit aktuelle Sachstandsbericht ist der Third Assessment Report von 2001. Der nächste Bericht wird 2007 erscheinen.

[18] Watson et al. (2001), S. 44.

[19] Vgl. Watson et al. (2001), S. 45-46.

- Anstieg des mittleren globalen Meeresspiegels um durchschnittlich 1-2 mm pro Jahr im 20. Jahrhundert.
- Ausdünnung des arktischen Meereises um 40 % in den letzten Jahrzehnten.

Hinsichtlich der für das KRIM-Projekt besonders interessanten Frage des *Meeresspiegelanstiegs* stellt das IPCC folgendes fest: "[G]lobal sea-level rise is regarded as one of the most certain outcomes of global warming and already is taken place.[20]" Dies wird an anderer Stelle insofern konkretisiert, dass es als sehr wahrscheinlich bezeichnet wird, dass die globale Erwärmung entscheidend zum Meeresspiegelanstieg beigetragen hat. Dabei verbirgt sich gemäß IPCC-Definition hinter der Formulierung "sehr wahrscheinlich" eine Wahrscheinlichkeit von 90-99 %[21].

Das IPCC beschäftigt sich seit seiner Gründung immer wieder mit den Zusammenhängen zwischen Klimawandel und Meeresspiegelanstieg[22]. Dabei geht es längst nicht mehr um die Frage, ob Klimawandel und Meeresspiegelanstieg stattfinden werden, sondern vielmehr um die Abschätzung des Ausmaßes dieser Veränderungen[23]. Hinsichtlich der zukünftigen Entwicklung wird, basierend auf den sechs Emissionsszenarien des „IPCC Special Report on Emissions Scenarios“(SRES), die dem Third Assessment Report zugrunde liegen, folgende Bandbreite für möglich gehalten[24]:

- Die CO_2-Konzentration in der Atmosphäre wird im Jahr 2100 zwischen 490 und 1260 ppm liegen.
- Die durchschnittliche globale Oberflächentemperatur wird zwischen 1990 und 2100 um 1,4-5,8 °C ansteigen.

---

[20] McLean, Tsyban (2001), S. 348.

[21] Vgl. Watson et al. (2001), S. 44 und 51.

[22] Vgl. z.B. Tsyban et al. (1990) im First Assessment Report, Bijlsma et al. (1996) im Second Assessment Report und McLean, Tsyban (2001) im Third Assessment Report und die Veröffentlichungen der Coastal Zone Management Subgroup, z.B. CZMS (1992).

[23] Im Synthesis Report des Third Assessment Report heißt es hierzu knapp und klar: "Carbon dioxide concentrations, globally averaged surface temperature, and sea level are projected to increase under all IPCC emissions scenarios during the 21st century." (Watson et al. (2001), S. 60). Und der Natural Disasters Roundtable des US-amerikanischen National Research Councils stellt zum Meeresspiegel fest, dass " although scientists are not in total agreement on the rate of rise or acceleration, the fact that it is rising is unquestionable." (NDR (2001), S. 1).

[24] Vgl. Watson et al (2001), S. 60-64 und speziell zum Meeresspiegelanstieg Church, Gregory (2001), S. 670-673. Zu den Emissionsszenarien vgl. Nakicenovic, Swart (2000). Nicholls (2004) liefert eine globale Analyse der möglichen Folgen eines Meeresspiegelanstiegs, die sich auf vier der SRES-Szenarien stützt.

- Der durchschnittliche globale Meeresspiegel wird zwischen 1990 und 2100 um 0,09-0,88 m ansteigen (siehe *Abbildung 1*).

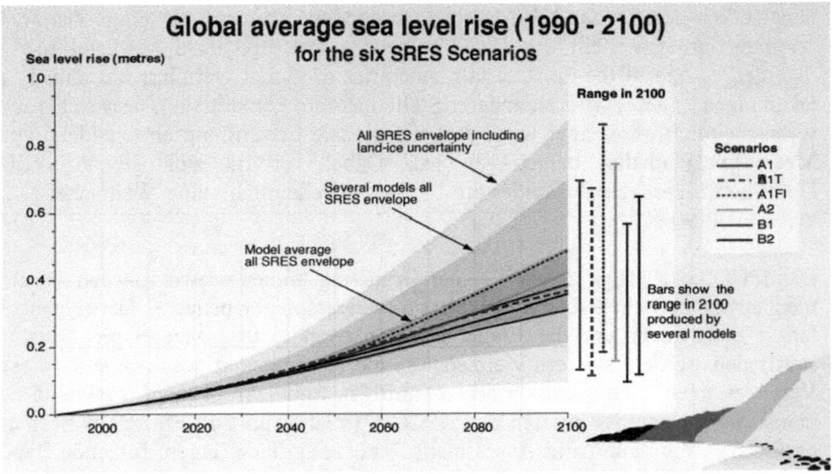

Abbildung 1: Anstieg des globalen durchschnittlichen Meeresspiegels 1990-2100 für die IPCC-Emissionsszenarien (Quelle: IPCC 2001).

Die Formulierung vom "Risikoraum Küste" gewinnt angesichts dieser Szenarien weiter an Relevanz, da die "ohnehin schon exponierte Lage z.B. von küstennahen Siedlungen, die seit jeher mit schwankenden Meeresspiegelständen und Sturmereignissen [...] zu kämpfen hatten, [...] entlang der Projektionen der Klimaforschung noch einmal verschärft [wurde].[25]"

Sollen jedoch über eine solche generelle Tendenz hinaus konkretere Aussagen zu den Auswirkungen des globalen Klimawandels in und für eine bestimmte Region getroffen werden, so ist dies auf der Grundlage von Änderungen globaler Durchschnittswerte kaum möglich, da sich hinter diesen sehr differenzierte *regionale Veränderungen* verbergen können. So ergeben sich beispielsweise bei der Betrachtung des Meeresspiegelanstiegs große regionale Unterschiede. Die Ergebnisse verschiedener gekoppelter Atmosphäre-Ozean-Zirkulationsmodelle liefern für das 21. Jahrhundert eine Bandbreite regionaler Resultate, die von einem Meeresspiegelanstieg, der doppelt so stark ausfällt wie der globale Durchschnitt bis zu einem Rückgang des Meeresspiegels reichen. Leider weichen die regionalen

---

[25] Daschkeit, Sterr (2003), S. 200.

Verteilungsmuster der Modelle stark voneinander ab, so dass keine gesicherte Aussage bezüglich der Betroffenheit einer bestimmten Region, z.B. Nordwest-Europa getroffen werden kann[26].

Wie bereits erwähnt, wird das Sturmflutgeschehen neben der Höhe des Meeresspiegels auch durch die Stärke und die Richtung des Windes beeinflusst. Die bisherigen Arbeiten ergeben jedoch kein einheitliches Bild des möglichen zukünftigen Sturmgeschehens unter Klimawandelbedingungen in unseren Breiten[27]. Einige Studien liefern Hinweise auf einen Anstieg der Intensität von Stürmen und der Wellenhöhe in der *Nordsee*[28]. Eine kanadische Analyse fasst den derzeitigen Stand der Erkenntnis hinsichtlich des Zusammenhangs zwischen Klimawandel und Extremereignissen wie Stürmen folgendermaßen zusammen: "Certainly there is evidence of increasing extremes in some parts of the world. Although these increases could simply be a result of natural climate variability, they are also consistent with many of the changes expected as a result of greenhouse warming[29]."

Um die regionalen Auswirkungen des globalen Klimawandels für das KRIM-Untersuchungsgebiet zu erfassen und für die weitere Bearbeitung hinsichtlich zentraler Parameter wie Meeresspiegel, Windgeschwindigkeit und -richtung zu konkretisieren, wurde für das Verbundvorhaben ein eigenes regionales *Klimaszenario* entwickelt, das im folgenden Abschnitt 2.3 näher vorgestellt wird.

Der Klimawandel als solcher ist kein Untersuchungsgegenstand ökonomischer Analyse. Trotzdem begann vor 15 Jahren eine intensive Auseinandersetzung der Ökonomie mit diesem Thema[30]. Die Beiträge der Ökonomie beziehen sich dabei auf zwei Forschungsfelder, die sich neben der eigentlichen naturwissenschaftlichen Klimasystemforschung etabliert haben und die quer zu den Grenzen wissenschaftlicher Disziplinen liegen:

- *Mitigation*, also die Frage, wie sich die Emissionen von Treibhausgasen reduzieren bzw. die Kapazitäten der Senken erhöhen lassen und
- *Impacts and Adaptation*, also die Frage, welche Folgen der Klimawandel für anthropogene und nicht-anthropogene Systeme auf der Erde hat und wie sich diese Systeme anpassen können.

[26] Vgl. Church, Gregory (2001), S. 673-674.
[27] Vgl. Church, Gregory (2001), S. 675
[28] Vgl. McLean, Tsyban (2001), S. 359.
[29] Francis, Hengeveld (1998), S. 26.
[30] Frühe herausragende Beispiele sind Nordhaus (1991) und Cline (1992). Zum zeitlichen Vergleich, die Gründung des IPCC erfolgte im Jahre 1988, der First Assessment Report erschien 1990. Für einen ausführlichen Überblick vgl. Tietenberg (1997).

Die Forschungsarbeiten des Projekts RECOACT lassen sich nun dem Feld der regionalökonomischen Klimafolgenforschung zuordnen. Diese befasst sich als Teil des Bereiches *Impacts and Adaptation* mit den regionalen Auswirkungen des Klimawandels und bedient sich dabei typischer ökonomischer Methoden (siehe *Abbildung 2*).

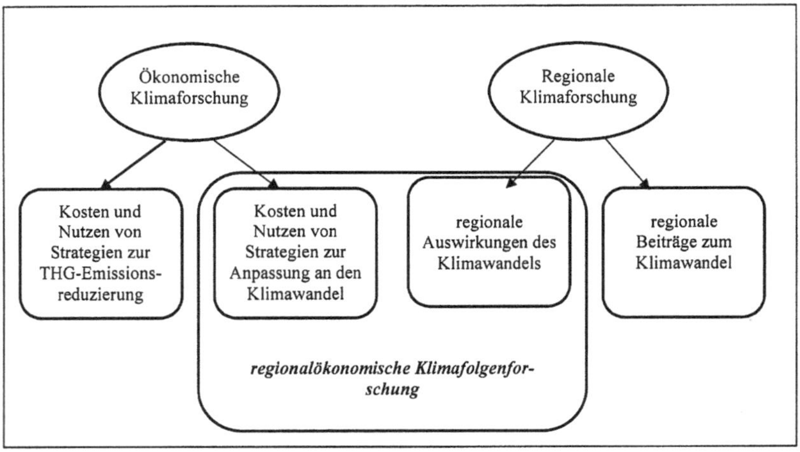

Abbildung 2: Einordnung regionalökonomischer Klimafolgenforschung.

Aufgrund ihres hohen Risikos sind die Küsten dabei eines der zentralen Untersuchungsobjekte regionalökonomischer Klimafolgenforschung[31].

1.3 Der Einsatz von Szenarien

Der von KRIM betrachtete Zeitraum erstreckt sich bis zum Jahr 2050. Im Rahmen des vorliegenden Projektes ist daher mit einer doppelten Unsicherheit umzugehen: Es werden die Auswirkungen nicht exakt vorhersagbarer Klimaveränderungen auf einen Untersuchungsraum betrachtet, der sich hinsichtlich seiner ökonomischen, gesellschaftlichen, ökologischen und küstenschutztechnischen

[31] Vgl. z.B. Gibbs (1984): USA (South Carolina, Texas); Yohe (1990): USA (eingeteilt in vier Regionen: Nordosten, Südosten, Golf von Mexiko, Westen); Titus et al. (1991): USA; Yohe (1991): USA (New Jersey); Tooley, Turner (1995): England (East Anglia); Turner et al. (1995): England (East Anglia); Behnen (1996): Deutschland; Yohe et al. (1996): USA; Zeidler (1997): Polen; Yohe, Schlesinger (1998): USA; Neumann et al. (2000): USA; Hartje et al. (2002): Deutschland (Sylt); Reese et al. (2003): Deutschland (Schleswig-Holstein).

Charakteristika in den nächsten Jahrzehnten ebenfalls auf nicht exakt vorhersehbare Weise verändern wird. Nicht nur das Klima wandelt sich, sondern auch der Untersuchungsraum ist klimaabhängigen und klimaunabhängigen Veränderungen unterworfen, die berücksichtigt werden müssen[32]. So macht es wenig Sinn, ein klimawandelinduziertes Sturmflutereignis im Jahr 2030 auf die Wirtschaftsstruktur, Flächennutzung und Küstenschutzsysteme des Jahres 2000 treffen zu lassen, wenn davon auszugehen ist, dass diese Merkmale des Untersuchungsraumes nicht einfach auf dem derzeitigen Status-quo verharren werden. Obwohl diese mehrdimensionale Dynamik offensichtlich ist, wird sie in vielen Untersuchungen zu den Konsequenzen des Klimawandels nicht entsprechend berücksichtigt[33]. Dies schränkt die Aussagekraft solcher Analysen deutlich ein: "Climate impact assessment needs to take account of two interrelated processes: socio-economic change and climate change. In principle, by combining the two it is possible to evaluate the exposure of future societies and ecosystems to harm from climate change.[34]"

Um die zukünftigen Entwicklungen des Untersuchungsraumes und des regionalen Klimageschehens berücksichtigen und für die weitere Analyse konkretisieren zu können, wurde auf die Szenariomethode zurückgegriffen. Bei Szenarien handelt es sich um "coherent, internally consistent and plausible future states of the world.[35]" D.h., dass ein Szenario eine von vielen möglichen "Zukünften" wiedergibt und nicht wie eine Prognose den Anspruch erhebt, die wahrscheinlich eintretende Zukunft vorwegzudenken. Dies macht das Konstruieren von Szenarien insofern einfacher, als dass ein Szenario nicht dadurch ex post an Qualität verliert, dass sich die Welt anders entwickelt als in ihm beschrieben. Trotzdem bleibt es eine schwierige Aufgabe, aus einer unendlich großen Zahl denkbarer *Entwicklungspfade* einen oder einige wenige für ein oder mehrere Szenarien auszuwählen[36].

Um das Ziel, Aussagen zur Entwicklung der Risikosituation im Untersuchungsgebiet zu treffen, zu erreichen, müssen sich die in Szenarioform formulierten möglichen Zukünfte aus den Elementen Klimawandel, regionale Entwicklung

---

[32] "*The world on which climate change will have its impact will not be the same as the world of today. Many things will change, some even faster than climate.*" (Tol (1998), S. 2-1).
[33] Vgl. Berkhout et al. (2002), S. 84.
[34] Berkhout et al. (2002), S. 83.
[35] Berkhout et al. (2002), S. 86. Eine quasi wortgleiche Definition findet sich auch in Tol (1998),
S. 2-2.
[36] Vgl. Tol (1998), S. 2-3-2-8.

und Reaktionsvarianten des Küstenschutzes zusammensetzen[37]. Dieses dreidimensionale Vorgehen wird durch den Szenariowürfel in *Abbildung 3* verdeutlicht.

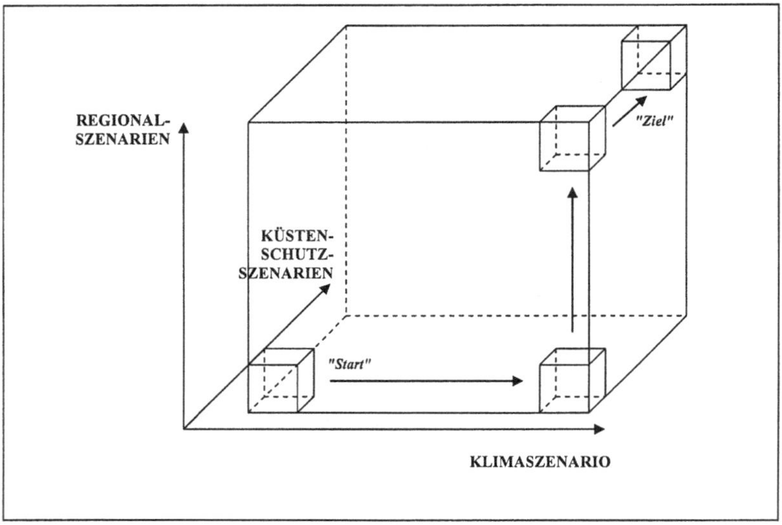

Abbildung 3: KRIM-Szenariowürfel.

Das regionale Klimaszenario für das Jahr 2050 wurde mittels *Downscaling* aus dem gekoppelten Atmosphären/Ozean-Modell ECHAM 4/OPYC 3 gewonnen[38]. *Tabelle 1* enthält nähere Angaben zu den relevanten Parametern.

---

[37] Zur Notwendigkeit des Einsatzes von Szenarien speziell im Küstenschutzmanagement vgl. Hupfer et al. (2003), S. 294 und Nicholls (2004).
[38] Vgl. Storch et al. (1998). Zur Methode des Downscaling vgl. Bronstert (2003), S. 548.

Meeresspiegel	+ 55 cm
Mittlerer Tidenhub	+ 25 cm (THW + 10 cm, TNW – 15 cm)
Wind (Dez./Jan./Febr.)	+ 7 % (verstärkt aus NW bis N)
Temperatur atmosphärisch	+ 2,8 °C
Niederschlag	+ 10 %

Tabelle 1: KRIM-Klimaszenario für 2050 (Veränderungen ggü. 1990; Angaben zu Wind, Temperatur und Niederschlag liegen nach Quartalen differenziert vor).

Das in KRIM entwickelte Klimaszenario beinhaltet bis zum Jahr 2050 also sowohl einen *Meeresspiegelanstieg* an der deutschen Nordseeküste, als auch eine Zunahme der *Windgeschwindigkeiten* und ein häufigeres Auftreten von Nord- bis Nordwestwind in der Deutschen Bucht. Unter diesen Voraussetzungen werden einerseits *Sturmfluten* der heutigen Größenordnung häufiger eintreten und es werden darüber hinaus auch Sturmflutereignisse mit *höheren Extremwasserständen* als heute auftreten.

Zusätzlich zum KRIM-Klimaszenario wird im Rahmen des vorliegenden Projekt noch ein *singuläres "Worst-Case-Ereignis"* betrachtet. Als Vorbild für dieses Ereignis dient das *Orkantief "ANATOL"*, das am 3. und 4. Dezember 1999 über Nordeuropa gezogen ist.

Die Zugbahn des Sturmtiefs verlief über die Nordküste Irlands, Schottland, die Nordsee, Jütland, Südschweden, die Ostsee, Lettland nach Russland. In Dänemark war "ANATOL" der stärkste Orkan des vergangenen Jahrhunderts und in Deutschland, also südlich der eigentlichen Zugbahn, immer noch einer der schwersten Orkane der letzten Jahrzehnte. So wurde beispielsweise an der Station List auf Sylt mit 185 km/h die mit Abstand stärkste Böe der 50 jährigen Messreihe verzeichnet[39]. Infolge des Orkans kam es entlang der dänischen und deutschen Nordseeküste zu Sturmfluten. So wurde in Cuxhaven ein maximaler Wasserstand von 9,57 m bezogen auf Pegelnull bzw. 4,55 über Normalnull gemessen. Dies entspricht einer Abweichung vom vorhergesagten Mittleren Hochwasser von 3,07 m. Am Pegel Hamburg-St. Pauli waren es 10,95 m bezogen auf Pegelnull, 5,95 m über Normalnull und 3,89 m Abweichung vom Mittleren Hochwasser. Damit war die ANATOL-Sturmflut an beiden Standorten die vierthöchste Sturmflut seit 1900[40].

---

[39] Vgl. Lefebvre (2000).
[40] Vgl. Gönnert, Müller-Navarra (o.D.).

Das Bundesamt für Seeschifffahrt und Hydrographie (BSH) und das Hamburger Amt Strom- und Hafenbau haben nun im Rahmen einer Simulation untersucht, was geschehen wäre, wenn die vor Sylt gemessenen hohen Windgeschwindigkeiten weiter südlich in der inneren Deutschen Bucht aufgetreten wären. Die beiden Institutionen haben dafür unterschiedliche Vorgehensweisen gewählt: Das BSH hat mit Hilfe seines Staumodells eine verschobene ANATOL-Zugbahn simuliert und das Amt Strom- und Hafenbau hat die Windcharakteristika von ANATOL mit denen anderer Sturmfluten vor Cuxhaven verglichen. Beide Verfahren kommen zu dem übereinstimmenden Ergebnis, dass eine weiter südlich verlaufende ANATOL-Zugbahn zu Wasserständen von 10,60 m über Pegelnull in Cuxhaven und 12,10 m über Pegelnull in Hamburg-St. Pauli geführt hätte. Damit wären die bisherigen Höchstmarken vom Januar 1976 an beiden Standorten um 50-60 cm überschritten worden[41].

Wenn im Folgenden mit einem ANATOL-Ereignis gearbeitet wird, so bezieht sich dies jedoch nicht auf die Simulationen von BSH und Strom- und Hafenbau, sondern ANATOL wird hier als sprachliches Synonym für ein Katastrophenszenario eingesetzt, durch das ein *großflächiges Versagen der Küstenschutzelemente* entlang der gesamten Küstenlinie im Untersuchungsgebiet verursacht wird. Im KRIM-Zusammenhang ist das ANATOL-Szenario also nicht meteorologisch definiert, sondern über die Konsequenzen.

Um mögliche Entwicklungsrichtungen des Untersuchungsgebietes abbilden zu können, wurden drei *Regionalszenarien* entwickelt, die durch unterschiedliche Ausprägungen folgender Parameter charakterisiert sind:

- Rolle des Staates;
- ökonomische, wirtschaftspolitische und demografische Rahmenbedingungen;
- sektoraler Strukturwandel;
- Entwicklung der Flächennutzung (bebaute Flächen, landwirtschaftliche Nutzflächen, Naturschutzflächen).

Ausgangspunkt für die Bildung dieser Szenarien waren von der *Prognos AG* gelieferte regionale Entwicklungspfade[42]. Die Regionalszenarien waren zunächst qualitativ formuliert und mussten für die in RECOACT durchgeführte regionalökonometrische Modellierung quantitativ spezifiziert werden. Auf Grundlage der Szenarien und eines regionalökonometrischen Modells wurde ein Set modellexogener Variablen definiert, deren Veränderung für den Untersuchungszeitraum

[41] Vgl. Gönnert, Müller-Navarra (o.D.).

[42] Nähere Informationen zu diesen von Prognos gelieferten Entwicklungspfaden finden sich in Elsner, Knogge (2001), S. 29-34.

bis 2040 teils von Prognos, teils durch eigene Berechnungen bestimmt wurde. Nähere Informationen hierzu finden sich in Abschnitt 5 zur regionalökonometrischen Modellierung.

Die folgende *Abbildung 4* illustriert noch einmal den Szenarioansatz in KRIM.

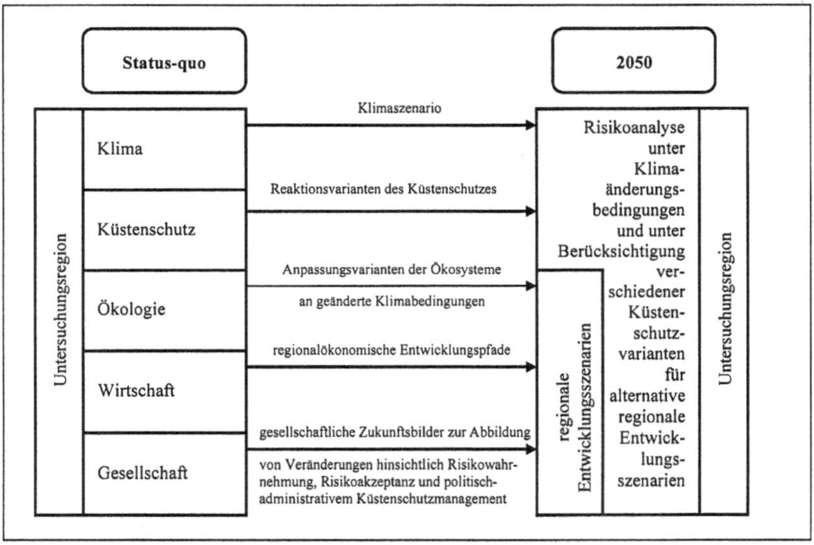

Abbildung 4: Szenarioansatz in KRIM.

1.4 Untersuchungsgebiet „Nordwestdeutsche Küstenregion"

Das KRIM-Untersuchungsgebiet ist der Weser-Jade-Raum an der deutschen Nordseeküste. Zwischen der Insel Wangerooge im Nordwesten und der Stadt Bremen im Südosten wird an insgesamt acht *Fokusflächen* (Wangerooge, Wangerland, Wilhelmshaven, Tossens, Brake, Dorum, Bremerhaven, Bremen) das Zusammenspiel von Klimawandel und Küstenschutz besonders detailliert untersucht (s. *Abbildung 5*).

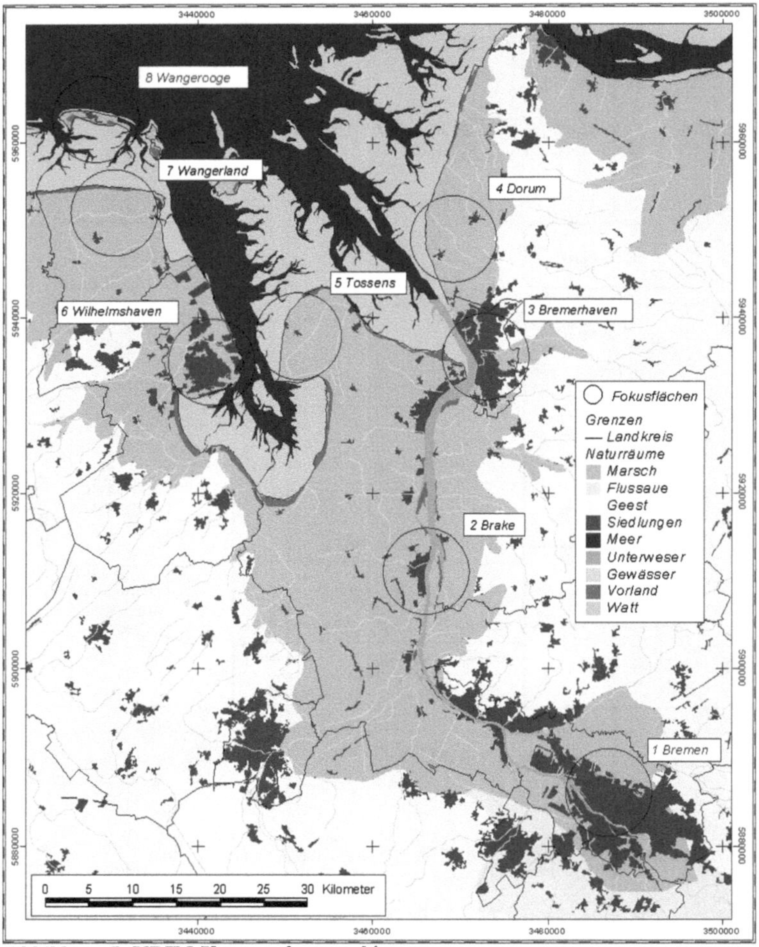

Abbildung 5: KRIM-Untersuchungsgebiet.

Da das Untersuchungsgebiet in KRIM deckungsgleich mit dem des Vorgängerverbundes KLIMU ist, sei für eine nähere Beschreibung auf die im damaligen Projektverbund durchgeführte regionale Zustandsanalyse verwiesen[43].

[43] Vgl. Schirmer, Schuchardt (1999). Eine aktuelle und ausführliche Übersicht sozioökonomischer Daten zum Untersuchungsgebiet findet sich auch in Planco (2003); s.a. Schirmer, Schuchardt (Hg.) 2005, S. 23 ff.

2. Grundlagen der Bestimmung von Schadenspotenzial und Schadensausmaß künftiger Sturmflutereignisse

Innerhalb des Projektverbundes KRIM hatte das ökonomische Teilprojekt RECOACT die Aufgabe, das Risiko klimawandelinduzierter Überflutungsereignisse *(impacts)* für die Untersuchungsregion zu quantifizieren und zu monetarisieren und diesem Risiko die Kosten und regionalökonomischen Folgeeffekte möglicher *adaptation measures* in Form von Küstenschutzmaßnahmen gegenüberzustellen. Eine solche Gegenüberstellung macht ein rationales Risikomanagement überhaupt möglich[44]: "The assessment of risk and vulnerability is important because it is tied directly to the decisions made to reduce societal and environmental exposure to coastal hazard impacts.[45]"

Auf der Impact-Seite geht es dabei um die Ermittlung folgender Risikokomponenten:

- Vermögensschäden;
- Wertschöpfungsverluste;
- Ökologische Schäden.

Darüber hinaus kann ein Sturmflutereignis natürlich noch weitere Schäden in der Untersuchungsregion verursachen. Hier sind insbesondere Personenschäden, Schäden an Kulturgütern und Katastrophenschutzaufwendungen zu nennen[46]. Diese werden im Rahmen von KRIM nicht quantifiziert, auf ihre Bedeutung für die Bewertung eines Sturmflutereignisses soll im Folgenden aber kurz eingegangen werden.

---

[44] Vgl. CACND (1999), S. 9-12, Heinz (2000), S. 105-137, Karl (2002), Probst (2002), Schanze (2003).

[45] Heinz (2000), S. 105.

[46] Vgl. ähnliche Schadensklassifikationen in DVWK (1985), Schmidtke (1995), S. 145 f., Egli (1996), S. 42 ff. und Schmidtke (2001), S. 270. Alternativ wird in der Literatur auch häufig die auf Smith, Ward (1998) zurückgehende Einteilung der Schäden in direkt vs. indirekt, tangibel vs. intangibel und primär vs. sekundär verwendet. Die Einordnung konkreter Schäden in dieses Raster ist jedoch oftmals nicht eindeutig möglich. Eine andere Zielrichtung verfolgt das Heinz Center mit seinem Versuch, die "true costs of coastal hazards" zu bestimmen. Hierbei liegt das Augenmerk auf der Unterscheidung zwischen den "reported costs", die Eingang in offizielle Statistiken finden und den "hidden costs", wie z.B. die psychische Belastung der Betroffenen (vgl. Heinz (2000), S. 45-104).

2.1 Personenschäden

Zu den Personenschäden gehören zum einen Tote und Verletzte in Folge einer Überflutung selbst. Die größten Gefahren hierbei sind die des Gleichgewichtsverlustes durch hohe Strömungsgeschwindigkeiten und des Eingeschlossenwerdens in überfluteten Gebäuden oder mitgerissenen Pkw. Hochwasserkatastrophen der Vergangenheit haben dabei gezeigt, dass mehr Personen außerhalb als innerhalb von Gebäuden ums Leben kommen und dass unvorsichtiges Handeln der Betroffenen die häufigste Todesursache darstellt[47]. Eine seriöse Prognose hinsichtlich der Zahl der zu erwartenden Todesopfer eines zukünftigen Sturmflutereignisses ist nur schwer möglich. Im Rahmen des EUROflood-Projekts wurde eine solche Kalkulation versucht[48]. Die Wahrscheinlichkeit für ein Individuum, in einer Überschwemmung umzukommen, wird definiert als:

$$P(D|F) = P_e * P_b * P_d$$

mit: P(D|F) = Todeswahrscheinlichkeit im Fall einer Überschwemmung;
P_e = Wahrscheinlichkeit, dass das Individuum nicht rechtzeitig gewarnt oder evakuiert wird;
P_b = Wahrscheinlichkeit, dass das Gebäude, in dem sich das Individuum befindet, zusammenbricht;
P_d = Todeswahrscheinlichkeit für den Fall des zusammenbrechenden Gebäudes.

Das Problem ist jedoch die Ermittlung empirischer Werte für diese Wahrscheinlichkeiten. In der EUROflood-Studie wurden folgende Annahmen getroffen: P_e = 0,05 / P_b = 0,9 / P_d = 0,9. Dies führt zu einer Todeswahrscheinlichkeit im Überschwemmungsfall von 0,04. Multipliziert man diese Wahrscheinlichkeit mit der während der Überschwemmungsphase im betroffenen Gebiet anwesenden

---

[47] Vgl. Penning Rowsell et al. (1992), S. 105 ff., Egli (1996), S. 45 ff., Kelman (2003). Darüber hinaus bergen die nach dem Ereignis notwendigen Aufräumungs- und Instandsetzungsarbeiten ein erhebliches Gefährdungspotenzial für Leben und Gesundheit, insbesondere wenn diese Arbeiten nicht von Fachkräften, sondern von den Betroffenen selbst ausgeführt werden, vgl. Heinz (2002), S. 60-63.

[48] Vgl. Ketteridge, Green (1994), S. 84 f. Ein alternativer Ansatz zur Bestimmung der zu erwartenden Zahl von Todesopfern bei einer Überschwemmung wurde in den Niederlanden entwickelt. Hier wird in Abhängigkeit von der Überflutungshöhe und der Anstiegsgeschwindigkeit des Wassers eine Mortalitätsrate kalkuliert, die dann auf das gefährdete Personenpotenzial angewandt werden kann, vgl. Markau, Reese (2003), S. 69-70. Auf ähnliche Art und Weise wurde auch versucht, die Zahl der Todesopfer während der Sturmflutkatastrophe 1953 in den Niederlanden ex post zu erklären. In CUR/TAW (1990) wird die "drowning fraction", also der Anteil der Ertrunkenen an der betroffenen Gesamtbevölkerung in Abhängigkeit von der Überflutungshöhe modelliert (S. 88-89).

Personenzahl, so erhält man die zu erwartende Anzahl an Todesopfern. Die oben angesprochenen Risiken für Personen, die sich außerhalb eines Gebäudes aufhalten, sind dabei noch nicht berücksichtigt, können aber grundsätzlich analog modelliert werden (sind aber natürlich mit den gleichen Datenproblemen behaftet).

Eine Auswertung von Überschwemmungsereignissen der Vergangenheit hat laut Schmidtke (1995) eine Relation von über 10 Todesopfern je 1 Mrd. DM an volkswirtschaftlichen Schäden ergeben[49]. Zwischen diesen Größen besteht jedoch kein echter Ursache-Wirkungs-Zusammenhang, und die verwendeten Ausgangsdaten entziehen sich mangels Quellenangaben einer Überprüfung.

Empirische Untersuchungen aus England und den USA haben darüber hinaus gezeigt, dass der während eines Überflutungsereignisses und danach auftretende massive Stress für die Betroffenen zu physischen und psychischen Gesundheitsbeeinträchtigungen führen kann. Auslösende Faktoren sind Angst und Sorge im Vorfeld einer sich ankündigenden Überschwemmung, das hautnahe Erleben der Flut selbst, eine möglicherweise notwendige Evakuierung, die länger andauernde Unbewohnbarkeit des eigenen Hauses nach der Überschwemmung, die Belastung durch Aufräum- und Reparaturarbeiten, Auseinandersetzungen mit Versicherungen und staatlichen Stellen hinsichtlich finanzieller Leistungen, der Verlust von persönlichem Eigentum und Erinnerungsstücken von hohem finanziellen und/oder ideellen Wert[50].

Im Rahmen von KRIM wurden zwar Aussagen über das gefährdete Personenpotenzial getroffen, indem die Anzahl der im Überflutungsgebiet lebenden Personen differenziert nach Entfernung zur Deichbruchstelle und Höhenlage des Wohnortes ermittelt wurde; eine Modellierung von Personenschäden wird aufgrund der geschilderten methodischen Schwierigkeiten hier jedoch nicht erfolgen[51].

---

[49] Vgl. Schmidtke (1995), S. 155.

[50] Vgl. Green, Penning-Rowsell (1986), S. 229-248, Parker et al. (1987), S. 101-107, Green et al. (1987), Green, Penning-Rowsell (1989), Penning-Rowsell et al. (1992), S. 107 f., Green et al. (1994), S. 52-62, Ketteridge, Green (1994), S. 90 ff., Smith, Ward (1998), S. 49-51, Tapsell (1999), Heinz (2000), S. 73-82, Baxter et al. (2001), Heinz (2002), S. 63-76.

[51] Ein weiteres Argument dafür findet sich bei Daschkeit, Sterr (2003), S. 203. Sie bezeichnen es als ein für die deutschen Küsten typisches Muster, dass hier zwar ein hohes Schadenspotential bei Sachwerten bestehe, die Gefahr für Menschenleben jedoch sehr gering sei.

2.2 Schäden an Kulturgütern

Zu den von einer Sturmflut bedrohten und von einem Küstenschutzsystem geschützten Gütern gehören neben Menschenleben, ökologischen Gütern und den "normalen" materiellen Gütern auch die in der Region befindlichen Kulturgüter. Diese lassen sich hinsichtlich der Frage ihrer Bewertbarkeit in zwei Gruppen einteilen: Zum einen in Güter, die auf dem Kunstmarkt (Auktionen, Galerien etc.) gehandelt und mit den dort erzielten Preisen bewertet werden könnten. Problematischer ist jedoch die Bewertung solcher Kulturgüter, für die keine Märkte existieren und die Charakteristika *öffentlicher Güter* aufweisen. In Abgrenzung zu den vorgenannten Gütern sollen diese als kulturelles Erbe *(cultural heritage)* einer Region bezeichnet werden.

Wenn man Kultur als zivilisatorischen Entwicklungsstand einer bestimmten Gesellschaft oder eines bestimmten Zeitalters begreift, dann bezeichnet das kulturelle Erbe all das, was die Zeiten überdauert hat und uns heute Einblicke in diese damalige Zivilisation gewährt[52]. Zum materiellen kulturellen Erbe im engeren Sinne (*tangible cultural heritage goods*), das gefährdet, aber auch grundsätzlich monetär bewertbar erscheint, gehören dann im Sinne der UNESCO-Konvention zum Schutz des Kultur- und Naturerbes der Welt folgende Objekte[53]:

- Denkmäler: Werke der Architektur, der monumentalen Skulptur und Malerei, Elemente oder Strukturen archäologischer Art, Inschriften, Höhlenwohnungen und Verbindungen solcher Kulturzeugnisse, die in historischer, künstlerischer oder wissenschaftlicher Hinsicht von außergewöhnlichem universellem Wert sind.

- Gebäudegruppen: Gruppen einzelner oder miteinander verbundener Gebäude, die wegen ihrer Architektur, ihrer Geschlossenheit oder ihrer Einbettung in die Landschaft in historischer, künstlerischer oder wissenschaftlicher Hinsicht von außergewöhnlichem universellem Wert sind.

- Stätten: Werke von Menschenhand oder gemeinsame Werke der Natur und des Menschen sowie Gebiete, einschließlich archäologischer Stätten, die in historischer, künstlerischer oder wissenschaftlicher Hinsicht von außergewöhnlichem universellem Wert sind.

[52] Vgl. Vollmer et al. (2001), S. 9.
[53] Vgl. Art. 1 der Welterbe-Konvention (UNESCO (2003)).

Seit einigen Jahren werden Versuche unternommen, solche *cultural heritage goods* pekuniär zu bewerten. Dies erfolgt unter Verwendung der Methoden der pekuniären Bewertung von Naturgütern, wie beispielsweise der Reisekostenmethode oder kontingenten Befragung[54]. Leider befindet sich unter den wenigen bisher durchgeführten Fallstudien keine, die sich auf das KRIM-Untersuchungsgebiet oder eine vergleichbare Region bezieht. Auch im Rahmen von KRIM ist eine solche Untersuchung nicht durchgeführt worden. Der potentielle Schaden, der in Folge eines klimawandelinduzierten Sturmflutereignisses an den betroffenen Kulturgütern entstehen kann, wird daher nicht monetär bewertet.

Dass dennoch ein relevantes Schadenspotenzial im Bereich der Kulturgüter existiert, lässt sich aus den Ergebnissen des LANCEWAD-Projektes schließen, in dessen Rahmen das kulturelle und landschaftliche Erbe der Wattenmeerregion in Dänemark, Deutschland und den Niederlanden inventarisiert wurde[55]. U.a. wurden dabei auch Informationen für die Teilregionen Land Wursten, Wesermarsch und Wangerland aus dem KRIM-Untersuchungsgebiet ermittelt. Kulturgüter von besonderer Bedeutung sind hier beispielsweise die zwischen dem 12. und 14. Jahrhundert in Land Wursten errichteten und bis heute erhaltenen acht Steinkirchen.

2.3 Küstenschutzaufwendungen

Tritt ein klimawandelinduziertes Sturmflutereignis tatsächlich ein, so löst dies im Normalfall einen massiven Einsatz staatlicher und nicht-staatlicher Katastrophenschutzorganisationen aus (Freiwillige und Berufsfeuerwehren, Technisches Hilfswerk, Polizei, Bundesgrenzschutz, Bundeswehr, Deutsches Rotes Kreuz, Malteser, Johanniter etc.). Diese Einsätze verursachen Kosten, die als Katastrophenschutzaufwendungen bezeichnet werden und ebenfalls Bestandteil des Gesamtschadens sind, der einem solchen Ereignis zuzurechnen ist. Dies bezieht sich aber natürlich nur auf die zusätzlichen Kosten, die ohne das Ereignis nicht angefallen wären. So sind beispielsweise Fixkosten, wie das Gehalt der Polizisten

---

[54] Vgl. Navrud, Ready (2002). In dieser aktuellen Übersicht wird die Zahl der bisher durchgeführten Bewertungsstudien auf ungefähr 30 beziffert. Die erste Untersuchung dieser Art, die sich auf ein *cultural heritage good* bezog, war demnach eine Contingent Valuation Studie für den Nidaros Dom in Trondheim/Norwegen im Jahr 1991.

[55] Vgl. Vollmer et al. (2001). Hintergrund für LANCEWAD ist die derzeit laufende Vorbereitungsphase für die Anmeldung des Wattenmeeres als Weltnaturerbe bei der UNESCO. Diese soll gegebenenfalls zu einem späteren Zeitpunkt um eine Anmeldung der Wattenmeerregion als Kulturerbe ergänzt werden. Vgl. hierzu auch Burbridge (2000). Einen historischen Überblick über die Auswirkungen des Meeresspiegelniveaus auf die Gestaltung der Kulturlandschaft in der Wattenmeerregion liefert Knottnerus (2003).

oder der Sold der Soldaten, nicht zu berücksichtigen, die Kosten für Sandsäcke, die nur einmal verwendet werden können, hingegen sind zu kalkulieren. Diese notwendige Abgrenzung ist in der Praxis nicht unproblematisch: "In evaluating emergency service costs attributable to flooding the problem is to accurately estimate and identify those marginal costs which may arise.[56]"

Während für England eine entsprechende Studie zu diesen Kosten für die verschiedenen Katastrophenschutzorganisationen basierend auf konkreten Überflutungsereignissen der Vergangenheit existiert, ist eine vergleichbare Untersuchung für Deutschland nicht bekannt. Es wird lediglich darauf hingewiesen, dass die Katastrophenschutzaufwendungen im Vergleich zu den anderen Schadenskategorien eine untergeordnete Rolle spielen[57]. So wird beispielsweise im sogenannten *Wesermarsch-Gutachten* ein pauschaler Katastrophenaufwand von 2,5 Mio. DM für das schlimmste der dort angenommen Überflutungsszenarien angesetzt. Dies sind nur 0,12 % der für dieses Ereignis berechneten Gesamtschäden[58].

Lediglich für einen bestimmten Teil der Katastrophenschutzaufwendungen, nämlich die Kosten für Evakuierungsmaßnahmen, existieren Quantifizierungen. So wurden 1986 für die Stadt Hamburg 300 DM je evakuierten Einwohner kalkuliert, während 1995 bei Überflutungen in den Niederlanden Kosten von 2000 DM für jede gerettete Person entstanden. Im Rahmen eines aktuellen Projektes zu den Sturmflutrisiken in Schleswig-Holstein hat eine Befragung der zuständigen Behörden zu einer groben Kostenschätzung in Höhe von 150 € je evakuierter Person geführt[59].

2.4 Vermögensschäden

Vermögensschäden stehen im Zentrum empirischer Untersuchungen zu den möglichen Folgen von Überflutungsereignissen. Zu dieser Kategorie werden die Schäden an folgenden Objekten gerechnet:

- Anlage- und Umlaufvermögen der Unternehmen und des Staates;
- Wohnvermögen, Hausrat und PKW der privaten Haushalte;
- Grundstücke (Bodenwerte);
- Infrastruktureinrichtungen.

---

[56] Parker et al. (1987), S. 114, vgl. auch Penning-Rowsell, Parker (1987), S. 269.
[57] Vgl. Parker et al. (1987), S. 109-122, Klaus, Schmidtke (1990), S. 121, Schmidtke (1995), S. 154, Schmidtke (1999), S. 135, Kiese, Leineweber (2000), S. 8.
[58] Vgl. Klaus, Schmidtke (1990), S. 121.
[59] Vgl. Reese et al. (2003), S. 102, Markau, Reese (2003), S. 71.

Grundsätzlich vollzieht sich die Ermittlung dieser Vermögensschäden in zwei Schritten[60]:

- Wertermittlung: Art, Anzahl, Wert und geographische Lage der o.g. Objekte im Untersuchungsgebiet müssen identifiziert werden. Dies ergibt das *Schadenspotenzial*, also den maximal möglichen Vermögensschaden für den Fall eines (theoretischen) Worst-Case-Szenarios.

- Schadensberechnung: Jedes Vermögensobjekt ist unterschiedlich "empfindlich", wenn es einer Sturmflut ausgesetzt wird. Die Spannbreite kann dabei von "Totalschaden bei minimalem Salzwasserkontakt" bis hin zu "völliger Unversehrtheit trotz längerer Überflutung" reichen. Für die Schadenskalkulation müssen daher die Ergebnisse der Wertermittlung, der jeweilige Grad der *Empfindlichkeit* und die *Parameter des Sturmflutereignisses* (Überflutungshöhe und -dauer, Salzgehalt, Strömungsgeschwindigkeit) miteinander kombiniert werden.

Für die Durchführung dieser Schritte stehen nun mit dem *mikroskaligen, mesoskaligen* und *makroskaligen* Ansatz drei Ansätze zur Verfügung, die je nach Größe des Untersuchungsgebietes, notwendigem Detaillierungsgrad und möglichem Untersuchungsaufwand unterschiedlich geeignet sind. Ein Trade-off der bearbeitbaren Größe des Untersuchungsgebietes und dem erreichbaren Detaillierungsgrad ist dabei unvermeidbar (zur Illustration s. *Abbildung 6*).

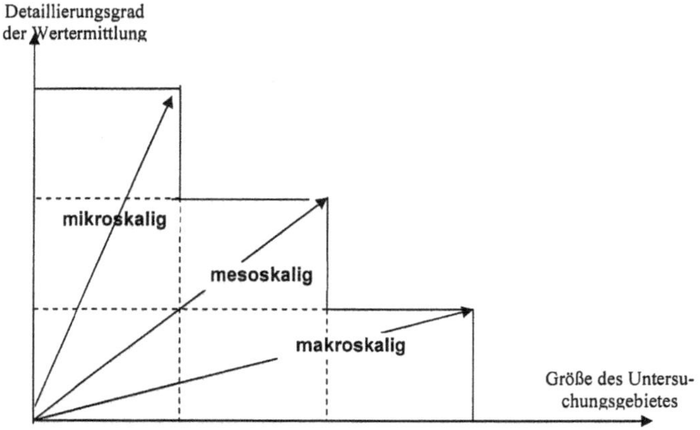

Abbildung 6: Ansätze zur Ermittlung von Vermögensschäden.

60 Vgl. Reese et al. (2003), S. 10-11, Markau, Reese (2003), S. 68-69.

Tabelle 2 gibt einen Überblick über zentrale Merkmale und Unterschiede der drei Ansätze.

Merkmal	Ansatz		
	mikroskalig	mesoskalig	makroskalig
Unter-suchungsgebiet	kleinräumig (Gemeinde, Gemeindeteile)	regional (Landkreise, gefährdete Regionen)	überregional (national, EU, IPCC, global)
Planungs-/ Handlungsebene	Küstenschutzmaßnahme	Küstenschutzstrategie	(inter-)nationale Politik
Detaillierungs-grad (Schäden an ...)	Einzelobjektebene (z.B. ein konkretes Wohngebäude)	Objektarten eines Geoinformations-systems (z.B. ATKIS oder CORINE)	Gesamtsumme der Werte einer administrativen Einheit (z.B. Gemeinde oder Landkreis)
Grundlagen der Wertermittlung	Gemeindestatistiken, Versicherungsdaten, Vor-Ort-Erhebungen	aggregierte Daten amtlicher Statistiken, insbesondere auf Bundesland-ebene	aggregierte Daten amtlicher Statistiken, insbesondere nationale und internationale Quellen
Beispiele	Wertermittlung für Scharbeutz und Timmendorfer Strand[61], MERK-Studie für mehrere Gemeinden Schleswig-Holsteins[62]	Wesermarschgutachten[63], Schleswig-Holstein-Studie[64]	Fallstudie Deutschland entsprechend der Common Methodology des IPCC[65]

Tabelle 2: Merkmale des mikro-, meso- und makroskaligen Ansatzes zur Ermittlung von Vermögensschäden (Quelle: Hamann, Reese (2000), Schmidtke (2001), Reese, Markau (2002), Daschkeit, Sterr (2003), Markau, Reese (2003)).

---

[61] Reese et al. (2001).

[62] Vgl. Reese, Markau (2002), Markau, Reese (2002), Reese et al. (2003), Markau, Reese (2003).

[63] Vgl. Klaus, Schmidtke (1990).

[64] Vgl. Hamann (1998), Hamann, Hofstede (1998), Colijn et al. (2000), Hofstede, Hamann (2000).

[65] Vgl. Behnen (1996), Ebenhöh et al. (1997).

2.4.1 Mikroskaliger Ansatz

Eine im Rahmen des mikroskaligen Ansatzes durchgeführte Wertermittlung erfolgt auf Grundlage von parzellenscharfen Nutzungsinformationen und Einzelobjektdaten. Es erfolgt quasi eine Art "Inventur" der Vermögenswerte des Untersuchungsgebietes, bei der festgehalten wird, welche Objekte vorhanden sind, welche Merkmale sie aufweisen, wo sie geographisch liegen und welchen Wert sie besitzen. Diese Vorgehensweise liefert damit im Vergleich der drei Ansätze die am stärksten disaggregierten Informationen zu den Vermögensobjekten und ihrer räumlichen Verortung, ist aber im Gegenzug natürlich auch mit dem höchsten Aufwand bei der Datengewinnung verknüpft[66]. Methodik und Datenquellen einer mikroskaligen Wertermittlung sind in der MERK-Studie dokumentiert. Darüber hinaus findet sich dort für zukünftige Untersuchungen ein Vorschlag für ein standardisiertes Verfahren[67].

Nach der Wertermittlung erfolgt die Schadensberechnung. Grundlage hierfür sind empirische Schadensdaten von Hochwasserereignissen der Vergangenheit. Auf Basis dieser Daten werden dann sogenannte Schadensfunktionen formuliert, die einen Zusammenhang zwischen Schadensausmaß (erklärte Variable) und einem Hochwasserparameter, z.B. der Überflutungshöhe (erklärende Variable) beschreiben. Die Sammlung solcher Informationen in Deutschland ist allerdings noch in zweifacher Hinsicht lückenhaft: Zum einen beziehen sich die Schadensdaten auf Flusshochwässer und nicht auf Sturmfluten an der Küste und zum zweiten nur auf bestimmte Vermögenskategorien, insbesondere auf Wohngebäude. Die bekannteste Sammlung von Schadensdaten und Schadensfunktionen ist die HOWAS-Datenbank der Länderarbeitsgemeinschaft Wasser, die beim Bayerischen Landesamt für Wasserwirtschaft geführt wird. Diese Datenbank enthält 3000 Einzelschadensdaten aus acht Hochwasserereignissen der Vergangenheit (Stand: Oktober 1998)[68]. *Abbildung 7* zeigt ein Beispiel für eine HOWAS-Schadensfunktion.

---

[66] Vgl. Hamann, Reese (2000), S. 141-143.

[67] Vgl. Reese et al. (2003), S. 46-87.

[68] Vgl. Günther, Schmidtke (1988), Bayern-LfW (1998), BWK (2001), S. 22-25, Niekamp (2001), S. 442-450. In England existiert mit dem Flood Loss Assessment Information Report des Flood Hazard Research Center ebenfalls eine sehr detaillierte Zusammenstellung von Schadensdaten für verschiedene Gebäudetypen, Hausratgüter und Vermögensobjekte von Unternehmen aus unterschiedlichen Branchen (vgl. N'Jai et al. 1990).

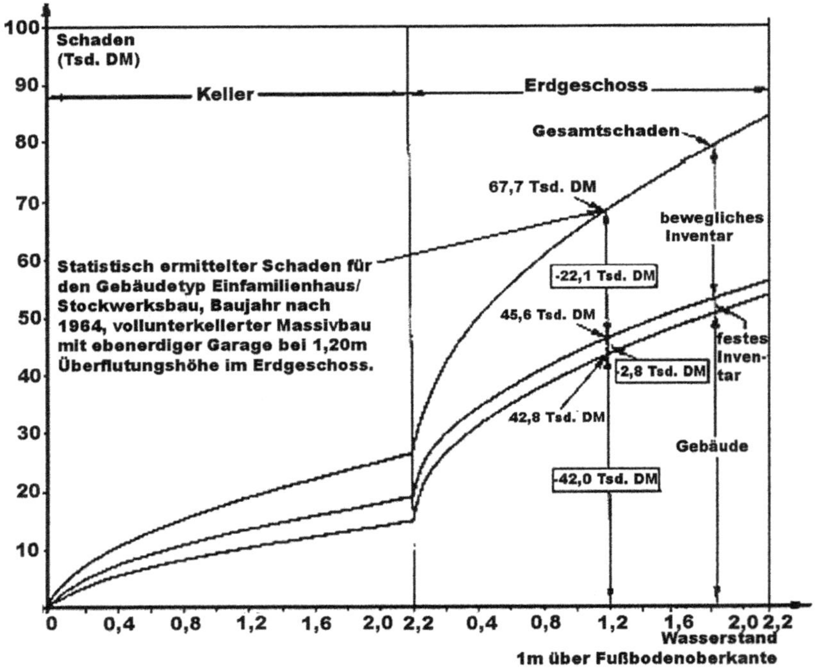

Abbildung 7: HOWAS-Schadensfunktion für ein Einfamilienhaus mit Keller und Garage (Massivbauweise, Baujahr nach 1964) (Quelle: Bayern-LfW (1998)).

Die drei Kurven in der Abbildung beziehen sich dabei auf die Schäden am Gebäude selbst (untere Kurve), am Gebäude und am festen Inventar (mittlere Kurve) und am Gebäude, am festen und am beweglichen Inventar (obere Kurve).

Im Rahmen des MERK-Projektes wurde nun versucht, diese flusshochwasserspezifischen HOWAS-Schadensfunktionen mit Hilfe von Expertenbefragungen an die besonderen Umstände einer Sturmflut anzupassen. Außerdem wurden die errechneten Schäden nicht mehr in Geldbeträgen ausgedrückt, sondern als prozentualer Anteil des vorher ermittelten Wertes. Die so ermittelten Zusammenhänge zwischen Überflutungshöhe und *Schaden* werden dann nicht als kontinuierliche Schadensfunktion, sondern in Form einer sogenannten Schadensmatrix dargestellt. *Tabelle 3* enthält zur Illustration einen Auszug aus dieser Matrix.

Schadens-kategorie	Überflutungshöhe über Geländeoberkante in m				
	1,00	2,00	3,00	4,00	5,00
zweigeschossige Gebäude mit Keller	8,00	13,00	18,00	23,00	28,00
PKW	38,13	60,00	100,00	100,00	100,00

Tabelle 3: Auszug aus der Schadensmatrix des MERK-Projektes (angegeben sind Schäden in %) (Quelle: Reese et al. (2003), S. 95).

2.4.2 Makroskaliger Ansatz

Anders als der mikroskalige Ansatz, der auf eine sehr detaillierte Sturmflutrisikoabschätzung für konkrete Vermögensobjekte zielt, soll der *makroskalige* Ansatz einen Überblick über die "Verwundbarkeit" (*vulnerability*) einer Küstenregion oder eines nationalen Küstenabschnittes gegenüber einem Anstieg des Meeresspiegels liefern. Die Coastal Zone Management Subgroup (CZMS) des IPCC hat für Untersuchungen dieser Art zu Beginn der 1990er Jahre eine einheitliche Vorgehensweise entwickelt, die sogenannte *Common Methodology*, die den betroffenen Staaten eine Anleitung für die Durchführung ihrer jeweiligen nationalen Untersuchungen liefern und zu vergleichbaren und aggregierbaren Resultaten führen soll[69]. Dabei wird der Begriff der *Vulnerabilität* sehr weit gefasst und geht über die Risikoberechnung für gefährdete Vermögensobjekte weit hinaus: "The common methodology defines "vulnerability"as a nation's ability to cope with the consequences of an accelaration in sea level rise and other coastal impacts of global climate change.[70]" Dieses Verständnis impliziert die Berücksichtigung folgender Aspekte in den entsprechenden nationalen Analysen:

- Empfindlichkeit der Küstengebietes gegenüber den physikalischen Effekten, die durch den Anstieg des Meeresspiegels ausgelöst werden;

- Auswirkungen dieser physikalischen Effekte auf die ökologischen, ökonomischen und sozialen Systeme der betroffenen Küstenregion;

- Potenzial der betroffenen Region bzw. des betroffenen Staates, diese Auswirkungen in irgendeiner Form zu bewältigen.

---

[69] Vgl. CZMS (1991), (1992).
[70] CZMS (1992), S. 11.

Die Abschätzung der Vulnerabilität wird im Rahmen der Common Methodology in sieben Untersuchungsschritten vorgenommen[71]:

1. Beschreibung des Untersuchungsgebiets und Bildung von Szenarien zu Klimawandel und beschleunigtem Meeresspiegelanstieg für die Region.

2. Erfassung der Merkmale der natürlichen und sozioökonomischen Systeme im Untersuchungsgebiet.

3. Identifizierung anthropogener und natürlicher Faktoren, die neben dem Klimawandel die zukünftige Entwicklung des Untersuchungsgebietes beeinflussen.

4. Abschätzung der physikalischen Folgen eines beschleunigten Meeresspiegelanstiegs und der Reaktionen der natürlichen Systeme auf diese Veränderungen.

5. Erarbeitung von politischen Reaktionsoptionen für den beschleunigten Meeresspiegelanstieg (die Common Methodology unterscheidet hier zwischen den grundsätzlichen Strategien *retreat* (Rückzug), *accommodation* (Anpassung) und *protection* (Schutz)), Spezifizierung der technischen Umsetzung und Abschätzung der Kosten und Wirkungen (auch für die "No-Action-Option").

6. Vulnerabilitätsanalyse im engeren Sinne (siehe auch unten, *Tabelle 4*)
   a) Erstellen eines Vulnerabilitätsprofils: Ermittlung der Auswirkungen, die die physikalischen Folgen eines beschleunigten Meeresspiegelanstiegs und die sich daraus ergebenden Reaktionen der natürlichen Systeme auf die sozioökonomischen und ökologischen Systeme haben und Beurteilung der Durchführbarkeit der ausgewählten Reaktionsoptionen.
   b) Auswertung des Vulnerabilitätsprofils: Beurteilung der Schwere der Auswirkungen und Zuordnung zu sogenannten Vulnerabilitätsklassen.

7. Entwicklung eines Aktionsplans, der die Entscheidungsträger mit den zuvor gesammelten Informationen und Einschätzungen versorgt, Handlungsempfehlungen liefert, Prioritätensetzungen erlaubt und weiteren Informationsbedarf identifiziert.

---

[71] Vgl. CZMS (1991), S. 8-18, CZMS (1992), Appendix C.

Impact Categories	Vulnerability Classes			
	low	medium	high	critical
People affected (*betroffene Personen*): (#people/total) * 100 %	< 1 %	1-10 %	11-50 %	> 50 %
People at risk (*gefährdete Personen*): (#people*propability) / 1000	< 10	10-100	100-500	> 500
Capital value at loss (*Kapitalstockverlust*): (total loss/GNP) * 100 %	< 1 %	1-3 %	3-10 %	> 10 %
Dry land at loss (*Verlust an Landfläche*): (area/total area) * 100 %	< 3 %	3-10 %	10-30 %	> 30 %
Protection/adaptation cost (*Schutz- bzw. Anpassungskosten*): (total cost/GNP) * 100 %	< 0.05 %	0.05-0.25 %	0.25-1 %	> 1 %
Wetland at loss (*Verlust an Feuchtgebieten*): (area/total area) * 100 %	< 3 %	3-10 %	10-30 %	> 30 %

Tabelle 4: Common Methodoloy zur Ermittlung sozioökonomischer und ökologischer Auswirkungen nach Vulnerabilitätsklassen (Quelle: CZMS (1992), Appendix D, S. 9).

In den vergangenen Jahren wurden weltweit nationale Fallstudien entsprechend der Common Methodology durchgeführt[72]. Eine entsprechende Untersuchung für Deutschland, die im Rahmen des Forschungsprogrammes "Klimaänderung und Küste" des BMBF erfolgte, wurde 1997 unter dem Titel "Potentielle Gefährdung und Vulnerabilität der deutschen Nord- und Ostseeküste bei fortschreitendem Klimawandel. Case Study in Anlehnung an die Common Methodology der IPCC Coastal Management Subgroup" vorgelegt[73]. Die "Makroskaligkeit" des Ansatzes äußert sich darin, dass aufbauend auf einem angenommenen Meeresspiegelanstieg von 1m bis zum Jahr 2100 pauschale Überflutungswahrscheinlichkeiten von

[72] Zusammenstellungen und Vergleiche solcher Fallstudien finden sich beispielsweise in Bijlsma et al. (1996) und Nicholls, Mimura (1998). Aus deutscher Sicht besonders interessant sind dabei die in den Nachbarländern Niederlande (vgl. Peerbolte et al. (1991) und Polen (vgl. Zeidler (1997)) durchgeführten Studien. Den Versuch einer globalen Vulnerabilitätsabschätzung liefern Hoozemans, Hulsbergen (1995).

[73] Vgl. Ebenhöh et al. (1997), sowie Behnen (1996), Sterr, Simmering (1996) und Hupfer et al. (2003), S. 271-278.

1:100 für die gesamte deutsche Nordseeküste bzw. 1:250 für die gesamte deutsche Ostseeküste unterstellt werden. Für die Berechnung der Folgen wurden ebenfalls pauschal sämtliche Flächen, Einwohner und Sachwerte herangezogen, die unterhalb von +10 m NN an der Nordseeküste bzw. + 5 m NN an der Ostseeküste liegen. Außerdem wurden keinerlei sozioökonomische Veränderungen, die in der Zeit bis 2100 eintreten werden, berücksichtigt. *Tabelle 5* liefert einen Überblick über die Ergebnisse dieser Vulnerabilitätsabschätzung für Deutschland.

Impact Categories	absolute Werte	Anteil BRD	Vulnerability Class
A. ohne Maßnahmen[74]			
• betroffene Personen	3,12 Mio.	4 %	medium
• gefährdete Personen	257.000	0,32 %	high
• Sachwertverluste	410 Mrd. $	3 %[75]	medium
• Verluste an Landflächen	13.900 km^2	3,9 %	(low bis) medium
• Verluste an Küstenfeuchtgebieten (Nordsee)[76]	2.400 km^2	40-50 %	critical
B. mit Maßnahmen[77]			
• gefährdete Personen	30.000	0,04 %	low
• jährliche Kosten des Küstenschutzes	300 Mio. $	0,01 %[78]	low

Tabelle 5: Vulnerabilität der deutschen Küstenregion nach der Common Methodology bei einem Meeresspiegelanstieg von 1 m bis 2100 (Quelle: Ebenhöh et al. (1997), Sterr, Simmering (1996)).

74 Als theoretische Referenzsituation in der Common Methodology vorgesehen. Kosten für Küstenschutzmaßnahmen sind hier gleich Null (vgl. CZMS (1992), Appendix C, S. 13).

75 Der relative Anteil bezieht sich im Gegensatz zum Vorschlag der Common Methodology nicht auf das GNP, sondern auf den "gesamten immobilen Kapitalwert" in Deutschland (vgl. Ebenhöh et al. (1997), S. 98).

76 Während der Meeresspiegelanstieg an der Ostseeküste sogar zu einer Zunahme der Feuchtgebietsflächen führen kann, wird an der Nordsee eine Reduzierung der außendeichs liegenden Feuchtgebiete um 40-50 % ihrer derzeitigen Fläche angenommen (vgl. Ebenhöh et al. (1997), S. 103-104).

77 Umfasst Maßnahmen zur Realisierung einer Deichsollhöhe auf Basis des Generalplans Küstenschutz Weser-Ems mit zusätzlicher Berücksichtigung des +1m-Szenarios (vgl. Ebenhöh et al. (1997), S. 105-106 u. Anhang 2).

78 Dieser relative Anteil bezieht sich auf das deutsche Bruttoinlandsprodukt (vgl. Ebenhöh et al. (1997), S. 114).

Inzwischen entspricht die Common Methodology auch nicht mehr dem "Stand der Technik" bei makroskaligen Untersuchungen. Aufbauend auf den allgemeinen *Technical Guidelines for Assessing Climate Change Impacts and Adaptations* des IPCC und unter Verwendung der Erfahrungen aus der Anwendung der Common Methodology, sowie weiteren Ansätzen zur Bewertung der Vulnerabilität von Küstenregionen wurde ein verbesserter Leitfaden zur Durchführung nationaler Studien entwickelt[79]. Dieser unterscheidet sich von der Common Methodology insbesondere durch die größere Bedeutung, die dem Einsatz von *Szenarien* beigemessen wird. Statt vorgefertigte, globale Szenarien zu verwenden (z.B. Meeresspiegelanstieg +1 m bis 2100), sollen in den nationalen Studien eigene Szenarien entwickelt werden, die mögliche klimawandelinduzierte und nicht-klimawandelinduzierte Entwicklungen der natürlichen und sozioökonomischen Systeme im Untersuchungsgebiet abbilden[80]. Der Ansatz von KRIM, mit Hilfe von Klima-, Regional- und Küstenschutzszenarien eine Risikoabschätzung für das Untersuchungsgebiet zu liefern, entspricht bereits diesen Empfehlungen, wobei allerdings eine mesoskalige Wertermittlung als Basis dient.

2.4.3 Mesoskaliger Ansatz

Das Verfahren der mesoskaligen Wertermittlung beruht maßgeblich auf dem sogenannten "Wesermarschgutachten", das 1990 im Auftrag des damaligen Bundesministeriums für Ernährung, Landwirtschaft und Forsten erstellt wurde[81]. Bei dieser Untersuchung wurden die von einer Überflutung bedrohten Vermögenswerte für den gesamten Landkreis Wesermarsch ermittelt. Aufgrund der Größe des Untersuchungsgebietes (> 800 km^2) kam hier eine mikroskalige, objektbezogene Wertermittlung nicht in Betracht. Stattdessen wurde versucht, die gewünschten Informationen aus Quellen der *amtlichen Statistik* zu gewinnen, insbesondere mit Hilfe von Katasterdaten und diversen Statistiken auf Bundeslandebene.

Im ersten Schritt wurden dabei für sämtliche Fluren der Gemeinden des Landkreises die Informationen zu ihrer Nutzung (aus der Flurkarte) und zu ihrer Höhenlage (aus dem Höhenplan) miteinander kombiniert[82]. Folgende *Nutzungsarten* wurden dabei unterschieden:

---

[79] Zu den Technical Guidelines des IPCC vgl. Carter et al. (1994), der verbesserte Leitfaden ist Teil des UNEP-Handbooks on Methods for Climate Change Impact Assessment and Adaptation Strategies, vgl. Klein, Nicholls (1998).
[80] Vgl. Klein, Nicholls (1998), S. 7-20-7-22, sowie Klein, Nicholls (1999) und Sterr et al. (2000).
[81] Vgl. Klaus, Schmidtke (1990).
[82] Vgl. Klaus, Schmidtke (1990), S, 25-36.

- Gebäude- und Freifläche Wohnen;
- Gebäude- und Freifläche Land- und Forstwirtschaft;
- Gebäude- und Freifläche für Versorgungsanlagen;
- Gebäude- und Freifläche zu Verkehrsanlagen;
- Verkehrsfläche;
- Gebäude- und Freifläche Gewerbe und Industrie;
- Gebäude- und Freifläche Handel und Wirtschaft;
- Gebäude- und Freifläche öffentliche Zwecke;
- Gebäude- und Freifläche zu Entsorgungsanlagen;
- Gebäude- und Freifläche Erholung;
- Landwirtschaftsfläche;
- Wasserfläche.

Schritt zwei besteht dann aus der Ermittlung der von einer Überflutung bedrohten und durch Küstenschutzinfrastruktur geschützten Werte[83]. Für folgende Wertkategorien werden dabei aus diversen amtlichen Statistiken entsprechende Daten für die einzelnen Gemeinden generiert:

- Sozio-ökonomische Basis:
  - Bevölkerung;.
  - Wohnstätten;
  - Infrastruktur.
- Regionale Produktionsstätten und –faktoren:
  - Produktionsstätten und Arbeitsplätze;
  - Produktionsfaktor Boden;
  - Kapitalstock, sowie andere Vermögenswerte in den Sektoren.
- Laufendes Wirtschaftsergebnis;
- Umweltbezogene Tatbestände.

Beim Kapitalstock geschieht dies beispielsweise mit Hilfe der sektoralen Kapitalintensitäten (Kapitalausstattung/Arbeitsplatz), die im Rahmen der Volkswirtschaftlichen Gesamtrechnung auf Länderebene ermittelt werden. Kombiniert man diese mit den Ergebnissen der Arbeitsstättenzählung, so ergeben sich durch einfache Multiplikation die sektoralen Kapitalstöcke[84]. Für andere Wertkategorien werden aus empirischen Daten auf Bundesebene Relationen gebildet, die dann auch für das Untersuchungsgebiet angewandt werden. Auf dem Wege dieses

---

[83] Vgl. Klaus, Schmidtke (1990), S. 49-82.

[84] Betrachtet werden die sieben Sektoren Land- u. Forstwirtschaft, Fischerei; Energie- u. Wasserversorgung, Bergbau; verarbeitendes Gewerbe; Baugewerbe; Handel; Verkehr u. Nachrichtenübermittlung; sonstige Wirtschaftsbereiche (ohne Wohnungsvermietung).

vereinfachten Verfahrens werden z.B. die Werte für den Hausrat (7,2 % des Wohnungskapitalstocks) und das Vorratsvermögen (8 % des jeweiligen sektoralen Kapitalstocks) kalkuliert. Insgesamt wird mit Hilfe dieser diversen statistischen Auswertungen ein Realvermögen in Höhe von knapp 15,7 Mrd. DM im Jahr 1987 für das Gebiet des II. Oldenburger Deichbandes, das den Großteil des Landkreises Wesermarsch einnimmt, ermittelt[85].

Im dritten Schritt ging es nun darum, die auf Gemeindeebene vorliegenden Wertinformationen geographisch genauer zu verorten[86]. Dafür werden die Werte den in Schritt 1 genannten Flächennutzungen zugeordnet. So wird beispielsweise das Viehvermögen und der Kapitalstock des Sektors Landwirtschaft der Flächennutzungskategorie "Land- und Forstwirtschaft" zugewiesen. Kapitalstöcke anderer Sektoren, die sich nicht so eindeutig zuordnen lassen, werden auf mehrere Nutzungen aufgeteilt. Der Kapitalstock des Sektors "sonstige Wirtschaftsbereiche" verteilt sich beispielsweise auf die Nutzungen "öffentliche Zwecke", "Handel und Wirtschaft" und "Entsorgung". Da diese Flächennutzungen in Schritt 1 auf bestimmten Flurstücken verortet wurden und für diese Flurstücke auch die Höhenlage bekannt ist, können über diesen "Umweg" jetzt auch Aussagen zur Hochwassergefährdung der Vermögenswerte getroffen werden. Wenn z.B. das Viehvermögen zu 100 % der Flächennutzung "Land- und Forstwirtschaft" zugeordnet wird und die Flurstücke mit dieser Nutzung zu 10 % unter –0,5 m NN, zu 30 % unter 0 m NN, zu 70 % unter 1,0 m NN und zu 90 % unter 1,5 m NN liegen, dann sind 70 % des Viehvermögens gefährdet, wenn eine Überflutung bis zur Geländehöhe 1,0 m NN eintritt. Multipliziert man diese Gefährdungsquoten mit den in Schritt 2 errechneten und in Geldeinheiten ausgedrückten Wertinformationen, so erhält man das sektoral disaggregierte und nach Höhenstufen gegliederte Schadenspotenzial für die Gemeinden und das Untersuchungsgebiet insgesamt. Dieses beläuft sich im Jahr 1987 für das Gebiet des II. Oldenburger Deichbandes auf gut 13,2 Mrd. DM bei einer Überflutung bis zur Geländehöhe 1,5 m NN. Dies sind 84 % der oben ermittelten vorhandenen Vermögenswerte.

Der vierte Schritt gehört dann nicht mehr zur eigentlichen Wertermitlung, sondern bildet bereits die Schadensberechnung[87]. Zentrales Instrument der Wesermarsch-Studie für diese Aufgabe sind sogenannte sektorale Schädigungsmatrizen, die bestimmten Überflutungshöhen *prozentuale Schadensraten* für den jeweiligen sektoralen Kapitalstock zuweisen. *Tabelle 6* enthält beispielhaft die Matrix für den Kapitalstock des Sektors Landwirtschaft.

---

[85] Das Realvermögen setzt sich zusammen aus den sektoralen Kapitalstöcken, dem Wohnungsbestand, dem Hausrat, dem Vorratsvermögen, dem KFZ-Bestand, dem Viehvermögen und dem Bodenwert landwirtschaftlich genutzter Flächen.

[86] Vgl. Klaus, Schmidtke (1990), S. 92-108.

[87] Vgl. Klaus, Schmidtke (1990), S. 109-120.

	mittlere Überflutungs-höhe (m)			
Geländehöhe (m)	Überflutungsszenarien			
	S 1	S 2	S 3	S 4
unter -0,5	0,25	0,75	1,75	2,25
-0,5 – 0,0		0,25	1,25	1,75
0,0 – 1,0			0,50	1,00
1,0 – 1,5				0,25

	Schadensanteil am Vermögenswert (%)			
Geländehöhe (m)	Überflutungsszenarien			
	S 1	S 2	S 3	S 4
unter -0,5	8,0	20,6	32,4	35,0
-0,5 – 0,0		8,0	28,1	32,4
0,0 – 1,0			15,0	25,0
1,0 – 1,5				8,0

Anmerkung: Szenario S 1: Überflutung bis Geländehöhe –0,5 m NN.
Szenario S 2: Überflutung bis Geländehöhe 0,0 m NN.
Szenario S 3: Überflutung bis Geländehöhe +1,0 m NN.
Szenario S 4: Überflutung bis Geländehöhe +1,5 m NN.

Tabelle 6: Schädigungsmatrix für den Kapitalstock des Sektors Landwirtschaft (Schadensersatz in %) (Quelle: Klaus, Schmidtke (1990), S. 112).

Die Matrix ist so zu lesen, dass der Teil des landwirtschaftlichen Kapitalstocks, der im Bereich von 0,0 bis 1,0 m NN lokalisiert ist, bei einer Überflutung gemäß Szenario S 4 im Schnitt 1 m hoch überflutet sein wird und dies zu einem Schaden in Höhe von 25 % des Kapitalstockwertes führen wird. Das Wesermarsch-Gutachten enthält Schadensmatrizen für den landwirtschaftlich genutzten Boden, den Kapitalstock Landwirtschaft, den Kapitalstock Warenproduzierendes Gewerbe, den Kapitalstock Verkehr und Nachrichtenübermittlung, den Kapitalstock Sonstige Wirtschaftsbereiche (ohne Wohnungen), die Vorratsbestände, die Wohnungen und den KFZ-Bestand.

Aus der Multiplikation der Schädigungsraten aus den Matrizen mit dem in Schritt 3 berechneten Schadenspotenzial hat man dann für jedes Überflutungsszenario den zu erwartenden Schaden ermittelt[88]. Dieser beläuft sich für Szenario S 4 auf ca. 1,9 Mrd. DM für das Gebiet des II. Oldenburger Deichbandes. Damit beträgt der zu erwartende Schaden in diesem Fall ungefähr 14 % des möglichen Schadenpotenzials.

Abbildung 8 fasst die Vorgehensweise des mesoskaligen Ansatzes zusammen.

[88] Es sei darauf hingewiesen, dass es sich hierbei nur um die Summe der Vermögensschäden handelt. Die im Wesermarsch-Gutachten ebenfalls behandelten Kategorien "Wertschöpfungsentgang" und "Katastrophenaufwand" sind hierin noch nicht enthalten.

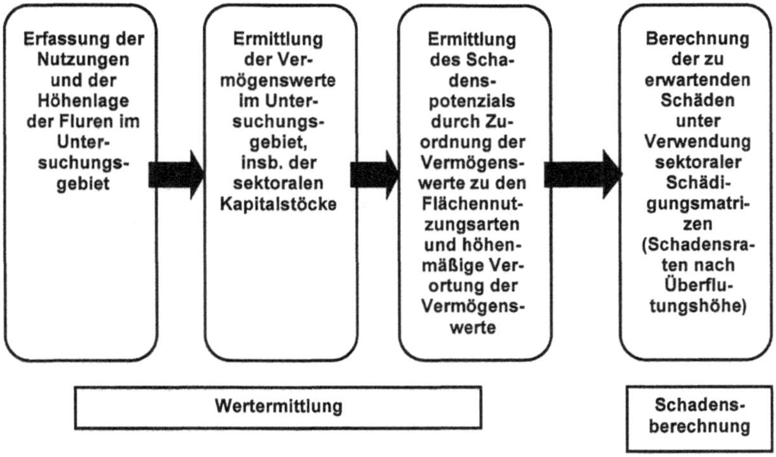

Abbildung 8: Vorgehensweise des mesoskaligen Ansatzes gemäß Klaus, Schmidtke (1990).

2.5 Wertschöpfungsverluste

Die Ermittlung von Vermögensschäden, sei es auf mikro-, meso- oder makroskaliger Ebene, liegt im Zentrum der bisherigen Arbeiten zur Folgenabschätzung von Überflutungsereignissen. Weitergehende ökonomische Konsequenzen, die über diese direkten Schäden hinausgehen bzw. von ihnen ausgelöst werden, werden dagegen entweder überhaupt nicht untersucht oder nur auf einem Niveau, das weit hinter dem der Vermögensschädenbestimmung zurückbleibt. Diese Lücke der bisherigen Forschung soll - aufbauend auf den Arbeiten im Rahmen des Vorläufer-Projektverbundes KLIMU (s. Elsner, Knogge, Yu (2005)) - mit dem vorliegenden Projektbericht geschlossen werden. .

Grundsätzlich lassen sich zwei Dimensionen von Wertschöpfungsverlusten unterscheiden, die sich mit "kurzfristig vs. langfristig" oder "direkt vs. indirekt" charakterisieren lassen. Zum einen kann es in *direkter* Folge einer Überflutung zu Produktionsausfällen kommen, deren Ausmaß von der *Überflutungsdauer* und den danach notwendigen Instandsetzungsarbeiten bestimmt wird. Die zweite Dimension sind sogenannte "Prosperitätsschäden"[89], also Effekte, die zeitlich und räumlich über das eigentliche Überflutungsereignis hinausragen. Die Schäden am Kapitalstock der von der Sturmflut betroffenen Unternehmen und staatlichen Infrastrukturen wirken sich nämlich nicht nur auf deren unmittelbare Wirtschafts-

[89] Schmidtke (1995), S. 145.

tätigkeit und Beschäftigungssituation aus, sondern auch auf die ihrer Lieferanten und Kunden. Es kommt zu Veränderungen der Beschäftigung und der Wertschöpfung, die sich ausgehend vom direkt betroffenen Unternehmen entlang der Wertschöpfungskette ausbreiten.

Wir sprechen von *indirekten* oder *multiplikativen* Wirkungen.

Dieser Effekt wird auch vom Heinz Center besonders herausgestellt: "Perhaps most notable among business losses were the chain effects created by dependencies inherent in the local economy.[90]" Je arbeitsteiliger eine Volkswirtschaft organisiert ist und je niedriger die Lagerhaltung bei den Unternehmen ist, desto stärker sind diese Auswirkungen in monetären Größen.

Ein Blick in die bisherigen Untersuchungen ergibt folgendes Bild der Behandlung von Wertschöpfungsverlusten:

- Die Schleswig-Holstein-Studie[91], die Unterweser-Studie[92] und die Scharbeutz-Timmendorf-Untersuchung[93] sind reine Schadenspotenzialbestimmungen, d.h. es wird nur eine Wertermittlung und keine anschließende Schadensberechnung durchgeführt. Während sich die Schleswig-Holstein-Studie dabei auf die Vermögenswerte beschränkt, wird in den beiden anderen Untersuchungen immerhin noch zusätzlich die Bruttowertschöpfung der Gemeinden im Untersuchungsgebiet bestimmt[94].

- Die Common Methodology verzichtet vollständig auf eine Berücksichtigung von Wertschöpfungsverlusten. In der deutschen Fallstudie wird lediglich die Hoffnung ausgedrückt, dass dies in späteren Untersuchungen versucht werden könnte[95].

- Im Rahmen der MERK-Studie wird die Bruttowertschöpfung auf Gemeindeebene ermittelt, und analog der Vermögenswerte nach Höhenlagen geordnet (Ort der Entstehung der BWS), ausgewiesen[96]. Bei der Berechnung der Wertschöpfungsverluste beschränkt sich MERK auf die Produktionsausfälle, die pro Tag Ausfallzeit mit 1/365 der Jahres-Bruttowertschöpfung angesetzt werden. Bei den Ausfallzeiten wird auch berücksichtigt, dass Betriebe nicht unbe-

---

[90] Heinz (2000), S. 72.
[91] Vgl. Hamann (1998), Colijn et al. (2000), Hofstede, Hamann (2000).
[92] Vgl. Kiese, Leineweber (2000).
[93] Vgl. Reese et al. (2001).
[94] Vgl. Kiese, Leineweber (2000), S. 54-63 bzw. Reese et al (2001), S. 55-56.
[95] Vgl. Ebenhöh et al. (1997), S. 83.
[96] Vgl. Reese et al. (2003), S. 58 und 60-71.

dingt selbst überflutet sein müssen, es aber durch eine überflutungsbedingte Unterbrechung der Verkehrswege trotzdem zu Stillständen kommen kann[97].

- Auch das Wesermarschgutachten errechnet die Bruttowertschöpfung für die einzelnen Gemeinden des Untersuchungsgebietes[98]. Bei der Berechnung der Wertschöpfungsverluste greifen die Autoren auf eine englische Untersuchung zurück, die auf Grundlage einer Stichprobe von 139 Unternehmen des produzierenden Gewerbes Informationen zu Kapitalstock- und Wertschöpfungsverlusten gewonnen hat[99]. Ermittelt wurden Daten zu den direkten Schäden (Kapitalstockverluste, Kosten für Reinigungsarbeiten) und den indirekten Schäden auf Firmen-, regionaler und nationaler Ebene. Letztere beziehen sich aber nur auf die Folgen der Produktionsunterbrechungen bei den direkt betroffenen Firmen (Folgen eventueller Produktionsunterbrechungen bei den Kunden dieser Firmen fließen nicht mit ein.). Bei den indirekten Schäden auf nationaler Ebene werden nur solche Produktionsausfälle berücksichtigt, die zu Auftragsverlusten an ausländische Konkurrenten führen. Wird die Nachfrage dagegen durch ein anderes inländisches Unternehmen gedeckt, bleiben die Rückwirkungen auf die nationale Wertschöpfung unberücksichtigt. Die indirekten Schäden auf regionaler Ebene werden methodisch analog berechnet, so dass die Schäden auf Firmenebene höher sind als auf der regionalen Ebene und diese wiederum die auf nationaler Ebene übersteigen[100]. Auf Grundlage dieser Vorgehensweise wird im Wesermarschgutachten geschätzt, dass die Wertschöpfungsverluste je nach Überflutungshöhe 10-15 % der Kapitalstockverluste betragen. Diese Relation bezieht sich auf die (englischen) nationalen indirekten Schäden und führt zu einer Unterschätzung der regionalen Wertschöpfungsverluste, die in der englischen Untersuchung um ca. 50 % über denen auf nationaler Ebene liegen. Dies ist problematisch, weil Klaus/Schmidtke ihre Ergebnisse später in Beziehung zu regionalen Vergleichsgrößen setzen, um die Größenordnung der Schäden zu verdeutlichen. Darüber hinaus bezweifeln die Autoren der britischen Studie an anderer Stelle, dass es sinnvoll ist, solche festen Relationen zwischen direkten und indirekten Schäden von einem Untersuchungsort zu einem anderen zu übertragen[101].

---

[97] Vgl. Reese et al. (2003), S. 100-101. Bei einer Untersuchung zu den Folgen der Hochwasserkatastrophe an der Elbe und weiteren Flüssen im Sommer 2002 des Instituts für Wirtschaftsforschung Halle wurden die Wertschöpfungsverluste ebenfalls mittels pauschal angesetzter Produktionsausfallzeiten (1,5 Monate für jeden betroffenen Betrieb) berechnet, vgl. Ludwig, Brautzsch (2002).

[98] Vgl. Klaus, Schmidtke (1990), S. 76-80.

[99] Vgl. Parker et al. (1987), Penning-Rowsell, Green (2000).

[100] Vgl. Parker et al. (1987), S. 41-55.

[101] Vgl. Penning-Rowsell, Parker (1987), S. 264.

- Im Rahmen des Vorgängerprojektes KLIMU wurden zwei Ansätze zur Ermittlung von Wertschöpfungsverlusten verwendet. Für eine Fokusfläche innerhalb des Untersuchungsgebietes, wurde auf die Methodik des Wesermarschgutachtens zurückgegriffen. Dabei wird der Bruttowertschöpfungsentgang für das gewählte Überflutungsszenario mit 12,5 % des Kapitalstockverlustes angesetzt[102]. Darüber hinaus wurde für die Untersuchungsregion Weserästuar (Land Bremen sowie die niedersächsischen Landkreise Wesermarsch, Osterholz und Cuxhaven) das *regionalökonometrische* Modell BRECOMOD ESTUARY entwickelt. Mit Hilfe dieses Modells wurde für den Zeitraum bis 2040 simuliert, wie Bruttoinlandsprodukt und Beschäftigungssituation der Region auf ein angenommenes zukünftiges Überflutungsereignis ("Schockimpuls") einerseits und eine kontinuierliche Anpassung der Unternehmen an mögliche regionale Klimaveränderungen ("schleichender Impuls") andererseits reagieren[103].

Bevor auf die Anwendung eines modellgestützten Ansatzes zur Ermittlung von Wertschöpfungs- bzw. Inlandsproduktverlusten im Zuge des Projektes RECO-ACT eingegangen wird, soll die folgende *Tabelle 7* noch einmal die unterschiedlichen Bearbeitungsreichweiten und Vorgehensweisen der betrachteten Studien illustrieren.

[102] Vgl. Elsner, Knogge (2001), S. 22.
[103] Vgl. Bartsch (1999), Elsner, Knogge (2000), Elsner, Knogge (2001), Elsner, Knogge, Yu (2005).

Studie	Analysebereich				
	Ermittlung Vermögens-werte	Ermittlung Wertschöpfung	Berechnung Vermögens-schäden	Berechnung Wert-schöpfungsverluste	
				pauschal	modell-gestützt
Schleswig-Holstein	X				
Unterweser	X	X			
Scharbeutz-Timmendorf	X	X			
Common Methodology	X		X		
MERK	X	X	X	X	
Wesermarsch	X	X	X	X	
KLIMU	X	X	X	X	X

Tabelle 7: Vergleich der Analysebereiche verschiedener Studien zur Sturmflutgefährdung.

Dieser Überblick verdeutlicht, dass (jedenfalls in Deutschland) kaum Erfahrungen hinsichtlich der Modellierung von Vermögens- und Wertschöpfungseffekten eines Sturmflutereignisses existieren, die über die direkten Vermögensschäden hinausgehen. Dies ist vor dem Hintergrund des hiermit verbundenen Aufwands und der Lückenhaftigkeit der hierfür benötigten regionalstatistischen Informationen zwar nachvollziehbar, aber dennoch unbefriedigend. Der große Vorteil einer modellgestützten, regional-ökonometrischen Kalkulation liegt in der empirisch gesicherten Abbildung der ökonomischen Zusammenhänge der Untersuchungsregion. Genau so wie bei der Berechnung der Vermögensschäden als Grundlage zunächst eine Ermittlung der potenziell betroffenen Werte vor Ort erfolgt, liefert ein regionalökonometrisches Modell Informationen über die Struktur und die Verflechtungen der Sektoren und Aggregate in der Region. Diese wiederum bestimmen die Reagibilität der regionalen Ökonomie hinsichtlich eines externen Schocks, wie beispielsweise ein Sturmflutereignis mit Versagen der Küstenschutzsysteme. Werden hingegen die Wertschöpfungsverluste lediglich pauschal in Form einer festen Quote der Vermögensschäden berechnet, so werden diese Informationen über die ökonomischen Wirkungszusammenhänge der Region nicht berücksichtigt.

In den USA hat es in den vergangenen Jahren eine ganze Reihe von Untersuchungen zu den ökonomischen Folgen von Naturkatastrophen gegeben, in denen versucht wurde, die über die unmittelbaren Vermögensverluste hinausgehenden Konsequenzen mit Hilfe modellgestützter Kalkulationen zu berechnen[104]. Hierunter sind auch drei Studien, die sich ebenso wie KLIMU eines ökonometrischen Modellierungsansatzes bedienen. Zwei von ihnen untersuchen die Folgen der Hurricanes Hugo 1989 in South Carolina[105] und Andrew 1992 in Florida[106]. Die dritte Analyse behandelt die möglichen Folgen eines Erdbebens für die Region Charleston, ebenfalls im Bundesstaat South Carolina[107].

Will man die ökonomischen Folgen eines Katastrophenereignisses quantifizieren, so benötigt man einen Vergleichsmaßstab. Ellson et al. und Guimares et al. stellen in diesem Zusammenhang klar, dass es hier nicht um einen Vergleich zwischen "before and after" gehen kann, sondern vielmehr zwischen *"with and without"*[108]. D.h. dass es beispielsweise nicht korrekt ist, die Zahl der Erwerbstätigen in einer bestimmten Branche in der Untersuchungsregion vor dem Ereignis mit der „danach“ zu vergleichen und den Unterschied als Folge des Ereignisses zu "verbuchen". Diese Vorgehensweise wäre nur dann korrekt, wenn sicher ist, dass zeitlich parallel zu dem untersuchten Ereignis keine weiteren, die Beschäftigungssituation beeinflussenden Faktoren wirksam gewesen sind. "The problem with before-and-after analysis is that it is hard to pinpoint how much of the 'after' changes should be attributed to the disaster. One could assume that nothing else of significance is happening in the economic environment, but this assumption is rarely justified.[109]"

Ein ähnliches Problem stellt sich, wenn zwar nicht der Zustand vor dem Ereignis als Referenz verwendet wird, jedoch stattdessen lediglich eine einfache Trendfortschreibung der ökonomischen Entwicklung vor dem Ereignis für die Zeit danach vorgenommen wird[110]. Wenn also z.B. in der Zeit vor dem Ereignis die Zahl der Beschäftigten mit einer bestimmten Rate angestiegen ist, so wird diese Veränderungsrate auch für die Zeit nach dem Ereignis unterstellt und die so fortgeschriebene Beschäftigtenzahl wird der tatsächlichen Situation nach dem Katastrophenereignis gegenübergestellt. Eine solche Vorgehensweise ist aber nur dann anwendbar, wenn die Fortschreibung über einen kurzen Zeitraum erfolgt

---

[104] Für einen Überblick vgl. CACND (1999), S. 39-40.
[105] Vgl. Guimaraes et al. (1993).
[106] Vgl. West, Lenze (1994).
[107] Vgl. Ellson et al. (1984).
[108] Vgl. Ellson et al. (1984), S. 559 und Guimaraes et al. (1993), S. 101-103.
[109] Guimaraes et al. (1993), S. 102.
[110] Guimaraes et al. (1993) bezeichnen diese Methode als *"simple time-trend disaster analysis"* (S. 102).

und aufgrund einer insgesamt stabilen ökonomischen Gesamtlage gerechtfertigt erscheint.

Eine echte *"with and without"*-Analyse benötigt hingegen auch für den als *Vergleichsmaßstab* verwendeten "without-Fall" eine möglichst umfassende und exakte *Modellierung*. Da es sich hierbei im Rahmen einer Ex-post-Analyse eines Schadensereignisses naturgemäß um einen fiktiven Fall handeln muss, ist es wichtig, die das regionale Wirtschaftsgeschehen beeinflussenden exogenen Faktoren zu identifizieren und ihre Wirkung zu simulieren. Für diese Aufgabe haben sich regionale ökonometrische Modelle als geeignet erwiesen: "[R]egional econometric modeling provides a useful tool to segregate economic changes caused by a disaster from those caused by other exogenous factors impinging on the economy.[111]"

KLIMU und RECOACT unterscheiden sich von den hier oben genannten US-amerikanischen Anwendungen regionalökonometrischer Modelle insofern, dass in diesen zwei Projekten nicht nur der "without"-, sondern auch der "with"-Fall fiktiv sind, da nicht konkrete Schadensereignisse der Vergangenheit untersucht werden, sondern ein mögliches Sturmflutereignis in der Zukunft (bis 2050).

Das im Rahmen des Vorgängerprojektes KLIMU entwickelte regionalökonometrische Modell besteht aus einem dynamischen interdependenten System von insgesamt 159 Gleichungen, 67 davon sind mit dem üblichen OLS-Verfahren geschätzte Verhaltensgleichungen, die übrigen 92 Gleichungen enthalten Identitäten bzw. definitorische Beziehungen. Das Modell basiert auf Jahresdaten, die aus verschiedenen Werken der offiziellen Statistik auf Bundes- und Länderebene gewonnen wurden. Der Kernstützzeitraum für die Schätzung der Parameterstruktur des Modells umfasst dabei den Zeitraum von 1976 bis 1993. Nachdem die statistische Evaluation des Modells seine grundsätzliche Eignung ergeben hat, die tatsächliche ökonomische Entwicklung des Untersuchungsraumes auf dem Wege einer Ex-Post-Simulation zu reproduzieren, wurden die Voraussetzungen geschaffen, das Modell für regionale Szenarioanalysen bzw. Prognosen für den Untersuchungszeitraum bis 2040 einzusetzen. Dafür wurde die PROGNOS AG mit einem Gutachten zur Erstellung zweier Entwicklungspfade beauftragt, mit deren Hilfe dann durch das Anpassen und Setzen von Werten exogener Modellvariablen die Rahmenbedingungen für die Berechnung regionaler Entwicklungsszenarien (Basis- und Kontrastszenario) vorgegeben werden können[112]. Diese wurden dann noch durch die Einbeziehung einer möglichen Entwicklung der sozialen Dynamik um ein drittes Szenario erweitert (Positivszenario). Mit Hilfe

---

[111] Guimaraes et al. (1993), S. 112.

[112] Vgl. Prognos (2000).

dieses Modells kann dann simuliert werden, wie sich die zentralen ökonomischen Größen in der Region (Kapitalstock, Bruttowertschöpfung, Beschäftigung, Bruttoinlandsprodukt) verändern werden, wenn es aufgrund eines Überflutungsereignisses zu einem Kapitalstockverlust und es in Folge des fortschreitenden Klimawandels zu Produktionseinschränkungen bei den Unternehmen der Region kommt[113]. *Abbildung 9* illustriert beispielhaft die Entwicklung des regionalen Bruttoinlandsprodukts jeweils mit und ohne diese beiden Klimaimpulse für drei Szenarien.

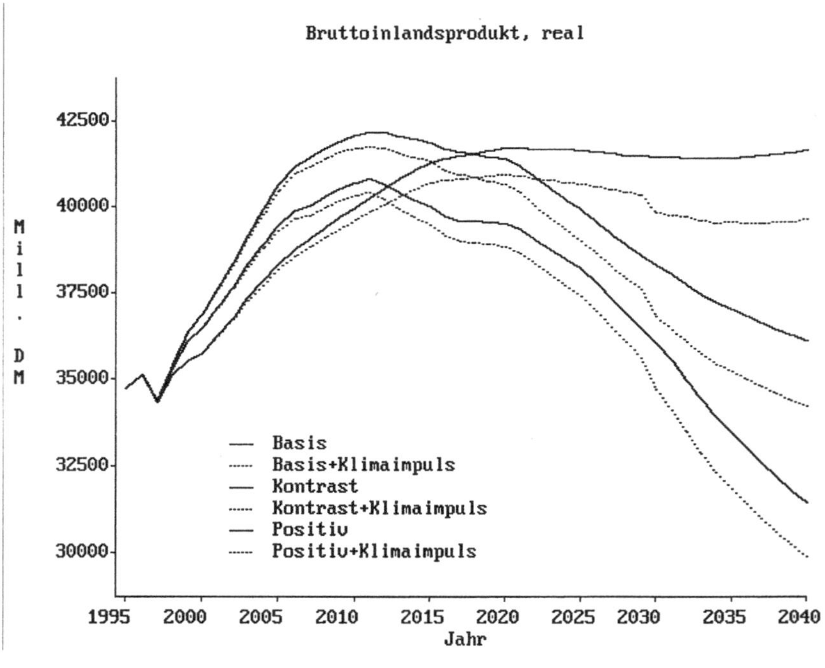

Abbildung 9: Verläufe des Bruttoinlandsprodukts der Untersuchungsregion (BRECOMOD ESTUARY-Simulation im Rahmen von KLIMU) (Quelle: Elsner, Knogge (2001)).

Da sich das Untersuchungsgebiet von KRIM und RECOACT über die Bundesländer Bremen und Niedersachsen erstreckt, wurden, aufbauend auf dem Modell BRECOMOD ESTUARY, zwei regionalökonometrische Modelle, die das Wirtschaftsgeschehen in den beiden Ländern abbilden, neu entwickelt. Wie

[113] Vgl. Elsner, Knogge (2000), S. 281-287, Elsner, Knogge (2001), S. 42-48, Elsner (2003), Elsner, Knogge, Yu (2004).

BRECOMOD ESTUARY besteht jedes der Modelle aus einem System miteinander verknüpfter Verhaltens- und Definitionsgleichungen. Die Parameter dieser Gleichungen wurden auf Basis des Datenmaterials der Volkswirtschaftlichen Gesamtrechnungen auf Länderebene geschätzt. Der Ansatz eines „Klimaimpulses“, der als exogener "Schock" in Form eines Kapitalstockverlustes als Folge einer Sturmflut in das Modell "eingeht", wird beibehalten. Die Konstruktion dieser Modelle und die anschließenden Simulationen erfolgen unter Einsatz der ökonometrischen Modellierungssoftware MODLER.

Weitere Details zum Aufbau der Modelle, zu ihrer Verknüpfung zu einem kombinierten Regionalmodell und zu den Resultaten der mit ihrer Hilfe durchgeführten Simulationen werden in Abschnitt 5 vorgestellt.

2.6 Ökologische Schäden

Ausgangspunkt der Berücksichtigung ökologischer Folgen ist die Überlegung, dass ein klimawandelinduziertes Sturmflutereignis mit Versagen der Küstenschutzsysteme nicht nur zu Schäden am menschengemachten Kapitalstock führt, sondern auch ökologische Schäden verursacht. Dieser Gedanke wurde auch in den oben zitierten Bewertungs- und Schadensstudien aufgegriffen, jedoch nicht weiter verfolgt. Stattdessen finden sich dort Hinweise auf "Erkenntnisdefizite" und die Feststellung, dass "noch erhebliche Forschungsanstrengungen" erforderlich seien, um die ökologischen Risiken des Meeresspiegelanstiegs zu erfassen[114]. Immerhin einen Schritt weiter geht die Common Methodology der IPCC-CZMS. Der zweite der sieben Untersuchungsschritte, "Erfassung der Merkmale der natürlichen und sozioökonomischen Systeme im Untersuchungsgebiet" (siehe Abschn. 3.4.2), umfasst eine Bestandsaufnahme der Gebiete und Habitate, die auf Grundlage nationaler Gesetze oder internationaler Konventionen als ökologisch besonders wertvoll und schutzwürdig eingeschätzt werden[115]. Für den Küstenbereich besonders relevant sind hier beispielsweise die Feuchtgebiete, die gemäß der RAMSAR-Konvention internationale Bedeutung besitzen. Hierzu gehört an der deutschen Nordseeküste das gesamte niedersächsische, hamburgische und schleswig-holsteinische Wattenmeer, inklusive Jadebusen und Wesermündung. Daneben gehört das Wattenmeer als Nationalpark, als gemeldete "Special Area of Conservation" der Fauna-Flora-Habitat-Richtlinie der EU, als "Special Protected Area" der EU-Vogelschutzrichtlinie und als Biosphärenreservat der UNESCO (und als geplantes Weltnaturerbe der UNESCO) zu den herausragenden und

---

[114] Vgl. zur Nicht-Berücksichtigung ökologischer Werte Klaus, Schmidtke (1990), S. 82, Kiese, Leineweber (2000), S. 71, Elsner, Knogge (2001), S. 23, Reese et al. (2003), S. 46.
[115] Vgl. CZMS (1992), Appendix C, S. 12.

mehrfach geschützten Ökosystemen[116]. Bei der anschließenden Vulnerabilitätsanalyse (Schritt 6) werden dann die "ecological values at loss" ermittelt, die durch den angenommenen Meeresspiegelanstieg existenziell bedroht sind. Diese werden allerdings als Flächenverluste ("ecological area lost") ausgedrückt, d.h. in Flächeneinheiten (km^2) und nicht in Geldeinheiten [117]. Damit können zwar horizontale Vergleiche angestellt werden, bei denen die drohenden ökologischen Verluste verschiedener Untersuchungsregionen einander gegenüber gestellt werden, vertikale Aggregationen hingegen, bei denen die verschiedenen Schadenskategorien eines Untersuchungsgebietes zu einer monetären Vulnerabilitätskennziffer zusammengefasst werden, sind hingegen nicht möglich. Dies ist bedauerlich, weil die ökologischen Schäden dann nicht (als Nutzen in Form vermiedener Schäden) in eine Kosten-Nutzen-Analyse alternativer Küstenschutzoptionen eingehen können. Diese Nichtberücksichtigung kann zu einer Favorisierung von Instrumenten des Küstenschutzes führen, die bei Berücksichtigung der ökologischen Dimension anders beurteilt würden, aber auch zum Verzicht auf bestimmte Optionen, deren Vorteilhaftigkeit sich erst durch die Beachtung ökologischer Nutzenkomponenten zeigt.

Aus diesem Grund wird im Rahmen des Projektes RECOACT neben der Ermittlung der Vermögensschäden und der Wertschöpfungsverluste auch eine monetäre Bewertung möglicher ökologischer Schäden vorgenommen, um eine umfassende Risikoeinschätzung leisten und eine um die ökologischen Aspekte erweiterte Kosten-Nutzen-Analyse durchführen zu können. Selbstverständlich produziert auch eine Kulturlandschaft wie die deutsche Nordseeküste, die seit Jahrhunderten von Menschen genutzt und geformt wurde, ökologische Güter, die vom Menschen konsumiert werden[118]. In diesem Sinne sind ökologische Güter, wie z.B. das Zur-Verfügung-Stellen bestimmter Ressourcen, auch ökonomische Güter, weil sie zur Bedürfnisbefriedigung beitragen. Für eine ökonomische Bewertung werden diese Güter zusätzlich dadurch relevant, dass es sich bei vielen von ihnen inzwischen um absolut knappe Güter handelt. Diese Güterknappheiten äußern sich in Nutzungskonflikten und der Existenz von Opportunitätskosten: Ist ein Gut knapp, können nicht sämtliche Nutzungsmöglichkeiten simultan realisiert werden. Die Opportunitätskosten einer Nutzungsalternative entsprechen dann dem entgangenen Nutzen der nicht realisierten Verwendungen. Die Lösung solcher

---

[116] Vgl. zur RAMSAR-Konvention: http://www.ramsar.org , zur EU-FFH- und Vogelschutzrichtlinie: http://europa.eu.int/comm/environment/nature/natura.htm und http://www.bfn.de/03/0303.htm und zum UNESCO "Man and the Biosphere Programme": http://www.unesco.org/mab/ und http://www.bfn.de/05/0506.htm .

[117] Vgl. CZMS (1992), Appendix C, S. 14-16.

[118] Zum Begriff der Kulturlandschaft vgl. Apolinarski et al. (2004), S. 4-11 und zur Unterscheidung von Natur- und Kulturlandschaften vgl. Roschewitz (1999), S. 6-8 und Dosch, Beckmann (1999).

Nutzungskonflikte erfordert zweierlei: Erstens die Gegenüberstellung der Vor- und Nachteile alternativer Nutzungsmöglichkeiten und zweitens eine Entscheidungsregel, um ein bestimmtes Nutzungsregime auszuwählen. Der Vorschlag der Ökonomie zur Umsetzung dieser Schritte lautet: Ermittlung der mit alternativen Nutzungsregimes verbundenen Kosten und Erträge für die Gesellschaft und Wahl des Regimes, das die gesellschaftliche Wohlfahrt (als Differenz zwischen Erträgen und Kosten) maximiert ("If you can't measure it, you can't manage it."). Damit ist die Bewertung ökologischer Güter und eine darauf aufbauende Kosten-Nutzen-Analyse der Versuch, das Prinzip der Übelabwägung in konkreten Entscheidungssituationen anzuwenden [119]. Der Wissenschaftliche Beirat der Bundesregierung Globale Umweltveränderungen spricht in seinem Sondergutachten "Umwelt und Ethik" auch davon, dass *"der ökonomische Bewertungsansatz als Ausprägung einer speziellen Bewertungsethik gesehen wird"*[120].

Diese Vorgehensweise lässt sich als anthropozentrisch, individualistisch und utilitaristisch charakterisieren. Dies bedeutet, dass nur solche ökologischen Leistungen bewertet werden, die das menschliche Wohlergehen beeinflussen, wobei sich die Bewertung darauf stützt, wie das einzelne Gesellschaftsmitglied individuell und subjektiv den Einfluss dieser Leistungen auf sein eigenes Nutzenniveau einschätzt[121]. Damit steht die monetäre Bewertung ökologischer Leistungen vor einem der Probleme der individualistischen mikroökonomischen Theorie, nämlich dem der Messung individueller Nutzen. Im Zuge der Entwicklung der Wohlfahrtsökonomik wurde zunächst mit Hilfe eines kardinal messbaren Nutzens argumentiert. Man ging davon aus, Nutzenniveaus und Nutzenveränderungen genau quantifizieren und somit auch die Nutzenniveaus verschiedener Individuen miteinander vergleichen zu können. Die neuere, paretianische Wohlfahrtsökonomik beruht dagegen auf der Annahme lediglich ordinal messbaren Nutzens. Die Individuen können den Nutzen einer Alternative jetzt nicht mehr genau beziffern, sondern nur noch sagen, ob dieser größer, kleiner oder genauso groß ist wie der einer anderen Alternative. Damit sind interpersonelle Nutzenvergleiche, die Angabe von Nutzendifferenzen und die Aggregation des Nutzens mehrerer Individuen nicht mehr möglich. Ziel der ökonomischen Bewertung ist aber gerade, den Effekt einer Veränderung ökologischer Leistungen auf das individuelle Nutzenniveau nicht nur im Sinne einer "Richtungsänderung" (besser oder schlechter), sondern als quantifizierte Veränderung (wieviel besser oder schlechter) anzugeben, diese individuellen Nutzenänderungen zu einem gesellschaftlichen Nutzeneffekt zu aggregieren und den Kosten der betrachteten Maßnahme

---

[119] Vgl. Marggraf, Streb (1997), S. 27-29, Hampicke (1998), S. 99, WBGU (1999), S. 37-52.
[120] WBGU (1999), S. 47.
[121] Vgl. Marggraf, Streb (1997), S. 231-248, Birnbacher (1998), Hampicke (1998), S. 103, WBGU (1999), S. 49-52, Edwards-Jones et al. (2000), S. 84-85, Ahlheim (2003), S. 14.

gegenüber zu stellen. Damit ist klar, dass es sich bei dem Ergebnis einer monetären Bewertung und dem "Nutzen" in der Kosten-Nutzen-Analyse nicht um den ordinal messbaren wohlfahrtsökonomischen Nutzen handeln kann. Gemessen und aggregiert wird in der Praxis stattdessen die (kardinale) *Zahlungsbereitschaft*, wobei angenommen wird, dass die Zahlungsbereitschaft eines Individuums für ein Gut als eine Näherungsgröße für den Nutzen aus diesem Gut verwendet werden kann: Der Betrag, den ein Individuum maximal bereit ist, für eine zusätzliche Einheit (oder eine zusätzliche Qualitätsverbesserung) eines Umweltgutes zu zahlen, ist unterstelltermaßen so bemessen, dass sein Nutzenniveau konstant bleibt, wenn es diese Einheit gegen diesen Betrag tauschen würde[122].

Die Ermittlung der individuellen Zahlungsbereitschaften ist solange unproblematisch, wie das betrachtete Gut auf idealen Märkten gehandelt wird. In diesem Fall spiegelt der Konkurrenz-Marktpreis die Opportunitätskosten wider, die mit dem Konsum des Gutes verbunden sind. Diese Opportunitätskosten werden vom Individuum nur dann "in Kauf genommen", wenn sie durch den Nutzenzuwachs aus dem Konsum des Gutes mindestens ausgeglichen werden. Schwieriger ist dagegen die Ermittlung der individuellen Wertschätzungen z.B. für Kollektivgüter, die nicht auf Märkten gehandelt werden können. Dies trifft auch auf viele ökologische „Güter" zu. Damit steht jede monetäre Bewertung ökologischer Leistungen vor einem zweifachen Problem: Erstens müssen die relevanten ökologischen „Güter" identifiziert und zweitens geeignete Methoden zur Bestimmung der für sie existierenden Zahlungsbereitschaften angewandt werden.

In der Ökologischen Ökonomie wurde (aufbauend auf de Groot (1992)) ein Bewertungsansatz über die Kategorisierung der *Funktionen*, die von *Ökosystemen* bereitgestellt werden, entwickelt:

- Regulierungsfunktionen: Hierzu gehören die Beiträge der Ökosysteme zur Erhaltung der allgemeinen Umweltqualität und zur Aufrechterhaltung aller anderen ökologischen Funktionen, z.B. durch die Regulierung des globalen Klimasystems oder des Wasserhaushaltes.

- Produktions- und Nutzungsfunktionen: Ökosysteme produzieren eine Reihe von Ressourcen, die vom Menschen geerntet oder abgebaut werden, z.B. E-

---

[122] Zur Problematik der "Nutzenmessung" vgl. Endres, Holm-Müller (1998), S. 20-22, Ahlheim (2003), S. 16-29. Endres, Holm-Müller weisen dabei darauf hin, dass im Deutschen der Begriff Nutzen sowohl ordinal, als auch kardinal (Kosten-*Nutzen*-Analyse) gebraucht wird, während hierfür im Englischen die Begriffe utility und benefit (Cost-Benefit-Analysis) unterschieden werden; vgl. hierzu auch Arnold (1988), S. 382.

nergieträger oder Biomasse, und stellen Raum zur Besiedlung, für Ackerbau etc. zur Verfügung.

- Informationsfunktionen: Ökosysteme leisten Beiträge zur Befriedigung intellektueller und emotionaler menschlicher Bedürfnisse. Sie liefern Informationen und dienen als Grundlage und Orientierung für religiöse, künstlerische und wissenschaftliche Aktivitäten.

Diese Einteilung hat sich inzwischen weitgehend durchgesetzt und wurde auch für Küstenlandschaften und deren Ökosysteme in der Literatur mehrfach verwendet. *Tabelle 8* gibt einen Überblick über die dort identifizierten Funktionen.

Regulierungsfunktionen	Produktions- und Nutzungsfunktionen	Informationsfunktionen
• Regulation der lokalen Energie- und Stoffbilanz • Regulation der chemischen Zusammensetzung von Wasser und Sediment • Regulation des Wasseraustausches zwischen Land und Meer • Regulation von Erosions- und Sedimentationsprozessen • Schutz vor Sturmfluten • Speicherung bzw. Verteilung von Nährstoffen und organischer Substanz • Regulation der biotischen Nahrungsnetze • Nähr- und Schadstoff-Filterung • Erhaltung von Lebens- und Aufwuchsräumen • Erhaltung der Artenvielfalt	• Produktion von Sauerstoff • Produktion von Trink- und Brauchwasser • Produktion pflanzlicher und tierischer Nahrung • Produktion von Rohstoffen, Baumaterial etc. • Produktion biologisch-genetischer Ressourcen • Raum- und Ressourcenangebot für menschliches Leben, Wohnen und Wirtschaften • Raumangebot für Küstenschutzinfrastruktur	• ästhetische Information • spirituelle und religiöse Informationen • historisch-kulturelle Information • erzieherische und wissenschaftliche Funktion

Tabelle 8: Funktionen von Küstenlandschaften (Quellen: Bijlsma et al. (1996), Turner, Adger (1996), Sterr (1997), Klein (2002), Hupfer et al. (2003)).

Aus traditioneller ökonomischer Sicht handelt es sich bei diesen Funktionen entweder um Konsumgüter oder um Inputfaktoren für Produktionsprozesse. Die Vielzahl und das breite Spektrum der bereitgestellten Güter erfordern ein differenziertes Bewertungskonzept, bei dem der ökonomische Gesamtwert der ökologischen Leistungen mithilfe einer Aggregation unterschiedlicher Teilwertkategorien gebildet wird. Hierfür hat sich in der Ökonomie das Konzept des Total Economic Value eingebürgert[123]. Dieser lässt sich in einem ersten Schritt in die beiden Komponenten Use Value und Non-Use Value unterscheiden, die sich dann auf der nächsten Ebene in weitere Unterkategorien aufspalten lassen (siehe *Abbildung 10*).

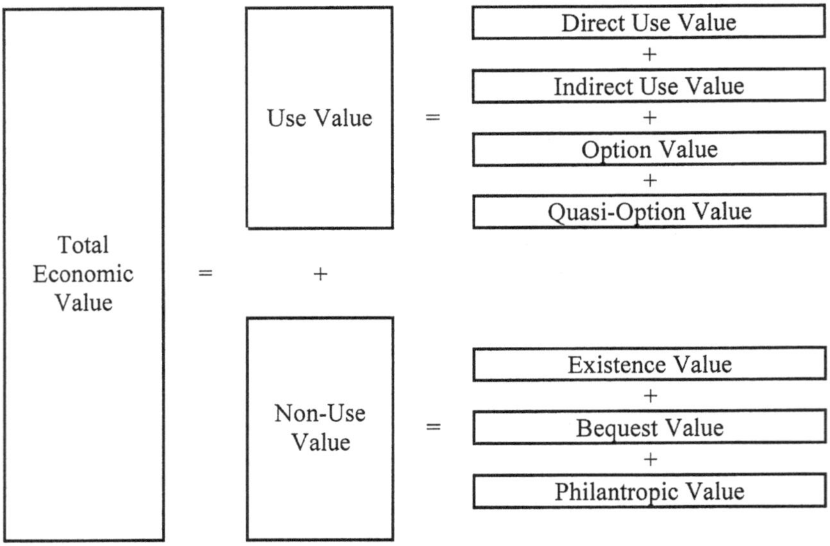

Abbildung 10: Der Total Economic Value und seine Zusammensetzung.

Der Direct Use Value (direkte Gebrauchswert) entsteht dabei durch die direkte Nutzung des Ökosystems, entweder durch komsumtiven Verbrauch ökologischer Güter, ihren Einsatz als Produktionsfaktor oder ihren Gebrauch für z.B. wissenschaftliche Zwecke oder zur Erholung.

Beim Indirect Use Value (indirekten Gebrauchswert) werden dagegen die o.g. Regulierungsfunktionen der Ökosysteme bewertet. Er wird auch als Funktionswert bezeichnet, weil hier Leistungen in Form der Aufrechterhaltung von Naturhaushaltsfunktionen ein Wert beigemessen wird.

[123] Vgl. Meyerhoff (1999), S. 22-25, WBGU (1999), S. 54-59, Turner et al. (2001), S. 11-20, Baumgärtner (2002), S. 8-10.

Der Option Value (Optionswert) basiert auf der Möglichkeit zukünftiger Nutzungen. Hier wird der Möglichkeit, auch noch zu einem späteren Zeitpunkt eine Wahl zwischen verschiedenen Nutzungsoptionen zu haben, ein Wert zugewiesen. Der Optionswert ist damit eine Art Risiko- oder Versicherungsprämie, die das Individuum zu zahlen bereit ist, damit ihm spätere Nutzungsalternativen erhalten bleiben.

Dieser Gedanke wird beim Quasi-Option Value (Quasi-Optionswert) noch um den Aspekt der Unsicherheit zum Entscheidungszeitpunkt erweitert. In einer solchen Situation kann es sinnvoll sein, eine Nutzungsentscheidung, die in irgendeiner Form mit Irreversibilitäten verknüpft ist, aufzuschieben und stattdessen zu versuchen, die Informationsbasis zu verbessern. Der Quasi-Optionswert bezieht sich dann auf den Wert dieser zusätzlichen Informationen, die nur durch das Verzögern der Nutzungsentscheidung gewonnen werden können und die es dann erlauben, eine Entscheidung zwar später, aber besser informiert zu treffen[124].

Beim Non-Use Value wird dem Umweltgut durch das Individuum ein Wert beigemessen, der unabhängig von einem gegenwärtigen oder zukünftigen direkten oder indirekten Gebrauch existiert[125]. Obwohl die Individuen das Gut nicht nutzen, würden sie einen Wohlfahrtsverlust erleiden, wenn es beschädigt oder zerstört würde.

Der Existence Value (Existenzwert) beruht dabei auf dem Wissen um die bloße Existenz eines Umweltgutes, das dem Individuum einen positiven Nutzenbeitrag liefert, auch ohne dass er es jemals sehen, erleben oder konsumieren wird[126]. Dabei ist zu beachten, dass der Existenzwert immer noch anthropozentrisch definiert ist und daher nicht mit einem intrinsischen Eigenwert verwechselt werden darf, der dem Umweltgut auf der Grundlage einer ökozentrischen Ethik beigemessen wird und dabei völlig unabhängig von individuellen Präferenzen ist

[124] Die Existenz des Quasi-Optionswertes widerspricht damit in einer Situation mit Unsicherheit der Alltagsregel "Was Du heute kannst besorgen, das verschiebe nicht auf morgen!".

[125] Der Non-Use Value wurde von Krutilla (1967) in die Literatur eingeführt. Zum Non-Use Value vgl. über die o.g. Quellen zum TEV hinaus insbesondere Shechter, Freeman (1994), Faucheux, Noël (2001), S. 316-323 und Meyerhoff (2001). Für eine speziell auf die Ermittlung von Non-Use Values einer Küstenlandschaft abzielende Untersuchung vgl. Bateman et al. (1995).

[126] Und, wie Krutilla (1967) treffend beschreibt, auch ohne dass es das Gut überhaupt konsumieren *will*: *"There are many persons who obtain satisfaction from mere knowledge that part of wilderness North America remains even though they would be appalled by the prospect of being exposed to it."* (S. 781).

und somit außerhalb des Total Economic Value liegt[127]. Holland und Cox verdeutlichen diesen Anthropozentrismus am Beispiel des Existenzwertes von Walen: "The existence value of whales [...] is the value of the existence of whales for humans. [...] the existence value of whales is constituted wholly by the satisfaction that the existence of whales affords to the preferences of those people who want whales to continue to exist.[128]"

Im Gegensatz zum Existenzwert sind der Bequest Value (Vermächtniswert) und der Philantropic Value (Nachbarschaftswert, nachempfundener Gebrauchswert) eng mit altruistischen Einstellungen des bewertenden Individuums verknüpft und zwar beim ersten gegenüber nachfolgenden Generationen und beim zweiten gegenüber heute lebenden Mitmenschen. Dass diese Menschen einen Nutzen aus dem jeweiligen Gut ziehen können, macht für das Individuum wiederum einen Teil des Wertes dieses Gutes aus.

Zur Ermittlung der Teilwerte und des Total Economic Value wurden eine Reihe unterschiedlicher Methoden entwickelt und im Rahmen empirischer Bewertungsstudien eingesetzt. Grundsätzlich unterscheidet man zwischen indirekten und direkten Bewertungsverfahren. Bei ersteren werden die individuellen Wertschätzungen durch Beobachtung realer Nachfragevorgänge bei bestimmten privaten Gütern gewonnen, die möglichst in einem komplementären oder substitutiven Verhältnis zu dem betrachteten Umweltgut stehen. Beispiele hierfür sind die Reisekostenmethode, der hedonische Preisansatz und der Vermeidungskostenansatz. Im Gegensatz hierzu wird bei den direkten Verfahren versucht, die individuellen Wertschätzungen für das Umweltgut direkt, d.h. durch Befragung der Konsumenten, zu ermitteln. Nur durch diesen Ansatz ist es möglich, auch Informationen zum Non-Use Value zu erhalten, da dieser grundsätzlich nicht aus irgendwelchen „komplementären" oder „substitutiven" Informationen abzuleiten ist. Dies geschieht i.d.R. mit Hilfe der Contingent-Valuation-Methode und seit neuestem auch durch Anwendung der Conjoint Analyse. Für weitere Details zu den Bewertungsverfahren sei an dieser Stelle auf die reichhaltige Literatur zu diesem Thema verwiesen[129].

Im Rahmen des Projektes RECOACT war es nicht möglich, eine eigene empirische Untersuchung zur monetären Bewertung ökologischer Sturmflutfolgen durchzuführen. Da diese Restriktionen natürlich auch bei anderen Projekten und

[127] Zur Unterscheidung zwischen dem anthropozentrischen Eigenwert (Existenzwert, inhärenter Wert) und dem öko- oder biozentrischen Eigenwert (intrinsischer Wert) vgl. Marggraf, Streb (1997), S. 232-242.

[128] Holland, Cox (1992), S. 14.

[129] Vgl. für einen kurzen Überblick Hoevenagel (1994) und Ahlheim (2003) und ausführlicher Hanley, Spash (1993), Endres, Holm-Müller (1998), Willis et al. (1999).

Untersuchungsgebieten existieren, gleichzeitig aber der Bedarf an monetären Bewertungen ökologischer Güter für Kosten-Nutzen-Analysen und zur politischen Entscheidungsunterstützung durchaus groß und steigend ist, wurde die für solche Zwecke entwickelte Methode des Benefit Transfer, also die Übertragung bereits anderweitig gewonnener Umweltbewertungen, verwendet.

Beim *Benefit Transfer* werden monetäre Werte für Umweltgüter, die in einer früheren Untersuchung (Primärstudie) für einen bestimmten Studienort erhoben wurden, unter Verwendung von Korrekturverfahren im Zuge einer anderen Untersuchung (Sekundärstudie) auf den sogenannten Politikort angewendet. Dabei lässt sich grundsätzlich zwischen dem Direct Benefit Transfer, dem Adjusted Benefit Transfer und dem Benefit Function Transfer unterscheiden[130]. Beim Direct Benefit Transfer werden die am Studienort ermittelten Zahlungsbereitschaften in Form von Mittel- oder Medianwerten unkorrigiert für den Politikort übernommen. Werden hingegen Unterschiede zwischen dem Studien- und Politikort berücksichtigt, z.B. unterschiedliche Einkommensniveaus, oder wird eine Anpassung auf der Grundlage einer Expertenbefragung vorgenommen, spricht man vom Adjusted Benefit Transfer. Methodisch am anspruchvollsten ist der Benefit Function Transfer, bei dem nicht die Zahlungsbereitschaft selbst, sondern die dieser zugrundeliegende Funktion der Umweltgüter transferiert wird. Diese Funktion bestimmt die Zahlungsbereitschaft in Abhängigkeit bestimmter empirischer Größen, wie z.B. Einkommen, Informationsstand, Alter, Haushaltsgröße, Einstellungen zu Naturschutz etc. Die Funktion wird dann mit den entsprechenden Daten am Politikort kombiniert, um so die dortige Höhe der Zahlungsbereitschaft zu ermitteln.

Bereits die monetäre Bewertung eines Umweltgutes selbst ist wie jedes empirische Verfahren mit gewissen methodischen Problemen behaftet, die sich im Zuge eines Benefit Transfer natürlich noch verstärken[131]. Daher ist zum einen der Anspruch, der an einen solchen Benefit Transfer gestellt werden kann, zu relativieren. Ziel ist nicht eine theoretisch korrekte Analyse der Wohlfahrtseffekte, sondern eine praktikable Abschätzung der Zahlungsbereitschaften, um so beispielsweise eine Berücksichtigung ökologischer Konsequenzen in einer Kosten-Nutzen-Analyse überhaupt leisten zu können. Zum zweiten sollten bei der Auswahl der Primärstudie und der Durchführung des Benefit Transfers bestimmte Mindeststandards eingehalten werden[132]:

---

[130] Vgl. IERM/SAC (1999), S. 16-17, Muthke (2001), S. 272-274, Thiele, Wronka (2002), S. 384-386.

[131] Ahlheim (2003) bezeichnet den Nutzentransfer daher auch als "Quick & Dirty" (S. 57).

[132] Vgl. Brouwer (2000), S. 147-150, Turner et al. (2001), S. 32-35, Thiele, Wronka (2002), S. 387-388, Ahlheim, Lehr (2002), S. 100-102, Ahlheim (2003), S. 58-59.

- Die Primärstudien müssen gut dokumentiert und methodisch einwandfrei sein.

- Die in den beiden Studien untersuchten Umweltveränderungen sollten sich qualitativ und quantitativ möglichst ähneln.

- Auch die für die Untersuchungen relevante Bevölkerung am Studien- und am Politikort sollte möglichst ähnlich strukturiert sein.

- Die jeweilige Nutzungssituation für das Umweltgut sollte an beiden Orten ebenfalls möglichst ähnlich sein (Verfügbarkeit von Substituten, Verteilung der Verfügungsrechte, Kosten der Nutzung).

- Primär- und Sekundärstudie müssen auf demselben theoretischen Wohlfahrtsmaß beruhen, d.h. es muss entweder in beiden Untersuchungen die Willingness-to-Pay oder in beiden die Willingness-to-Accept ermittelt werden.

Die empirische Anwendung der Methode des Benefit Transfer im Rahmen von RECOACT wird in Abschnitt 6 vorgestellt und diskutiert.

3. Schadensfunktionen und Vermögensschäden künftiger Sturmflutereignisse

3.1 Interdisziplinäre Folgenabschätzung

Die Ermittlung der drei relevanten Schadenskategorien Vermögensschäden, Wertschöpfungsverluste und ökologische Schäden erfolgte innerhalb des Projektverbundes KRIM in Zusammenarbeit mit den Teilprojekten "Klimaänderung und Küstenschutz" und "Ökologie" (zur Illustration s. *Abbildung 11*).

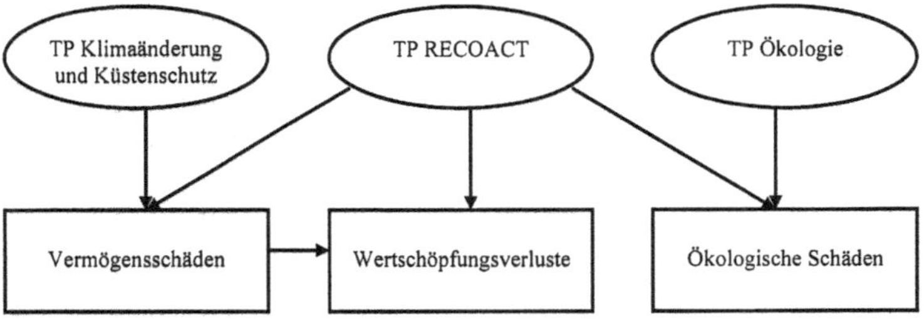

Abbildung 11: Interdisziplinäre Folgenabschätzung.

Die Berechnung der Vermögensschäden basiert auf dem in Abschnitt 3 dargestellten mesoskaligen Ansatz. Diese Methodik wurde in den vergangenen Jahren bereits mehrfach angewendet, so z.B. für ein Gutachten zur Wertermittlung in sturmflutgefährdeten Gebieten in Schleswig-Holstein [133], im Rahmen einer Schadenspotenzialbestimmung für die Unterweserregion [134] und im Zuge des KRIM-Vorgängerprojektes KLIMU[135].

Während die grundsätzliche Vorgehensweise bei diesen Untersuchungen immer noch mit der des ursprünglichen Wesermarschgutachtens übereinstimmt, wurde die Technik der Verortung der ermittelten Werte im Rahmen der Schleswig-Holstein-Studie und von KLIMU durch den Einsatz des digitalen Landschaftsmodells ATKIS-DLM weiterentwickelt.

Bei ATKIS, dem Amtlichen Topographisch-Kartographischen Informationssystem, handelt es sich um ein Geobasisinformationssystem, das geotopographische Informationen für Deutschland in digitaler Form enthält. Es wird von der Ar-

[133] Vgl. Hamann (1998), Colijn et al. (2000), Hofstede, Hamann (2000).
[134] Vgl. Kiese, Leineweber (2000).
[135] Vgl. Knogge, Wrobel (2000).

beitsgemeinschaft der Vermessungsverwaltungen der Länder (kostenpflichtig) bereitgestellt[136]. Es tritt im Wertermittlungsverfahren an die Stelle der bisher verwendeten Kartenwerke. Die Ermittlung der Flächennutzungen erfolgt jetzt nicht mehr anhand der Flurkarten, sondern mittels der Objektarten des ATKIS-Objektartenkataloges[137]. Eine analoge Vorgehensweise wurde auch im Rahmen einer Studie zu den möglichen Vermögensschäden in Folge eines Rhein-Hochwassers gewählt, nur stützt sich diese Untersuchung nicht auf ATKIS-Daten, sondern auf das Alternativsystem CORINE-Land-Cover[138]. Die durch die Nutzung des ATKIS-DLM modifizierte Vorgehensweise des mesoskaligen Ansatzes wird in der folgenden *Abbildung 12* (in Analogie zu Abbildung 8) noch einmal verdeutlicht.

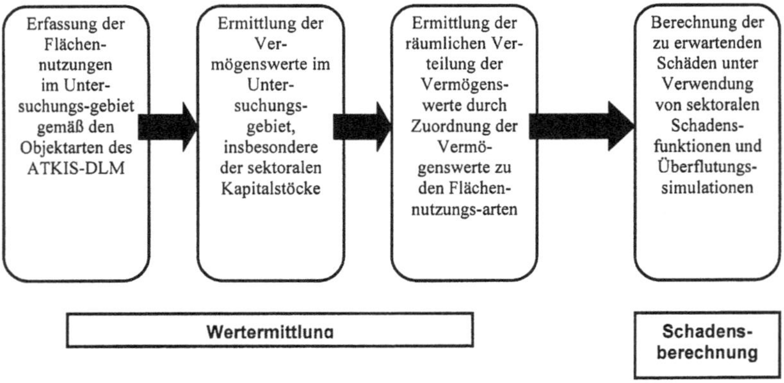

Abbildung 12: Methodik der Ermittlung von Vermögensschäden in KRIM.

Die Ermittlung der Vermögensschäden im Rahmen von KRIM erfolgte arbeitsteilig zwischen RECOACT und dem Teilprojekt 2 "Klimaänderung und Küstenschutz" (Franzius-Institut für Wasserbau und Küsteningenieurwesen und Abteilung Wirtschaftsgeographie des Geographischen Instituts, beide Universität Hannover). Während das Teilprojekt 2 mit Hilfe des mesoskaligen Ansatzes und unter Verwendung des ATKIS-DLM die Ermittlung des Schadenspotenzials übernommen hat[139], steuerte RECOACT die für die eigentliche Schadensberech-

[136] Informationen zu ATKIS finden sich unter http://www.atkis.de und auf den Seiten der LGN-Landesvermessung und Geobasisinformation Niedersachsen http://www.lgn.de/ .
[137] Der aktuelle ATKIS-Objektartenkatalog ist online verfügbar unter: http://www.atkis.de/dstinfo/dstinfo2.dst_gliederung2?dst_ver=dst
[138] Vgl. Ruiz Rodriguez + Zeisler et al. (2001)
[139] Vgl. Meyer, Mai (2003), Elsner et al. (2004).

nung notwendigen sektoralen Schadensfunktionen bei, die an die Stelle der sektoralen Schädigungsmatrizen aus dem Wesermarschgutachten treten. Nähere Informationen zu diesen Schadensfunktionen finden sich im folgenden Abschnitt.

Bei den ökologischen Schäden gab es eine Zusammenarbeit zwischen den Teilprojekten RECOACT und Ökologie, durch die das notwendige ökologische Expertenwissen hinsichtlich der Sensibilität der Küstenlandschaft bezüglich eines Überflutungsereignisses in die Folgenabschätzung integriert werden konnte. Die ökologische Schadensanalyse folgt in Abschnitt 5.

3.2 Ermittlung von Schadensfunktionen

3.2.1 Methode

Kommt es zu einem Sturmflutereignis mit Versagen der Küstenschutzsysteme, so sind die zu erwartenden Schäden von drei Faktoren abhängig: dem Schadenspotenzial, dem Ausmaß der Überflutung und dem Grad der *„Empfindlichkeit“* der betroffenen Objekte.

Letztere wird in der empirischen Literatur zur Überflutungsfolgenabschätzung in der Regel durch sogenannte Schadensfunktionen ausgedrückt. Ihr Einsatz ist notwendig, weil nicht einfach angenommen werden kann, dass der tatsächlich eintretende Schaden dem maximal möglichen entspricht. Schadensfunktionen beschreiben einen Zusammenhang zwischen einem oder mehreren Parametern des auslösenden Überflutungsereignis (z.B. Überflutungshöhe, Einstaudauer, Fließgeschwindigkeit) und einem damit verbundenen Schadensausmaß [140]. Oftmals werden sie als reine Wasserstand-Schadensfunktionen formuliert mit der Überflutungshöhe als einziger erklärender Variable[141].

Auf mikroskaliger Ebene hat es in den vergangenen Jahren eine Vielzahl von Projekten auf dem Gebiet des Hochwasserschutzes gegeben mit dem Ziel, aus Schadensereignissen der Vergangenheit abgeleitete empirische Verläufe solcher Schadensfunktionen zu schätzen. Solche Funktionen beziehen sich jedoch speziell auf Schäden an einzelnen Vermögensobjekten, z.B. bestimmten Typen von Wohngebäuden oder einzelnen Objekten aus dem privaten Hausrat. Entsprechende Sammlungen von Schadensfunktionen sind beispielsweise in Deutschland die Datenbank HOWAS; in Großbritannien werden solche Funktionen vom Flood

[140] Vgl. MURL (2000), S. 15, BWK (2001), S. 22, Maniak (2001), S. 70

[141] Vgl. Bayern-LfW (1998), Sande (2001), S. 14-16, Niekamp (2001), S. 447-450, Ruiz Rodriguez + Zeisler et al. (2001), S. 27, Reese et al. (2003), S. 88.

Hazard Research Center zusammen gestellt[142] und in den USA im Rahmen des Flood Damage Data Collection Program des US Army Corps of Engineers[143].

Im Rahmen von KRIM sind solche Funktionen jedoch nicht einsetzbar: Eine mesoskalige Wertermittlung ist mit mikroskaligen Schadensfunktionen nicht zu kombinieren. Wenn z.B. nicht Lage und Anzahl einzelner Gebäudetypen im Untersuchungsgebiet bestimmt werden, sondern der Wohnkapitalstock als Ganzes, so muss sich dies auch in der Formulierung der hierauf anzuwendenden Schadensfunktion widerspiegeln. Es müssen also *mesoskalige*, d.h. im Wesentlichen *auf sektorale Kapitalstöcke bezogene* Schadensfunktionen zur Verfügung stehen.

Allerdings stellt sich hinsichtlich solcher Funktionen die Quellenlage und das Ausmaß empirischer Vorarbeiten, auf das zurückgegriffen werden kann, deutlich ungünstiger dar als auf der mikroskaligen Ebene. Die folgende Tabelle gibt einen Überblick über Informationen zu Studien, in denen mesoskalige Funktionen entwickelt wurden und die damit als Grundlage für die Schadensberechnung in KRIM in Frage kommen.

Studie	**Schäden an ...**	**Untersuchungsgebiet, Ereignis**	**Formulierung, Darstellung**
Klaus, Schmidtke (1990)	landwirtschaftlich genutzter Boden Viehbestand Kapitalstock Landwirtschaft Kapitalstock warenproduzierendes Gewerbe Kapitalstock Verkehr und Nachrichtenübermittlung Kapitalstock sonstige Wirtschaftsbereiche ohne Wohnungen Vorratsbestände Wohnungen Kfz-Bestand	Wesermarsch, mögliche Nordsee-Sturmflut	Schädigungsmatrizen für Überflutungshöhen zwischen 0,25 und 2,25 m. Ausweis des Schadens in % des Vermögenswertes

[142] Vgl. beispielsweise Parker et al. (1987), N'Jai et al. (1990), Penning-Rowsell et al. (1992) und das Flood Hazard Research Center online unter: http://www.fhrc.mdx.ac.uk/ .
[143] Vgl. online unter: http://www.usace.army.mil/ .

CUR/ TAW (1990)	agricultural areas industrial areas built-up areas	Rhein-Delta, Holland-Sturmflut 1953	Berechnung sogenannter "damage factors" (zwischen 0 und 1) bei 1, 2 und 3 m Überflutungshöhe für verschiedene Schadenskategorien auf den drei Flächennutzungstypen
Parker et al. (1987)	Stocks, plant und equipment im manufacturing sector Stocks, plant und equipment in retail, distribution, office and leisure service businesses	Großbritannien, Überflutungsereignisse in städtischen Räumen	Ausweis sektordurchschnittlicher Schäden pro Firma in £ (Preise 1985) für vier bzw. fünf verschiedene Überflutungshöhen bis 1 m
MURL (2000)	Vermögen des Sektors Energie- und Wasserversorgung Vermögen des Sektors Verkehr und Nachrichtenwesen Vermögen des Bereichs Staat Tiefbau Vermögen des Bereichs Staat Hochbau Vermögen landwirtschaftlicher Betriebe Vorratsvermögen Handel und Dienstleistungen Vorratsvermögen verarb. und Baugewerbe Gebäudevermögen verarbeitendes und Baugewerbe, Handel und Dienstleistungen, Wohnkapital Hausrat Kfz-Vermögen	Rhein in Nordrhein-Westfalen, 500jährige s Hochwasser	graphische Schadensfunktionsverläufe (Schäden zwischen 0 und 100 %) für Wasserstände bis 5 m

Maniak (2001)	Kapitalstock Energie- und Wasserversorgung, Nachrichtenübermittlung Kapitalstock verarbeitendes Gewerbe Kapitalstock Handel und Dienstleistungen Kapitalstock Staat und private Organisationen Kapitalstock Landwirtschaft Wohnvermögen Hausrat Vorratsvermögen Kfz Vieh	größtenteils ohne Angaben, zum Teil möglicherweise Bezug auf Oberrheingebiet	graphische Darstellung von Schädigungsmatrizen mit prozentualen Schädigungsraten für Überflutungshöhen bis 5 m. Ausweis der Datenpunkte in 50cm-Schritten
Ruiz Rodriguez + Zeisler et al. (2001)	Gebäudesubstanz verarb. Gewerbe, Handel und Dienstleistungen, Staat und private Haushalte Ausrüstungen verarbeitendes Gewerbe und Handel und Dienstleistungen Ausrüstungen Staat Objekte des öffentlichen Tiefbaus Hausrat	Gesamter Verlauf des Rheins vom Hochrhein in der Schweiz bis zum Deltarhein in den Niederlanden	Schadensfunktionen in formaler Darstellung Y = f(X) mit Y = Schädigungsgrad in % und X = Überflutungshöhe in Metern

Tabelle 9: Überblick über Studien mit mesoskaligen Schadensermittlungen.

Drei dieser Untersuchungen - Klaus, Schmidtke (1990), MURL (2000) und Maniak (2001) - konnten als Grundlage für die Ermittlung der mesoskaligen KRIM-Schadensfunktionen herangezogen werden. Die übrigen waren aufgrund der gewählten Schadensobjekt-Kategorisierungen und/oder der Schadensdimension hierfür nicht geeignet.

Das weitere Vorgehen lässt sich wie folgt beschreiben: Die drei ausgewählten Studien dienen als Lieferanten von „Datenpaaren". Ein Datenpaar besteht aus einem *Überflutungswasserstand* (ausgedrückt in Metern über Geländehöhe) und einer zugehörigen *relativen Schadensrate* (ausgedrückt in % des jeweils betroffenen Vermögenswertes). Zu den gesammelten Datenpaaren, die sich jeweils auf eine *Wertkategorie* beziehen lassen, z.B. Kapitalstock des Sektors Landwirtschaft, wird dann mittels einer Regressionsanalyse eine passende Schadensfunktion berechnet. [144].

Für die Regressionsanalyse und die Bildung der KRIM-Schadensfunktionen ist eine doppelte Zuordnung notwendig. Da die in den drei o.g. Studien jeweils verwendeten sektoralen Strukturierungen nicht vollkommen identisch sind, ist es in einigen Fällen erforderlich, die Ausgangsdatenpaare bestimmten Objekten der KRIM-Schadensfunktionen zuzuweisen. Ein weiterer Zuordnungsschritt ist nötig, um die gebildeten Schadensfunktionen auf die Kategorien der Wertermittlung anwenden zu können. Die folgende *Abbildung 13* zeigt die vorgenommenen Zuordnungen.

Wie aus der Abbildung ersichtlich ist, werden insgesamt zehn Schadensfunktionen ermittelt, von denen sich eine Hälfte auf sektorale Kapitalstöcke bezieht und die zweite auf fünf weitere Wertkategorien. Im Anhang 1 werden zu diesen zehn Funktionen folgende Detailinformationen bereitgestellt:

- die verwendeten Ausgangsdatenpaare aus den drei Studien;
- die mit Hilfe der Regressionsanalyse ermittelten Schadensfunktionen mit der besten Anpassung an diese Datenpaare;
- die Werte der Prüfmaße zur Beurteilung der Anpassungsqualität der Regressionsfunktion. Verwendet wird das (bereinigte) Bestimmtheitsmaß r^2, das ausdrückt, wie gut sich die Regressionsfunktion an die Punktwolke anpasst, und der F-Test zur Überprüfung der "Nullhypothese", die in diesem Fall besagt, dass zwischen Kapitalstockverlust und Überflutungshöhe kein kausaler Zusammenhang besteht[145].

---

[144] Zur Anwendung der Regressionsanalyse zur Bildung (allerdings mikroskaliger) Schadensfunktionen vgl. Niekamp (2001), S. 447-450 und USACE (2003).

[145] Vgl. Backhaus et al. (2000), S. 19-29.

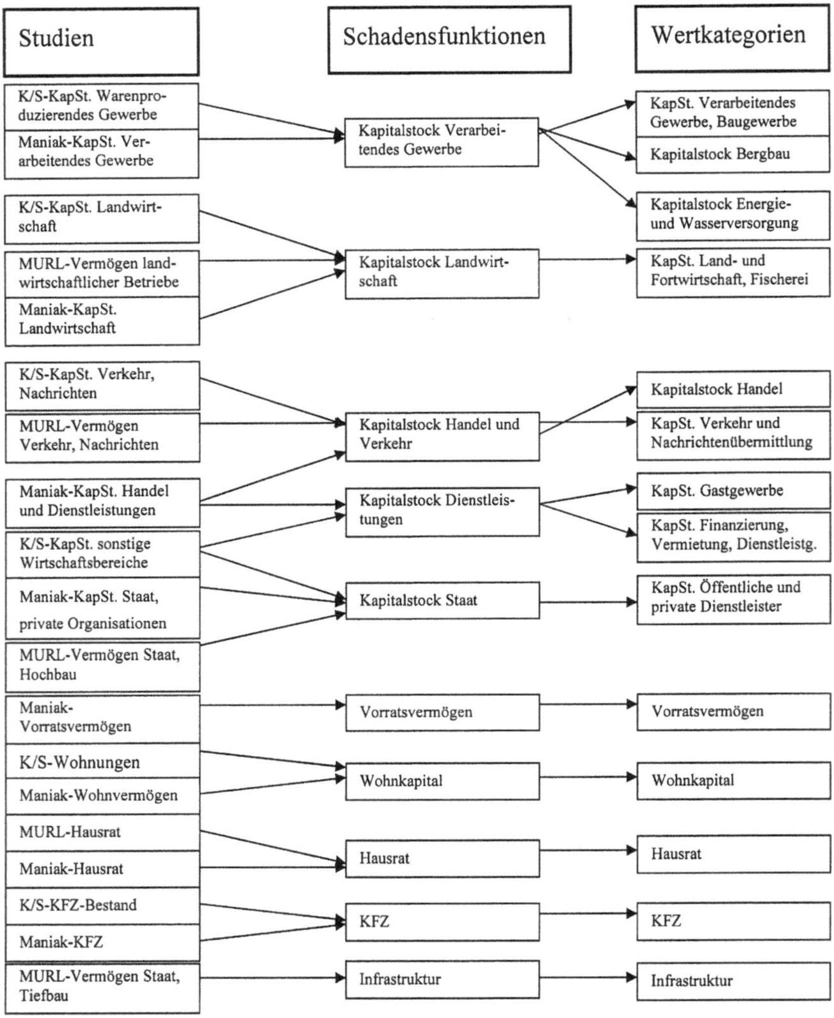

Abbildung 13: Zuordnung von Ausgangsdaten, Schadensfunktionen und Wertkategorien (K/S = Klaus, Schmidtke; KapSt = Kapitalstock).

3.2.2 Spezifizierung mesoskaliger Schadensfunktionen

Es wurden zehn mesoskalige Schadensfunktionen ermittelt, die sich auf sektorale Kapitalstöcke und weitere Wertkategorien beziehen. Die Funktionen sind grundsätzlich formuliert in der Form $Y = f(X)$, wobei X die Überflutungshöhe in Metern ist ($0 \leq X \leq 3$) und Y der daraus resultierende anteilige Kapitalstock- bzw. Vermögensverlust ($0 \leq Y \leq 1$). Im einzelnen wurden folgende Funktionen spezifiziert (siehe auch Anhang 1):

- Kapitalstock verarbeitendes Gewerbe: $Y = 0{,}2476 \cdot X - 0{,}0737 \cdot X^2 + 0{,}0082 \cdot X^3$
- Kapitalstock Landwirtschaft: $Y = 0{,}2514 \cdot X - 0{,}0808 \cdot X^2 + 0{,}0091 \cdot X^3$
- Kapitalstock Handel und Verkehr: $Y = 0{,}0667 \cdot X$
- Kapitalstock Dienstleistungen: $Y = 0{,}1599 \cdot X - 0{,}0337 \cdot X^2 + 0{,}0034 \cdot X^3$
- Kapitalstock Staat: $Y = 0{,}1433 \cdot X - 0{,}0141 \cdot X^2$
- Vorratsvermögen: $Y = 0{,}1165 + 0{,}1274 \cdot X$
- Wohnkapitalstock: $Y = 0{,}2114 \cdot X - 0{,}0653 \cdot X^2 + 0{,}0073 \cdot X^3$
- Hausrat: $Y = 0{,}2641 \cdot X - 0{,}0214 \cdot X^2$
- KFZ: $0 \leq X < 1{,}5$: $Y = 0{,}3848 \cdot X$
  $X \geq 1{,}5$: $Y = 0{,}60$
- Infrastruktur: $0 \leq X < 1{,}0$: $Y = 0{,}05 + 0{,}05 \cdot X$
  $X \geq 1{,}0$: $Y = 0{,}10$

Die beiden folgenden Abbildungen zeigen die Funktionsverläufe im Vergleich. Abbildung 14 enthält die Schadensfunktionen für die fünf sektoralen Kapitalstöcke und Abbildung 15 die für die übrigen Wertkategorien. Gezeigt wird der für KRIM relevante Bereich mit Überflutungshöhen bis 3 Meter.

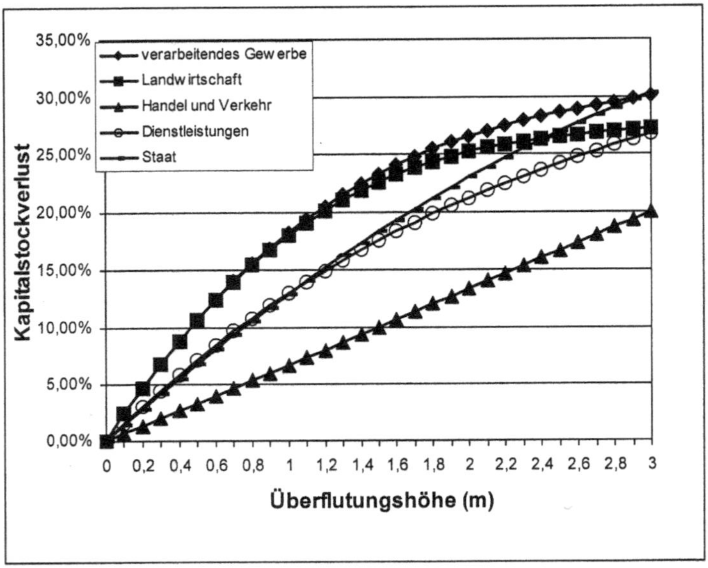

Abbildung 14: Verlauf der Schadensfunktionen für fünf sektorale Kapitalstöcke.

Eine empirische Deutung dieser Funktionsverläufe ist problematisch. Es handelt sich nicht mehr um die formalisierte Wiedergabe tatsächlich aufgetretener Wasserstand-Schaden-Relationen bei Überflutungsereignissen der Vergangenheit, sondern um das Resultat eines statistischen Analyseverfahrens. Mit Hilfe dieser lediglich zehn Funktionen können Schäden am gesamten, breit diversifizierten Vermögen einer Region berechnet werden, die mehrere Landkreise und Städte umfasst. Die für eine solche Untersuchung auf mesoskaliger Ebene notwendige Aggregation ist dann aber auch zwangsläufig mit einem Verlust an Detailinformationen verbunden. Während es bei einer mikroskaligen Schadensfunktion möglich ist, den Funktionsverlauf mit den spezifischen Merkmalen des Bezugsobjektes zu erklären, z.B. mit der Anzahl und Höhe der Geschosse eines Gebäudes, ist ein solcher Objektbezug bei den hier vorliegenden mesoskaligen Funktionen nicht mehr vorhanden – und sollte daher auch nicht künstlich "hineininterpretiert" werden.

Die angewandte Regressionsmethode erlaubt die Verwendung und Verarbeitung von Ausgangsdaten aus unterschiedlichen Studien. Auf diese Art und Weise konnten möglichst viele Datenpaare berücksichtigt werden, auch solche, bei

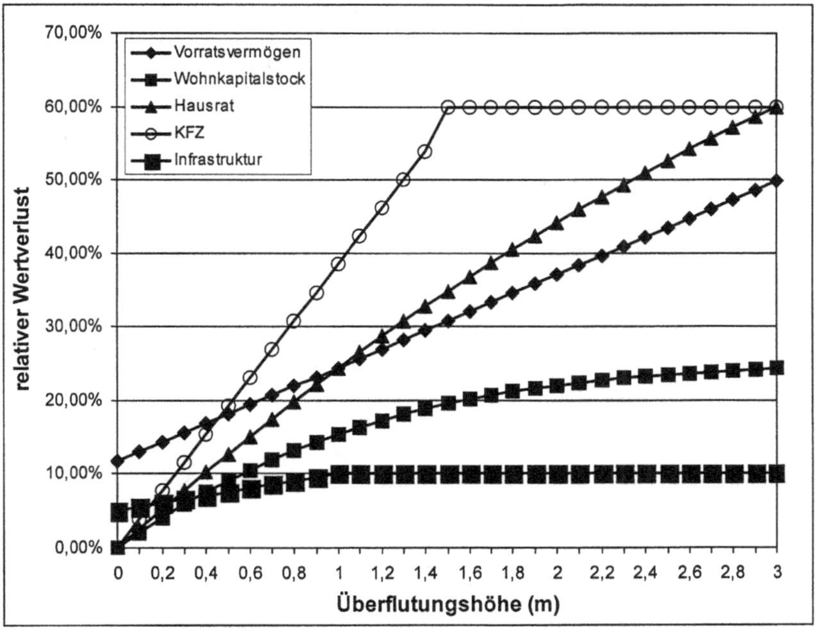

Abbildung 15: Verlauf der Schadensfunktionen für die weiteren Wertkategorien.

denen für eine bestimmte Überflutungshöhe unterschiedliche Schadensquoten ausgewiesen wurden. Bei der Regressionsanalyse wird nun für diese Punktwolke aus Datenpaaren eine Funktion geschätzt, die entsprechend dem Kriterium der minimierten quadrierten Abweichung die Ursprungswerte möglichst gut wiedergibt. Etwaige Funktionszusammenhänge in den drei Ausgangsstudien werden hierbei nicht beachtet. Auch wenn eine nach Studien getrennte Untersuchung beispielsweise ergeben würde, dass die Daten jeder Studie für sich genommen jeweils auf einen quadratischen Funktionsverlauf hindeuten, so kann die gemeinsame Analyse aller Daten durchaus einen kubischen Funktionstyp für die Wertkategorie ergeben.

Es ist daher festzuhalten, dass es sich um hoch aggregierte statistische Schadensfunktionen handelt, die sinnvoll nur auf ebenso hoch aggregierte Wertkategorien angewandt werden können. Wenn man den Wert des Kapitalstocks eines Sektors (z.B. verarbeitendes Gewerbe) durch die Zahl der den Sektor bildenden Unternehmen teilt, erhält man eine durchschnittliche Kapitalausstattung. Dieser Wert wird jedoch aufgrund der Heterogenität der Unternehmen (Größe, Tätigkeitsfeld) in vielen Fällen deutlich von der tatsächlichen Kapitalausstattung eines konkreten Unternehmens abweichen. Ähnlich verhält es sich mit den hier konstruierten Schadensfunktionen. Sie drücken eine durchschnittliche Überflutungssensibilität eines künstlichen Werteaggregats aus und sind nicht dazu geeignet, Rückschlüsse auf den Schaden an einzelnen Vermögensobjekten zu ziehen.

3.3 Vermögensschäden in lokalen Fokusflächen und in der Gesamtregion

Die Ermittlung des Potenzials an Vermögensschäden in den Fokusflächen und die Anwendung der mesoskaligen Schadensfunktionen zur Berechnung des Schadensausmaßes wurden innerhalb des Projektverbundes KRIM durch das Teilprojekt „Klimaänderung und Küstenschutz" vorgenommen.

Die Ergebnisse dieser Berechnungen werden hier zusammenfassend wiedergegeben, weil sie dem Projekt RECOACT als Input dienen für die regionalökonometrische Modellierung und die abschließenden Kosten-Nutzen-Analysen. Ausführlichere Informationen zur Berechnung der Vermögensschäden werden im Abschlußbericht des Teilprojektes „Klimaänderung und Küstenschutz" veröffentlicht.

Die Ermittlung des Schadenspotenzials und die Berechnung der eintretenden Schäden erfolgte für folgende Kategorien:

- Wohnkapital;
- Hausrat;
- KFZ;
- Landwirtschaft Nettoanlagevermögen;
- Viehvermögen;
- Bergbau Nettoanlagevermögen;
- Bergbau Vorratsvermögen;
- Energie- und Wasserversorgung Nettoanlagevermögen;
- Energie- und Wasserversorgung Vorratsvermögen;
- Produzierendes Gewerbe Nettoanlagevermögen;
- Produzierendes Gewerbe Vorratsvermögen;
- Handel Nettoanlagevermögen;
- Handel Vorratsvermögen;
- Gastgewerbe Nettoanlagevermögen,
- Gastgewerbe Vorratsvermögen,
- Verkehr u. Nachrichtenübermittlung Nettoanlagevermögen;
- Verkehr u. Nachrichtenübermittlung Vorratsvermögen;
- Finanzierung, Vermietung, Unternehmensdienstleistungen Nettoanlagevermögen;
- Finanzierung, Vermietung, Unternehmensdienstleistungen Vorratsvermögen;
- Öffentliche und private Dienstleistungen Nettoanlagevermögen;
- Öffentliche und private Dienstleistungen Vorratsvermögen.

Die folgende *Tabelle 10* enthält das anhand dieser Kategorien aufgegliederte Schadenspotenzial für die acht regionalen Fokusflächen des KRIM-Untersuchungsgebiets.

Das Schadenspotenzial der Stadt Bremen macht allein 70 % des Gesamtpotenzials aus. Nimmt man Bremerhaven und Wilhelmshaven hinzu, so vereinen diese *drei Städte* 95 % des Schadenspotenzials auf sich. Andererseits gibt es mit Wangerooge, Wangerland, Butjadingen und Wursten vier Fokusflächen, die zwar geographisch sehr exponiert sind und über lange zu schützende Küstenlinien verfügen, aber nur relativ geringe Vermögenswerte aufweisen. Damit deutet sich bereits an, dass ein künftiges Risikomanagement die bisherige Küstenschutzmaxime eines entlang der gesamten Küste identischen Schutzniveaus nicht notwendig unterstützen wird.

Vergleicht man die einzelnen Wertkategorien über alle Fokusflächen hinweg, so wird deutlich, dass die Hälfte des Schadenspotenzials auf die Kategorien *Wohnkapital* und *Hausrat* entfällt. Dies bedeutet auch, dass die *privaten Haushalte*, in deren Eigentum sich das Wohnkapital teilweise und der Hausrat vollständig befinden, einen maßgeblichen Teil des Sturmflutrisikos zu tragen haben. Hinsichtlich des *Nettoanlagevermögens* der betrachteten Sektoren weist der Bereich "*Öffentliche und Private Dienstleistungen*" das höchste Schadenspotenzial auf. Hierzu zählen die Abschnitte L, M, N und O der amtlichen Wirtschaftszweigklassifikation von 1993 (WZ 93): Öffentliche Verwaltung, Verteidigung, Sozialversicherung (L), Erziehung und Unterricht (M), Gesundheits-, Veterinär- und Sozialwesen (N), Erbringung von sonstigen öffentlichen und persönlichen Dienstleistungen (O)[146].

Da die sektorale Gliederung des ökonometrischen Modells von der der Schadenspotenzial- und Vermögensschädenberechnung abweicht und einen eigenen Sektor "Staat" enthält, werden diesem im Folgenden die für den Bereich der "Öffentlichen und Privaten Dienstleistungen" ausgewiesenen Werte zugeordnet[147].

Unter Anwendung der *Schadensfunktionen* werden auf Grundlage dieser *Schadenspotenziale* und unter Einsatz von *Überflutungssimulationen* nun die *Vermögensschäden* berechnet. Die beiden folgenden Tabellen enthalten die Ergebnisse dieser Schadenskalkulationen, wobei sich *Tabelle 11* auf die gegenwärtige

---

[146] Vgl. Statistisches Bundesamt (1998).

[147] Dieser Schritt bedeutet eine gewisse Verallgemeinerung, da "Öffentliche und Private Dienstleistungen" und "Staat" nicht vollständig deckungsgleich sind. Die in den Wirtschaftszweigen L, M, N und O zusammengefassten Aktivitäten werden teilweise auch von privaten Anbietern durchgeführt. Eine exakte Isolierung des staatlichen Schadenpotenzials aus den gelieferten Werten ist jedoch nicht realisierbar.

Klimasituation bezieht (Klima Status quo) und *Tabelle 12* das KRIM-Klimaszenario (siehe Abschnitt 2) zu Grunde liegt.

Aus diesen Ergebnissen lassen sich zwei grundlegende Erkenntnisse ableiten (s. zur Übersicht auch die folgende *Tabelle 13*):

- Die bei einem Versagen der Küstenschutzsysteme zu erwartenden *Schäden* sind deutlich geringer als das *Schadenspotenzial*. Der (theoretische) *worst case* tritt nicht ein, weil die *Überflutungshöhen* innerhalb der betroffenen Flächen in Abhängigkeit von der Topographie sehr unterschiedlich ausfallen und die Vermögenswerte nicht zwangsläufig einen Totalschaden erleiden, sondern nur *partielle Wertverluste* entsprechend den Schadensfunktionen.

- Der Übergang vom Klima Status quo zum KRIM-Klimaszenario bewirkt einen deutlichen Anstieg der zu erwartenden Schäden. Die im Szenario angenommenen Veränderungen bei Meeresspiegel und Wind sorgen im Falle eines Küstenschutzversagens für ein im Vergleich zum Status quo größeres einströmendes Wasservolumen.

Die Heterogenität des Untersuchungsgebietes führt zu unterschiedlichen Interpretationsmöglichkeiten der berechneten Werte. So stellt beispielsweise ein möglicher Schaden in der Stadt Bremen in Höhe von 385 Mill. € im regionalen Vergleich den zweithöchsten Schadenswert aller Fokusflächen dar, macht aber gleichzeitig nur 0,7 % des bremischen Schadenspotenzials aus. Dagegen deuten in Wilhelmshaven sowohl die absoluten als auch die relativen Schadenswerte darauf hin, dass hier ein regionaler "Risiko Hot Spot" sein könnte.

In Ergänzung zur Klima-Status-quo- und KRIM-Klimaszenario-Betrachtung enthält die folgende *Tabelle 14* noch die Schäden in den Fokusflächen, die bei einem *Ereignis der ANATOL-Klasse* eintreten könnten. Grundlage der Schadensberechnung ist die Annahme, dass sämtliche Flächen bis zu einer Geländehöhe von 5 Metern von einer Überflutung betroffen wären.

Die Schadenswerte werden im Rahmen des Projektes RECOACT zweifach weiter verwendet. Zum einen bilden sie die Impulsgrößen für die *regionalökonometrische Modellierung* (siehe Abschn. 4), zum zweiten fließen sie als Nutzenkomponenten ("vermiedene Schäden") in die Kosten-Nutzen-Analysen der Küstenschutzoptionen ein (siehe Abschn. 6).

Wert-kategorie	Fokusflächen								Σ
	Wangeroo-ge	Wangerland	WHV	Butjadingen	Brake	Bremen	BHV	Wursten	
WK	42,562	357,505	3.068,787	232,445	582,808	18.828,631	4.276,873	318,485	27.708,096
Hausrat	23,586	198,850	1.230,565	133,091	235,258	7.571,788	1.710,040	158,179	11.261,357
KFZ	2,667	51,037	370,213	32,145	71,806	2.153,914	453,935	46,684	3.182,401
LWS NAV	0,000	34,726	65,562	29,905	43,381	561,042	201,748	45,306	981,670
ViehV	0,000	21,642	5,475	21,418	2,945	10,356	0,340	13,178	75,354
BEW NAV	0,150	1,780	335,431	0,000	28,140	1.589,118	541,380	0,000	2.495,999
BEW VV	0,004	0,045	8,450	0,000	0,709	6,043	2,060	0,000	17,311
PG NAV	1,124	10,423	307,093	4,170	94,538	3.970,178	556,468	21,585	4.965,579
PG VV	0,301	2,790	82,206	0,816	25,306	1.663,160	233,081	4,225	2.011,885
H NAV	3,401	8,262	166,446	5,993	24,406	1.928,964	407,098	7,797	2.552,367
H VV	1,485	3,604	72,707	2,621	10,654	1.044,298	220,448	3,404	1.359,221
GG NAV	18,189	22,230	40,457	16,043	5,634	512,134	87,560	6,974	709,221
GG VV	0,131	0,152	0,287	0,115	0,038	1,954	0,332	0,036	3,045
VN NAV	8,449	12,450	273,030	6,616	162,864	3.656,790	718,602	0,687	4.839,488
VN VV	0,051	0,052	1,268	0,032	0,739	17,754	3,499	0,037	23,432
FVU NAV	7,871	14,306	516,185	8,953	110,000	3.854,519	546,409	11,208	5.069,451
FVU VV	0,241	0,439	15,812	0,275	3,371	216,789	30,740	0,339	268,006
ÖP NAV	22,490	94,072	1.565,918	44,372	312,109	5.485,024	1.299,923	49,437	8.873,345
ÖP VV	0,020	0,087	1,378	0,039	0,276	11,871	2,816	0,040	16,527
Σ	132,722	834,452	8.127,270	539,049	1.714,982	53.084,327	11.293,352	687,601	76.413,755

NAV = Nettoanlagevermögen; VV = Vorratsvermögen; WK = Wohnkapital; LWS = Landwirtschaft; ViehV = Viehvermögen; BEW = Bergbau, Energie- und Wasserversorgung; PG = Produzierendes Gewerbe; H = Handel; GG = Gastgewerbe; VN = Verkehr und Nachrichtenübermittlung; FVU = Finanzierung, Vermietung, Unternehmensdienstleistungen; ÖP = Öffentliche und private Dienstleistungen; WHV = Wilhelmshaven; BHV = Bremerhaven

Tabelle 10: Schadenspotenziale in den Fokusflächen in Mill. € (2000) (Quelle: Datensatz aus Franzius-Institut für Wasserbau und Künsteningenieurwesen, eigene Berechnungen).

Wert-kategorie	Fokusflächen								Σ
	Wangeroo-ge	Wangerland	WHV	Butjadingen	Brake	Bremen	BHV	Wursten	
WK	1,5	15,9	486,1	15,1	53,1	5,7	5,0	9,6	591,9
Hausrat	1,3	12,6	348,0	11,7	31,5	3,6	3,1	6,3	418,1
KFZ	0,2	3,5	229,9	4,1	10,4	1,5	1,3	2,3	253,1
LWS NAV	0,0	1,7	8,5	2,1	8,4	0,0	0,0	2,8	23,6
ViehV	0,0	2,6	1,8	3,6	5,6	0,3	0,0	2,9	16,8
BEW NAV	0,0	0,1	76,8	0,0	3,3	0,0	0,0	0,0	80,3
BEW VV	0,0	0,0	2,7	0,0	0,2	0,0	0,0	0,0	2,9
PG NAV	0,1	0,9	34,2	22,7	4,6	191,7	9,1	0,1	263,4
PG VV	0,1	0,4	12,8	7,2	1,9	110,9	6,3	0,0	139,6
H NAV	0,1	0,4	17,7	0,7	0,2	16,8	0,2	0,0	36,1
H VV	0,1	0,6	23,0	0,9	0,3	29,7	0,8	0,0	55,6
GG NAV	0,6	0,7	6,1	0,6	0,4	0,3	0,1	0,1	8,8
GG VV	0,0	0,0	0,1	0,0	0,0	0,0	0,0	0,0	0,1
VN NAV	0,2	0,7	28,8	2,8	2,0	21,1	10,2	0,0	65,7
VN VV	0,0	0,0	0,4	0,0	0,0	0,3	0,2	0,0	1,1
FVU NAV	0,2	1,1	88,1	0,3	0,5	2,6	0,3	0,0	93,2
FVU VV	0,0	0,1	4,8	0,0	0,0	0,3	0,1	0,0	5,4
ÖP NAV	1,6	7,4	263,9	2,9	4,0	0,3	1,0	1,4	282,5
ÖP VV	0,0	0,0	0,4	0,0	0,0	0,0	0,0	0,0	0,4
Σ	6,1	48,7	1634,1	74,7	126,3	385,1	37,8	25,6	2338,5

Erläuterungen der Abkürzungen siehe Tabelle 10.

Tabelle 11: Schäden in den Fokusflächen unter Klima Status quo in Mill. € (2000) (Quelle: Datensatz aus Franzius-Institut für Wasserbau und Künsteningenieurwesen, eigene Berechnungen)

Wert-kategorie	Fokusflächen								Σ
	Wangeroo-ge	Wangerland	WHV	Butjadingen	Brake	Bremen	BHV*	Wursten	
WK	2,7	19,8	524,0	25,6	67,3	7,6	6,0	12,8	666,1
Hausrat	2,5	15,9	386,9	19,3	40,6	5,0	4,0	8,5	482,5
KFZ	0,5	4,6	268,5	7,2	14,4	2,4	1,8	3,1	302,6
LWS NAV	0,0	2,2	9,5	3,1	10,2	0,2	0,1	3,8	29,0
ViehV	0,0	3,0	2,0	4,9	7,1	0,5	0,0	3,3	20,7
BEW NAV	0,0	0,2	80,5	0,0	8,1	0,0	0,00	0,0	88,7
BEW VV	0,0	0,0	2,9	0,0	0,4	0,0	0,00	0,0	3,3
PG NAV	0,2	0,9	36,0	25,5	7,7	220,0	9,8	0,5	300,6
PG VV	0,1	0,4	13,6	8,0	3,3	128,4	6,7	0,3	160,6
H NAV	0,1	0,5	19,4	0,8	0,3	21,2	0,3	0,0	42,7
H VV	0,1	0,7	24,5	1,0	0,6	34,3	0,9	0,1	62,4
GG NAV	0,9	0,9	6,6	0,8	0,5	0,4	0,1	0,3	10,5
GG VV	0,0	0,0	0,1	0,0	0,0	0,0	0,0	0,0	0,1
VN NAV	0,3	0,8	31,7	3,1	3,1	29,2	12,6	0,0	80,8
VN VV	0,0	0,0	0,4	0,0	0,1	0,4	0,3	0,0	1,3
FVU NAV	0,4	1,3	94,7	0,5	0,9	3,1	0,4	0,1	101,3
FVU VV	0,0	0,1	5,2	0,0	0,1	0,3	0,1	0,0	5,8
ÖP NAV	2,2	11,4	287,0	3,9	4,7	0,5	1,6	2,3	313,1
ÖP VV	0,0	0,0	0,4	0,0	0,0	0,0	0,0	0,0	0,5
Σ	10,0	62,7	1794,0	103,8	169,2	453,6	44,5	35,1	2672,9

Erläuterungen der Abkürzungen siehe Tabelle 10.

*** Die Werte für Bremerhaven werden propositional zum Verhältnis zwischen BHV und Bremen in der Tabelle 11 berechnet, denn sie sind noch nicht verfügbar.**

Tabelle 12: Schäden in den regionalen Fokusflächen unter KRIM-Klimaszenario in Mill. € (2000) (Quelle: Datensatz aus Franzius-Institut für Wasserbau und Künsteningenieurwesen, eigene Berechnungen).

Fokusfläche	Schadensergebnis					
	Schadens-potenzial (Mill. €)	Schaden Klima Status quo (Mill. €)	Anteil (%)	Schaden „KRIM Klima-szenario“ (Mill. €)	Anteil (%)	Anstieg Schäden von „Klima Status quo“ zu „Klima-szena-rio“ (%)
Wangerooge	132,722	6,066	4,6	10,005	7,5	+ 65
Wangerland	834,452	48,742	5,8	62,687	7,5	+ 29
WHV	8.127,270	1.634,057	20,1	1.794,049	22,1	+ 10
Butjadingen	539,049	74,709	13,9	103,772	19,3	+ 39
Brake	1.714,982	126,337	7,4	169,177	9,9	+ 34
Bremen	53.084,327	385,106	0,7	453,585	0,9	+ 18
BHV *	11.293,352	37,804	0,3	44,540	0,4	+ 18
Wursten	687,601	25,634	3,7	35,137	5,1	+ 37

***Die Werte für Bremerhaven werden propositional zum Verhältnis zwischen BHV und Bremen in der Tabelle 11 berechnet, denn sie sind noch nicht verfügbar.**

Tabelle 13: Schadenspotenziale und Schäden in den Fokusflächen des KRIM-Untersuchungsgebietes.

Wert-kategorie	Fokusflächen								Σ
	Wangeroo-ge	Wanger-land	WHV	Butjadin-gen	Brake	Bremen	BHV	Wursten	
WK	2,917	84,904	737,866	287,964	334,830	1.610,892	444,309	66,937	3.570,619
Hausrat	2,775	114,972	720,605	292,792	335,455	1.317,230	374,444	75,340	3.233,613
KFZ	0,627	88,016	646,526	249,067	321,543	1.004,962	268,605	68,418	2.647,764
LWS NAV	0,000	9,195	16,785	15,210	32,451	62,666	51,973	13,449	201,729
ViehV	0,000	21,352	5,374	33,245	59,427	6,836	0,332	13,527	140,093
BEW NAV	0,000	0,521	98,561	0,000	85,799	0,000	0,000	0,000	184,881
BEW VV	0,000	0,022	4,097	0,000	3,435	0,000	0,000	0,000	7,554
PG NAV	0,219	2,912	91,775	97,811	43,569	584,334	159,602	6,122	986,344
PG VV	0,079	1,217	40,589	30,534	19,222	385,279	106,151	1,977	585,048
H NAV	0,107	1,537	32,952	7,779	7,096	126,869	44,595	1,614	222,549
H VV	0,150	1,688	35,942	8,738	7,845	186,253	63,407	1,778	305,801
GG NAV	0,981	5,763	10,528	6,261	2,260	40,320	10,854	1,494	78,461
GG VV	0,013	0,073	0,139	0,082	0,018	0,279	0,076	0,016	0,696
VN NAV	0,295	2,316	54,061	19,321	47,288	248,368	196,799	0,202	568,650
VN VV	0,005	0,024	0,627	0,234	0,554	3,228	2,442	0,020	7,134
FVU NAV	0,424	3,632	137,358	25,391	38,118	289,984	66,675	3,283	564,865
FVU VV	0,024	0,207	7,814	1,431	2,141	29,404	6,901	0,184	48,106
ÖP NAV	2,373	28,038	445,973	75,262	116,701	631,081	233,910	11,169	1.544,507
ÖP VV	0,003	0,042	0,630	0,116	0,170	2,174	0,800	0,015	3,950
Σ	10,992	366,431	3.088,202	1.151,238	1.457,922	6.530,159	2.031,875	265,545	14.902,364

Erläuterungen der Abkürzungen siehe Tabelle 10.

Tabelle 14: Schäden in den Fokusflächen bei einem Ereignis der ANATOL-Klasse in Mill. € (2000) (Quelle: Datensatz aus Franzius-Institut für Wasserbau und Künsteningenieurwesen, eigene Berechnungen).

4. Regionalökonometrische Simulation der regionalen Klimafolgen

4.1 Das regionalökonometrische Modell im Überblick

Das hier entwickelte regionalökonometrische Modell umfasst außer den Finanzmärkten alle wesentlichen Aspekte der gesamtwirtschaftlichen Entwicklung in den Ländern Bremen und Niedersachsen. Es soll mit zwei Szenarien (Basisszenario und Kontrastszenario) die Struktur der regionalwirtschaftlichen Entwicklung der Länder Bremen und Niedersachsen prognostizieren sowie zur Abschätzung der ökonomischen Folgen von Überflutungsereignissen und präventiver Küstenschutzmaßnahmen alternative Simulationen durchführen.

Die zwei Teil-Modelle für Bremen und Niedersachsen bestehen jeweils aus einem dynamischen interdependenten System von Gleichungen (siehe Anhang 4 und 5).

Das Gleichungssystem des Bremer Modells enthält 103 Gleichungen. Davon sind 37 Gleichungen geschätzte Verhaltensgleichungen; die übrigen 66 Gleichungen enthalten Identitäten bzw. definitorische Beziehungen und sind damit als Definitionsgleichungen zu bezeichnen (s. Tabelle 15). Durch die Gleichungen werden die Werte von 103Variablen modellendogen bestimmt. Darüber hinaus enthält das Bremer Modell weitere 26 exogene Variablen. Davon beziehen sich 7 auf die regionale und 19 auf die Bundesebene. Außerdem kommen 13 Dummy-Variablen zum Einsatz.

Ökonomischer Bereich	Gleichungstyp		
	Verhaltens-gleichungen	Definitions-gleichungen	Gleichungen insgesamt
Verwendung	12	25	37
Entstehung	3	7	10
Verteilung/Umverteilung	6	15	21
Arbeitsmarkt	4	9	13
Kapitalstock	3	7	10
Steuer	3	3	6
Preise	6	0	6
Summe	37	66	103

Tabelle 15: Die Struktur des ökonometrischen Modells für das Land Bremen (Anzahl der Gleichungen).

Das Gleichungssystem des Modells für Niedersachsen enthält 93 Gleichungen, davon 33 geschätzte Verhaltensgleichungen und 57 Definitionsgleichungen (s. Tabelle 16). Das Modell enthält weitere 22 exogene Variable, von denen sich 7 auf die regionale und 15 auf die Bundesebene beziehen. Außerdem werden 14 Dummy-Variablen eingesetzt.

Ökonomischer Bereich	Gleichungstyp		
	Verhaltens-gleichungen	Definitions-gleichungen	Gleichungen insgesamt
Verwendung	8	17	25
Entstehung	3	7	10
Verteilung/Umverteilung	6	15	21
Arbeitsmarkt	4	9	13
Kapitalstock	3	6	9
Steuer	3	3	6
Preise	6	0	6
Summe	33	57	90

Tabelle 16: Die Struktur des ökonometrischen Modells für das Land Niedersachsen (Anzahl der Gleichungen).

Zur Schätzung der Verhaltensgleichungen wird meistens das OLS-Verfahren[148] angewendet. Die Schätzungen werden auf Autokorrelation der Residuen anhand der Durbin-Watson-Statistik[149] und auf Signifikanz der geschätzten Parameter mit dem t-Test[150] geprüft. Bei den Schätzungen wird auch das korrigierte Bestimmt-

[148] Zur kurzen Erklärung vgl. Pindyck/Rubinfeld (1998), S. 349ff. Trotz vielfacher Fortschritte in der statistischen und ökonometrischen Methodik ist OLS immer noch das am häufigsten verwendete Verfahren zur Schätzung von Koeffizienten in Regressionsgleichungen, welche ökonomische Kausalzusammenhänge definieren. Die Kleinste-Quadrate-Methode ist besonders durch ihre einfache Konzeption und leichte rechentechnische Handhabbarkeit gekennzeichnet. Darüber hinaus lässt sich der Einsatz der gewöhnlichen Kleinste-Quadrate-Methode als Schätzverfahren auch in simultanen Gleichungssystemen theoretisch fundieren.

[149] Für einer kurze Erklärung vgl. Pindyck/Rubinfeld (1998), S. 164ff. Die Durbin-Watson-Statistik liefert einen der bekanntesten Messwerte für die Autokorrelation erster Ordnung. Mit dieser Statistik geht man von der wesentlichen Annahme aus, dass für die zeitlich aufeinander folgenden Störvariablen eine Kovarianz von null existiert. Für den Fall, dass die Residuen frei von Autokorrelation sind, nimmt der d_w-Wert den Wert zwei an. Nähert sich der d_w-Wert den Randbereichen null bzw. vier, liegt eine positive bzw. negative Autokorrelation vor. Auf Autokorrelation wird nur dann geschlossen, wenn die Prüfgroße d_w signifikant von zwei abweicht.

[150] Zur kurzen Erklärung vgl. Pindyck/Rubinfeld (1998), S. 128ff.

heitsmaß[151] als Vergleichsmaß für die Anpassung berücksichtigt. Der mit dem Übergang vom Gebietsstand Westdeutschland zu Deutschland im Schätzzeitraum liegende Strukturbruch wird durch Dummyvariablen[152] erfasst.

Die empirische Anwendung basiert auf Jahresdaten. Die regionale Datenbasis bilden Daten des Statistischen Landesamtes Bremen, des Statistischen Landesamtes Niedersachsen sowie der Arbeitsgemeinschaft Volkswirtschaftliche Gesamtrechnungen der Länder beim Statistischen Landesamt Baden-Württemberg. Daneben wird für den notwendigen gesamt- und weltwirtschaftlichen Dateninput auf Zeitreihen des RWI und der Prognos AG zurückgegriffen. Der Stützzeitraum für die Schätzung der Parameterstruktur der Modelle umfasst die Jahre von 1970 bis 1996.

In der folgenden Abbildung werden wichtige Wirkungszusammenhänge der Modelle vereinfacht dargestellt. Ausgehend von den Interdependenzen zwischen den drei großen Blöcken Entstehung, Verwendung und Verteilung sind die Verbindungen zu den weiteren Blöcken Kapitalstock, Arbeitsmarkt und Demographie dargestellt.

Die Variable im Ursprung eines Pfeiles trägt zur Erklärung der Variablen im Ziel des Pfeiles bei und taucht damit in der entsprechenden Gleichung als erklärende Variable auf. Die Schätzung mit historischen Daten ergibt das Vorzeichen und die Stärke der Wirkung.

---

[151] Das korrigierte Bestimmtheitsmaß unterscheidet sich vom normalen Bestimmtheitsmaß dadurch, dass anstelle der verzerrten Schätzer für die Varianz der Störvariablen und der endogenen Variablen die unverzerrten Schätzfunktionen eingesetzt werden. Vor allem in jenen Fällen, in denen die Anzahl der zu schätzenden Regressionskoeffizienten relativ groß im Verhältnis zum Stichprobenumfang T ist, wird das korrigierte Bestimmtheitsmaß dem Korrelationskoeffizienten vorgezogen, da die Quadratsumme der Residuen hier tendenziell zu klein ausfällt und daher ein zu gutes normales Bestimmtheitsmaß angegeben würde.

[152] Für eine ausführliche Darstellung vgl. Griffiths, W. E.; Hill, R. C.; Judge, G. G (1993), S. 411-430; eine kurze Erklärung findet sich in Pindyck/Rubinfeld (1998), S. 122ff. Zur Bedeutung der Dummy-Variablen vgl. Granger (1999), S. 26ff.

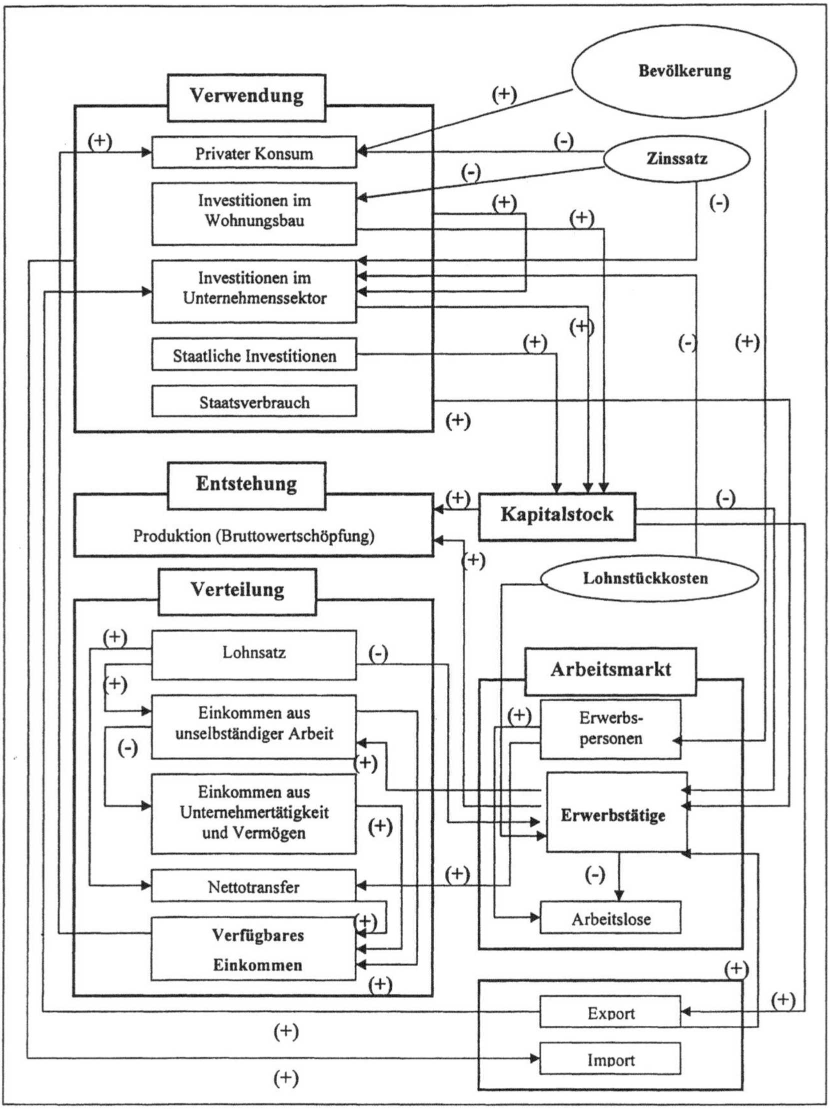

Abbildung 16: Vereinfachte Grundstruktur der regionalökonometrischen Modelle in RECOACT.

4.2 Theoretische und formale Grundstruktur des Modells

Im folgenden werden die Modellzusammenhänge erläutert, wobei wir uns allerdings wegen des großen Modellumfangs auf die theoretischen Strukturen beschränken und auf eine Darstellung der Schätzungsergebnisse der einzelnen Gleichungen verzichten müssen. Die gesamten Modellgleichungen für Bremen und Niedersachsen werden im Anhang dokumentiert.

Die hier nachgewiesenen Größen der Entstehungsrechnung werden nach dem sog. Inlandskonzept ermittelt. Bruttoinlandsprodukt und Bruttowertschöpfung sowie die bei ihrer Erstellung entstandenen Einkommen beziehen sich dabei auf die in Bremen erbrachte gesamtwirtschaftliche Leistung, einschließlich des Beitrags der Erwerbstätigen mit Wohnsitz außerhalb Bremens (aber ohne die Leistung bremischer Erwerbstätiger, die ihren Arbeitsplatz außerhalb Bremens haben). Die gesamtwirtschaftliche Leistung sowie die Einkommenswerte werden auch nach dem sog. Inländerkonzept berechnet. Diese Größen beziehen sich dann auf die wirtschaftliche Tätigkeit der Bremer Erwerbstätigen, unabhängig von der Lage ihres Arbeitsortes. Wegen des hohen Anteils von Erwerbstätigen aus dem niedersächsischen Umland an den Beschäftigten der bremischen Wirtschaft liegen die für Bremen nach dem Inlandskonzept berechneten Größen deutlich über den nach dem Inländerkonzept ermittelten Werten.

4.2.1 Privater Konsum

Der private Konsum enthält gemäß dem Inlandskonzept Aufwendungen für den privaten Verbrauch, d.h. alle Käufe von Waren und Dienstleistungen der privaten Haushalte (inländische und ausländische) für konsumtive Zwecke sowie den Eigenverbrauch der privaten Organisationen ohne Erwerbszweck. Der geschätzte reale private Verbrauch pro Kopf der Bevölkerung lässt sich durch Einflussfaktoren wie Einkommen, Zinssatz und Konsumgewohnheit funktional erklären:

$$C_t = \alpha_1 + \alpha_2 * Y_t + \alpha_3 * Z + \alpha_4 * C_{t-1}$$

C : *Privater Konsum pro Kopf der Bevölkerung*

Y : *Verfügbares Einkommen pro Kopf der Bevölkerung*

Z : *Zinssatz*

C_{t-1}: *Privater Konsum der Vorperiode als Konsumgewohnheit*

Die Konsumfunktion basiert auf der sogenannten "Absoluten Einkommenshypothese".Diese geht davon aus, dass das Niveau des Konsums von der Höhe des absoluten Einkommens der Haushalte in der laufenden Periode abhängt: Steigt das Einkommen, erhöht sich die Konsumnachfrage. Das Einkommen kann in drei Kategorien (Nettoeinkommen aus unselbständiger Arbeit, Nettoeinkommen aus Unternehmertätigkeit und Vermögen sowie Nettoeinkommensübertragungen der öffentlichen Haushalte an Private Haushalte) eingeteilt werden.

Die „habit persistence"-Hypothese [153] berücksichtigt einen psychologischen Einflussfaktor, nämlich den Gewohnheitsfaktor, der bewirkt, dass trotz fallenden Einkommens der Konsum aufgrund eines „ratchet effect[154]" nicht zurückgeht. Es handelt sich dabei um eine gewohnheitsbedingte Abhängigkeit des aktuellen Konsums vom vorangegangenen Konsum. Mit dieser Hypothese kann gezeigt werden, dass die Konsumgewohnheiten kontinuierlich an die jeweilige Einkommensänderung angepasst wird: Der reale Konsum der privaten Haushalte in einer Periode (t) passt sich nicht sofort dem Einkommen dieser Periode an, sondern es erfolgt eine eine allmähliche Annäherung der Nachfrage entsprechend der Einkommensänderung. Um den Anpassungsverzögerungsprozess des Konsums modellhaft darzustellen, wird der Konsum der Vorperiode als unabhängige Variable in die Konsumfunktion eingeführt und so ein am Konsum der zurückliegenden Periode orientiertes Nachfrageverhalten der Wirtschaftssubjekte abgebildet.

Darüber hinaus wird neben dem Einkommen der laufenden Periode und dem vorangegangenen Konsum ein weiterer Einflussfaktor in die geschätzte Konsumfunktion aufgenommen: Zinssatz. Der Einfluss des Zinssatzes auf die Konsumausgaben lässt sich theoretisch aus der Annahme einer intertemporalen Nutzenmaximierung herleiten.

---

[153] Vgl. Brown, T. (1952).

[154] Der „ratchet effect" ist ein in der *Konsumforschung* beobachtetes Phänomen, nach dem bei Einkommenserhöhungen eine proportionale Zunahme der Konsumausgaben eintritt, während bei Einkommensrückgängen eine nur unterproportionale Einschränkung der Konsumausgaben erfolgt. Vgl. Duesenberry, J. S. (1949).

Bundesland	α_1	α_2	α_3	α_4	R^2	DW
Bremen	-1.856 (-2.21)	0.2651 (5.21)	-0.129 (-2.54)	0.8522 (12.45)	0.9916	2.050
Niedersachsen	-0.867 (-1.88)	0.543 (6.29)	-0.071 (-2.08)	0.458 (4.31)	0.9968	1.181

Tabelle 17: Konsumfunktion (die Funktion des realen privaten Verbrauchs pro Kopf der Bevölkerung) der regionalökonometrischen Modelle, Parameterschätzung und Teststatistik[155].

4.2.2 Bruttoanlageinvestitionen

Die Anlageinvestitionen umfassen den Wert der von inländischen Produzenten erworbenen Anlagen, die länger als ein Jahr im Produktionsprozess eingesetzt werden sollen. Sie stellen also die Zuwächse an dauerhaften, reproduzierbaren Produktionsmitteln dar. Neben den Produktionsmitteln aus inländischer Produktion gehören auch die Importe solcher Investitionsgüter zum gesamten Investitionsaufkommen.

Die Anlageinvestitionen sind gesamtwirtschaftlich in zweierlei Hinsicht von größter Bedeutung. Auf der einen Seite wirkt die Erhöhung des Investitionsniveaus positiv auf das Niveau der Endnachfrage, weil die Anlageinvestitionen einen wesentlichen Teil der Endnachfrage darstellen. Sie leisten gleichzeitig einen direkten Beitrag zur Ausweitung des Kapitalstocks und damit auch zur Erhöhung der Produktionsmöglichkeiten. Dadurch wird die Arbeitsnachfrage erhöht. Dieser positive Effekt auf den Arbeitsmarkt wird jedoch dadurch relativiert, dass durch die Erhöhung des Kapitalstocks der technische Fortschritt beschleunigt und das Rationalisierungspotential ausgenutzt wird und damit die Arbeitsproduktivität bzw. Kapitalintensität erhöht werden. Dieser duale Charakter der Anlageinvestitionen wird in den Modellen berücksichtigt.

Die Akzelerationshypothese als ein wichtiger Ansatz zur Erklärung des Investitionsverhaltens von Unternehmen stellt die Produktion in den Mittelpunkt. Nach dieser Hypothese führen gesamtwirtschaftliche Nachfrage- bzw. Produktionsänderungen zu größeren (akzelerierten) Veränderungen der induzierten Nettoinvestitionen: Die Hypothese postuliert eine lineare Relation zwischen den induzierten

155 Klammer-Werte sind Werte vom t-Test, mit dem auf Signifikanz der geschätzten Parameter überprüft wird.

Investitionen und den Veränderungen der Nachfrage bzw. Produktion. In der Gleichung bebeudet DIF die Differenz.

$$NI_t = \alpha_1 + \alpha_2 * DIF(Q_t) + \alpha_3 * DIF(EX^B) + \alpha_4 * DIF(KS) +$$
$$\alpha_5 * DIF(LZ^B{}_{t-5}) + \alpha_6 * DIF(LS_{t-4}) + \alpha_7 * (RPOP)$$

NI : Nettoanlageinvestitionen, Unternehmenssektor ohne Wohnungsvermietung

Q : Endnachfrage

EX^B : Export auf Bundesebene

KS : Kapitalstock

LZ^B : Langfristiger Zinssatz auf Bundesebene

LS : Lohnstückkosten

RPOP: Relation der Bevölkerung auf der Landesebene zur Bevölkerung auf Bundesebene

Bundesland	α_1	α_2	α_3	α_4	α_5	α_6	α_7	R^2	DW
Bremen	5557.99	0.217	4.039	-	-134.24	-6067.8	664014	0.8094	1.967
	(-3.57)	(3.04)	(2.17)		(-2.21)	(-2.30)	(5.23)		
Niedersachsen	1653.96	0.370	36.40	349.33	-959.75	-46579.82	-	0.9078	2.006
	(1.02)	(8.51)	(3.80)	(6.03)	(-3.68)	(-2.62)			

Tabelle 18: Funktion der Nettoanlageinvestitionen der regionalökonometrischen Modelle, Parameterschätzung und Teststatistik.

4.2.3 Kapitalstock

Der Kapitalstock erhöht sich entsprechend der Investitionen abzüglich der Abgänge, die einen Anteil des Vorjahresbestandes ausmachen. Damit kann der Kapitalstock durch den Vorjahresbestand und die Anlageinvestitionen erklärt werden:

$$K_t = (1-d) * K_{t-1} + I_{t-1} / 1000$$

K: Kapitalstock

I : *Bruttoanlageinvestitionen*

d : *Abschreibungssatz*

4.2.4 Bruttowertschöpfung

Die Produktionsfunktion wird durch den Arbeitseinsatz, ausgedrückt durch die Zahl der Erwerbstätigen, den vorhandenen Sachkapitalbestand und die verwendeten Produktionstechnologien bestimmt. Im Modell wird dabei von einer Cobb-Douglas-Produktionsfunktion ($Q = a * L^{\alpha} * K^{\beta}$) mit den Produktionsfaktoren Arbeit (L) und Kapital (K) ausgegangen.

$$Q_t = e^{\alpha_1} * L_t^{\alpha_2} * K_t^{\alpha_3}$$

Q: *Bruttowertschöpfung, Unternehmenssektor ohne Wohnungsvermietung*

L: *Erwerbstätige im Land*

K: *Kapitalstock*

Bundesland	α_1	α_2	α_3	R^2	***DW***
Bremen	-12.160 (-3.11)	1.230 (4.60)	1.331 (4.86)	0.9551	.644
Niedersachsen	-8.478 (-4.88)	0.703 (12.49)	1.33 (5.36)	0.9832	1.546

Tabelle 19: Funktion der Bruttowertschöpfung der regionalökonometrischen Modelle, Parameterschätzung und Teststatistik.

4.2.5 Lohnsatz

Der Bruttolohnsatz ist aufgrund der Existenz von Flächentarifverträgen im wesentlichen durch den Lohnsatz auf der Bundesebene bestimmt. Die Differenz zwischen der Arbeitslosenquote auf der Landesebene und der Arbeitslosenquote auf der Bundesebene hat einen negativen Einfluss auf den Bruttolohnsatz auf der Landesebene (unter der Voraussetzung, dass die Arbeitslosenquote auf Landesebene die auf der Bundesebene übersteigt). Der Bruttolohnsatz ergibt sich als:

$$l_t^R = \alpha_1 + \alpha_2 * l_t^B + \alpha_3 * (ALQ_t^R - ALQ_t^B)$$

l^R : *Bruttolohnsatz auf Landesebene, Unternehmenssektor*

l^B : *Bruttolohnsatz auf Bundesebene*

ALQ^R: *Arbeitslosenquote auf Landesebene*

ALQ^B: *Arbeitslosenquote auf Bundesebene*

Bundesland	α_1	α_2	α_3	R^2	***DW***
Bremen	-5214 (-2.917)	1.184 (23.435)	-0.450 (-2.280)	0.9982	1.988
Niedersachsen	9.933 (4.10)	1.673 (31.15)	-2.113 (-2.59)	0.9965	1.273

Tabelle 20: Funktion des Bruttolohnsatzes der regionalökonometrischen Modelle, Parameterschätzung und Teststatistik

4.2.6 Arbeitsnachfrage

Die Zahl der lohnabhängigen Beschäftigten im Unternehmenssektor wird durch vier Faktoren bestimmt: die Endnachfrage, die Kapitalintensität, die Lohnstückkosten und die durchschnittliche tarifliche Jahresarbeitszeit.

Eine Veränderung der Endnachfrage wirkt sich gleichgerichtet auf die Beschäftigung aus. Die Entwicklung der Arbeitsproduktivität wird mittelbar über den Kehrwert der Relation des Kapitalstocks pro Kopf der Erwerbstätigen berücksichtigt, der eine Proxy für die Kapitalintensität bildet. Ein Anstieg der Kapitalintensität übt einen negativen Einfluss auf die Beschäftigungsentwicklung aus, weil der technische Fortschritt und das Rationalisierungspotential durch die Erhöhung des Kapitalstock beschleunigt werden können. Ein Anstieg der Lohnstückkosten beeinflusst die Beschäftigungsentwicklung zeitverzögert und negativ. Die Verkürzung der tariflichen durchschnittlichen Jahresarbeitszeit wirkt sich hingegen positiv auf die Beschäftigung aus.

$$ANU_t = \alpha_1 + \alpha_2 * Q_t + \alpha_3 * (1/KI_t) * LN(KU_t) + \alpha_4 * DIF(AZ^B) +$$
$$\alpha_5 * AZ^B + \alpha_6 * LS_{t-1} + \alpha_7 * ANU_{t-1}$$

ANU : *Lohnabhängige im Unternehmenssektor*

Q : *Endnachfrage oder Bruttowertschöpfung*

KI : *Kapitalintensität*

KU : *Kapitalstock, Unternehmenssektor*

AZ : *Durchschnittliche Jahresarbeitzeit auf Bundesebene*

LS : *Lohnstückkosten*

ANU_{t-1} : *Lohnabhängige der Vorperiode im Unternehmenssektor*

Bundesland	α_1	α_2	α_3	α_4	α_5	α_6	α_7	R^2	DW
Bremen	356.78 (2.47)	0.0341 (4.62)	7.60 (3.89)	-0.314 (-3.12) DIF(AZ_{t-1})	-0.1628 (-2.36) AZ_{t-2}	-95.359 (-3.22)	0.32 (4.05)	0.965	1.904
Niedersachsen	101.52 (0.32)	0.0047 (7.31)	23.19 (1.89)	-0.297 (-1.09) DIF(AZ_{t-2})	-	-311.549 (-2.19)	0.31 (2.77)	0.953	1.045

Tabelle 21: Funktion der Arbeitsnachfrage der regionalökonometrischen Modelle, Parameterschätzung und Teststatistik

4.2.7 Arbeitsangebot

Die Entwicklung des Arbeitsangebots auf Landesebene wird mit Hilfe der Entwicklung der Bevölkerung auf der Landesebene (Erwerbspersonenpotential), der Zahl der Erwerbspersonen auf Bundesebene und des Erwerbspersonenpotentials auf der Bundesebene ermittelt. Dadurch kann das Arbeitsangebot auf Landesebene eng mit der Entwicklung auf der Bundesebene verknüpft werden.

$$EP_t^R = EPP^R * EPEPP^R$$

$$= EPP^R * (\alpha_1 + \alpha_2 * (EP^B / EPP^B) + \alpha_3 * EPP^R{}_{t-1})$$

EP^R : *Erwerbspersonen auf Landesebene*

EPP^R : *Erwerbspotential auf Landesebene*

$EPEPP^R$: *Relation Erwerbspersonen zu Erwerbspotential auf Landesebene*

EP^B : *Erwerbspersonen auf Bundesebene*

EPP^B : *Erwerbspotential auf Bundesebene*

Bundesland	α_1	α_2	α_3	R^2	DW
Bremen	-0.090 (-1.50)	0.410 (2.91)	0.681 (5.70)	0.9397	1.625
Niedersachsen	0.109 (2.58)	0.202 (3.42)	0.682 (7.95)	0.9559	1.630

Tabelle 22: Funktion des Arbeitsangebots der regionalökonometrischen Modelle, Parameterschätzung und Teststatistik.

4.3 Modellevaluation: Ex-Post-Prognose

4.3.1 Prognose der gemeinsamen abhängigen Variablen

Das ökonometrische Modell besteht aus einem komplexen System interdependenter Gleichungen, bei dem die endogenen Variablen einer Gleichung als Einflussfaktoren in anderen Gleichungen auftreten können. In einem solchen ökonomischen Mehrgleichungsmodell reichen die Begriffe „endogene" und „exogene" Variable nicht mehr zur Kennzeichnung der Variablentypen aus, weshalb alle außerhalb des Modellzusammenhangs bestimmten Variablen, sowie alle zum Bezugszeitpunkt t in ihrer Realisierung bekannten Variablen zu den sog. „vorherbestimmten" Variablen zusammengefasst werden, während die unverzögert endogenen Variablen als „gemeinsam abhängige" Variable bezeichnet werden.

In der Software „Modler" wird das ökonometrische Mehrgleichungssystem bei gegebenen Werten der vorherbestimmten Variablen über ein Iterationsverfahren nach den gemeinsam abhängigen Variablen aufgelöst.

Im hypothetischen Fall eines Eingleichungsmodells würde folgendes Verfahren zur Lösung der Regressionsgleichung angewandt: Die unbekannten wahren Regressionskoeffizienten werden durch die geschätzten Parameter ersetzt und die hypothetischen Werte der erklärenden Variablen werden eingesetzt, so dass man für den Fall des Eingleichungsmodells unmittelbar eine Prognose für den zugehörigen Wert der endogenen Variable erhält.

Wenn das ökonometrische Modell aber aus einem Gleichungssystem besteht, wird auch die Lösung sehr viel aufwendiger als im Einzelgleichungsfall. Um eine numerische Lösung für ein solches (lineares) Gleichungssystem zu finden, verwendet "Modler" folgendes Verfahren: Zur numerischen Lösung linearer Gleichungssysteme lassen sich direkte (exakte) und iterative Verfahren unterscheiden. "Modler" setzt ein direktes Lösungsverfahren ein, das als Gaußscher-Eliminations-Algorithmus bekannt ist. Diese mathematische Vorgehensweise erzeugt durch fortgesetzte Elimination von Unbekannten aus den nachfolgenden Gleichungen in n-1 Schritt ein äquivalentes, in gestaffelter Form geschriebenes Gleichungssystem. Besitzt das System ebenso viele Gleichungen wie Unbekannte, so existiert eine Lösung, welche sich beginnend mit x_n aus der Staffelform eindeutig ermitteln lässt.

4.3.2 Ex-Post-Prognose

Die Ex-Post-Prognose mit dem Modell wurde für den Zeitraum 1976 bis 1996 durchgeführt. Als Startwerte für die iterative Lösung des Modells in jedem Zeitpunkt wurden die Vorperiodenwerte verwendet. Die Wahl einer geeigneten ersten Nährungslösung spielt für die numerische Effizienz des Gauß-Seidel-Algorithmus eine große Rolle. Aus diesem Grunde kann der Modler-Lösungsroutine ein Multiplikatorwert zugewiesen werden. Die Startwerte werden dann als Linearkombination aus den Vorperioden und den aktuellen Variablenwerten unter Verwendung des Multiplikators ermittelt. Der Multiplikator muss den Wert Null annehmen, damit die Software Modler die Vorperiodenwerte der endogenen Variablen als Startwerte für das Iterationsverfahren nutzt.

In der Standardeinstellung führt die Lösungsroutine der Software Modler maximal 500 Iterationsschritte durch; dieser Wert wurde für alle Ex-Post-Prognosen und Simulationsrechnungen beibehalten. Als Konvergenzkriterium wird ein Wert von 0.5 vorgegeben; dies bedeutet, dass das Gleichungssystem als gelöst betrachtet und der Iterationsvorgang abgebrochen wird, falls die prozentuale Abweichung der Lösung für alle endogenen Variablen von einer Iteration zur nächsten kleiner als 0.5 ist.

Bei der Durchführung der Ex-Post-Simulation wird überprüft, inwieweit die geschätzte Parameterstruktur des Modells geeignet ist, die Entwicklung im Stützzeitraum befriedigend abzubilden. Dies ist ein wichtiger Evaluationsschritt für ein Modell, welches vor allem für prognostische Zwecke eingesetzt werden soll.

Ausgehend von den Residuen der multiplen Regression, also den Schätzwerten für die nicht beobachtbaren Störvariablen, werden im folgenden zusätzliche Bewertungsgrößen vorgestellt, mit deren Hilfe die Modellanpassung bei einer dynamischen Ex-Post-Prognose ermittelt werden kann. Die Fehlermaße RMSPE

(„root mean squared percentage error") und AAPE („average absolute percentage error") werden zur Analyse von Ergebnissen dynamischer Ex-Post-Simulationen herangezogen, um das Reaktionsmuster des Modells zu testen. In der Praxis wird ein RMSPE von bis zu 5 % als „sehr gut" und von 10 bis 20 % immer noch als ausreichend betrachtet.

Als weitere Evaluationskriterien werden die Theil'schen Ungleichheitsproportionen U1 („Bias"), U2 („Variance") und U3 („Covariance") zur Informationen über die Struktur des Prognosefehlers herangezogen. U1 = 0, U2 = 0 und U3 = 1 sind hierbei die optimalen Werte dieser Prüfgrößen. In der Praxis ist aber mit Werten von 0.6 bis 1 für U3 eine gute Leistungsfähigkeit der betrachteten Modellvariablen gegeben.

Im Anhang 6 werden die Ergebnisse der dynamischen Ex-Post-Simulationen dokumentiert, die zur Modellevaluation mit Hilfe der regionalökonometrischen Modelle durchgeführt werden.

In den folgenden Abbildungen sind Verläufe der Ex-Post-Simulationen in den Jahren 1977-1995 und die Werte der Evaluationskriterien bezüglich der Erwerbstätigen im Inland und des Bruttoinlandsproduktes (BIP) in Bremen und Niedersachsen dargestellt. Danach kann man davon ausgehen, dass der Verlauf der simulierten Daten die tatsächlichen Beobachtungen zufrieden stellend abbildet.

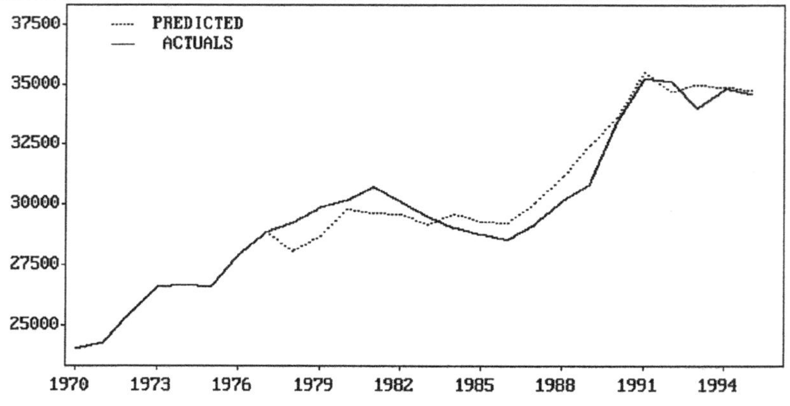

ROOT MEAN SQUARE ERROR...	662.4142	THEIL INEQUALITY PROPORTIONS:	
ROOT MEAN SQUARE % ERROR.	2.18	BIAS.......(U1)...	0.0125
AVERAGE ABSOLUTE ERROR...	464.5503	VARIANCE...(U2)...	0.0305
AVERAGE ABSOLUTE % ERROR.	1.52	COVARIANCE.(U3)...	0.9571

Abbildung 17: Prüfstatistik für BIP, real, Bremen.

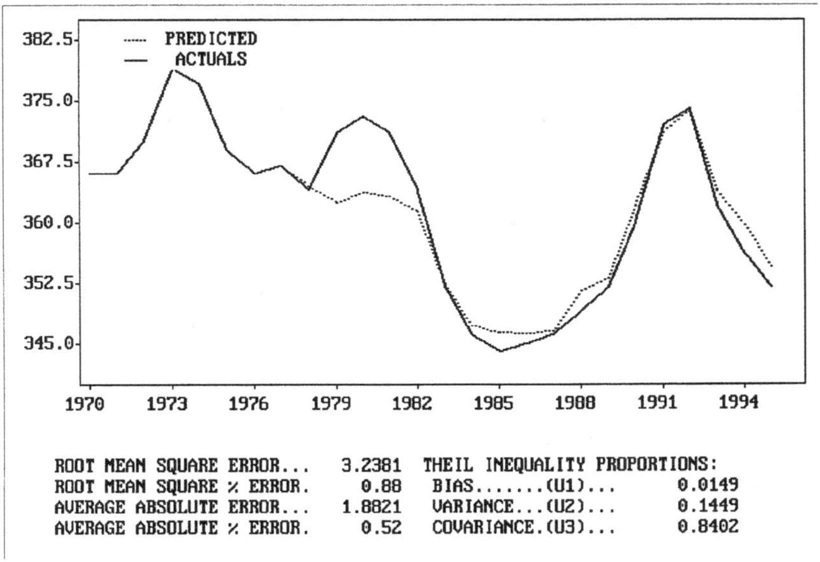

Abbildung 18: Prüfstatistik für Erwerbstätige, Bremen.

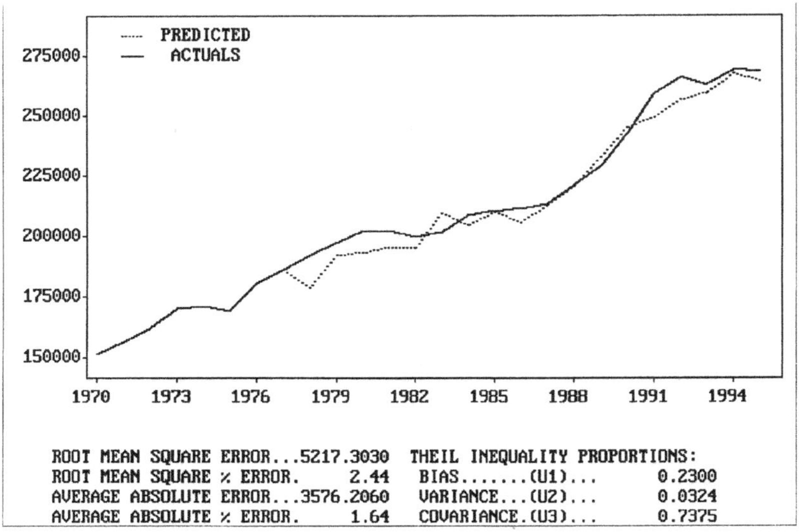

Abbildung 19: Prüfstatistik für BIP, real, Niedersachsen.

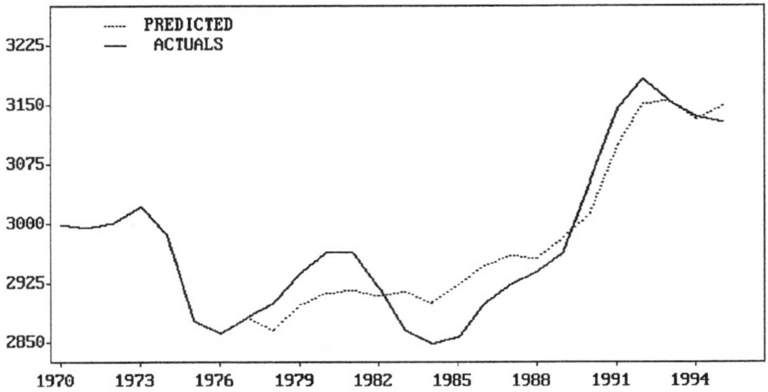


```
ROOT MEAN SQUARE ERROR...   32.2239  THEIL INEQUALITY PROPORTIONS:
ROOT MEAN SQUARE % ERROR.     1.10    BIAS.......(U1)...        0.0000
AVERAGE ABSOLUTE ERROR...   23.6205   VARIANCE...(U2)...        0.0777
AVERAGE ABSOLUTE % ERROR.     0.80    COVARIANCE.(U3)...        0.9223
```

Abbildung 20: Prüfstatistik für Erwerbstätige, Niedersachsen.

4.4 Längstfrist-Prognose der ökonomischen Entwicklung für Bremen und Niedersachsen

4.4.1 Basis- und Kontrastszenarien

Die oben beschriebene Lösung der Gleichungssysteme liefert auf der Basis von Entwicklungspfaden exogener Variablen entsprechende Referenzprognosen, die die Entwicklung der regionalen Wirtschaft ohne Klimaimpulse beschreiben. Die Referenzprognosen ergeben sich aus den Simmulationen der Szenarien, die generell aus einem vollständigen und konsistenten Bündel an Annahmen hinsichtlich der Entwicklung aller exogenen Modellvariablen im Prognosezeitraum bestehen. Zur Quantifizierung möglicher Entwicklungen dieser Variablen wurde ein Auftrag an die Prognos AG (Basel) vergeben, entsprechende Entwicklungspfade zu formulieren. Prognos hat daraufhin zwei Entwicklungspfade vorgelegt:

- Entwicklungspfad 1 beruht auf den Ergebnissen des *Deutschland Reports Nr. 2*[156] und bildet die Grundlage für das RECOACT-Basisszenario.
- Entwicklungspfad 2 lehnt sich an die „untere Variante" des Prognos-Rentengutachtens von 1998[157] an und wird zur Modellierung des RECOACT-Kontrastszenarios eingesetzt.

---

[156] vgl. Prognos, 1998.

Die Entwicklungspfade wurden von *Prognos* mit Hilfe eines demographischen und eines makroökonomischen Modells generiert.[158] Das demographische Modell basiert auf Annahmen zur Entwicklung der alters- und geschlechtsspezifischen Geburten- und Sterbeziffern und zu den Zuwanderungen und Abwanderungen. Hieraus werden jährlichen Veränderungen der Gesamtbevölkerung abgeleitet, die dann für die Einschätzung der Entwicklung des Erwerbspersonenpotentials verwendet werden. Das makroökonometrische Modell generiert mit zwei Sets alternativer gesetzlicher Rahmenbedingungen makroökonomische Variablen auf der Bundesebene. Diese bilden zusammen mit den alternativen gesetzlichen Rahmenbedingungen und den durch das demographische Modell abgeleiteten Variablen die Entwicklungspfade, auf denen die zwei Regionalszenarien für Bremen und Niedersachsen beruhen.

Tabelle 23 zeigt die Liste der exogenen Variablen der Modelle sowie Angaben darüber, in welchem Umfang die Werte der Prognos-Entwicklungspfade übernommen wurden. So konnten z.B. teilweise nur die Veränderungsraten übernommen werden, da die Variablen in ihrer Definition nicht exakt übereinstimmten. Andererseits mussten auch eigene Setzungen durchgeführt werden, insbesondere für Variablen auf der regionalen Ebene von Bremen und Niedersachsen. Im Anhang werden die Verläufe der exogenen Variablen im *Basisszenario* und im *Kontrastszenario* bis 2040 dokumentiert.

4.4.2 Die Entwicklung der regionalen Wirtschaft in den Referenzszenarien

Unter der Annahme der zuvor geschilderten Rahmenbedingungen werden von den Modellen alternative ökonomische Entwicklungen in Bremen und Niedersachsen bis zum Jahr 2040 berechnet. Für die Szenariorechnungen beginnt der Ex-ante-Zeitraum für die Modelle im Jahr 1996. In den folgenden Abbildungen sind die Entwicklungen des Bruttoinlandsprodukts und der Beschäftigung in Bremen und Niedersachsen bis zum Jahr 2040 im Basis- und Kontrast-Szenario dargestellt.

In Bremen wächst das reale Bruttoinlandsprodukt im Basis-Szenario zwischen 2000 und 2040 um 45,7 % von 16,795 Mrd. Euro auf 24,478 Mrd. Euro, während es im Kontrast-Szenario im gleichen Zeitraum um 18,3 % von 16,682 Mrd. Euro auf 19,738 Mrd. Euro ansteigt. Die Wachstumsentwicklung gewinnt bis zum Jahr 2007 an Dynamik, danach nimmt der Trend leicht ab und geht in einen moderateren Wachstumspfad bis zum Jahr 2015 im Basisszenario und bis zum Jahr 2017

[157] vgl. Eckerle, 1998.
[158] vgl. Prognos, 2000, S.2.

im Kontrastszenario über. Im Anschluß erhöht sich das Wachstum bis zum Jahr 2040 besonders im Basisszenario wieder kräftig.

Die Zahl der Erwerbstätigen erlebt bis zum Jahr 2007 einen schwachen Anstieg. Danach nimmt sie bis zum Ende des Prognosezeitraums kontinuierlich ab. Diese Entwicklung lässt sich aus der demographischen Entwicklung, der Wachstumsentwicklung und der Entwicklung des Lohnsatzes erklären.

In Niedersachsen wächst das reale Bruttoinlandsprodukt im Basis-Szenario zwischen 2000 und 2040 um 43,4 % von 142,591 Mrd. Euro auf 204,447 Mrd. Euro, während es im Kontrast-Szenario im gleichen Zeitraum um 37,9 % von 142,238 Mrd. Euro auf 196,203 Mrd. Euro ansteigt.

Die Entwicklung der Zahl der Erwerbstätigen stabilisiert sich im Basis-Szenario bis zum Jahr 2026 und ist danach leicht aufwärtstrendig bis zum Ende des Prognosezeitraums. Die Zahl der Erwerbstätigen wächst zwischen 2000 und 2040 insgesamt um 3,1 % von 3,055 Mill. Personen auf 3,150 Mill. Personen. Im Kontrast-Szenario steigt sie zunächst leicht an und nimmt dann bis zum Jahr 2026 ab. Sie erreicht zum Ende des Prognosezeitraums wieder das Anfangsniveau von 2000.

Exogene Variablen	Entsprechende Prognos-Daten	Prognosehorizont für Prognos-Daten	Bedarf bzw. eigene Berechnungen
Einwohner (Bremen)	Bevölkerung (Bremen)	in Fünf-Jahres-Schritten bis 2040	Von PROGNOS zur Verfügung gestellten Datei
Private Haushalte (Bremen)	Private Haushallte (Bremen)	in Fünf-Jahres-Schritten bis 2040	Von PROGNOS zur Verfügung gestellten Datei
Staatliche Investitionen (Bremen)	Nicht vorhanden		Eigene Schätzung in 1997 - 2040
Subventionen (Bremen)	Nicht vorhanden		Eigene Schätzung in 1997 - 2040
Lohnabhängige (Staat) (Bremen) HB.ANST; HB.ANSTQ=HB.ANST/HB.POP	Nicht vorhanden	in Fünf-Jahres-Schritten bis 2040	Eigene Berechnung Übernahme der Lohnabhängigenquote (Staat) aus den Alten Bundesländern, mit angepasster absoluter Zahl HB.ANST=HIS*HB.ANST+SM*(HB.ANSTQ*HB.POP)
Einwohner (Niedersachsen)	Nicht vorhanden		Statistisches Landesamt Niedersachsen bis 2016, Eigene Schätzung in 2017-2040
Private Haushalte (Niedersachsen)	Nicht vorhanden	in Fünf-Jahres-Schritten bis 2040	Eigene Berechnung Übernahme der Haushaltsquote in Bremen NS.PHHZ=(HB.PHHZ/HB.POP)*NS.POP
Staatliche Investitionen (Niedersachsen)	Nicht vorhanden	in Fünf-Jahres-Schritten bis 2040	Eigen Schätzung in 1997 - 2040
Subventionen (Niedersachsen)	Nicht vorhanden		Eigen Schätzung in 1997 - 2040
Lohnabhängige (Staat) (Niedersachsen) NS.ANST;	Nicht vorhanden	in Fünf-Jahres-Schritten bis 2040	Eigene Berechnung Übernahme der Lohnabhängigenquote (Staat) aus den Alten Bundesländern, mit angepasster absoluter Zahl

NS.ANSTQ=NS.ANST/NS.POP			NS.ANST=HIS*NS.ANST+SM*(NS.ANSTQ*NS.POP)
Einwohner (Alte Bundesländer)	Wohnbevölkerung (Alte Bundesländer)	in Fünf-Jahres-Schritten bis 2040	Von PROGNOS zur Verfügung gestellten Datei
Erwerbspersonenpotentialquote (Alte Bundesländer)	Erwerbspersonen-potential Bevölkerung (Alte Bundesländer)	in Fünf-Jahres-Schritten bis 2040	Eigene Berechnung GER.EPPPOP = GER.EPP/GER.POP
Erwerbspersonen (Alte Bundesländer)	Erwerbspersonen (Alte Bundesländer)	in Fünf-Jahres-Schritten bis 2040	Von PROGNOS zur Verfügung gestellten Datei
Lagerinvestitionen, reale (Alte Bundesländer)	Lagerbestands-veränderungen (Alte Bundesländer)	in Fünf-Jahres-Schritten bis 2040	Von PROGNOS zur Verfügung gestellten Datei
Ausfuhr (Alte Bundesländer)	Ausfuhr (Alte Bundesländer)	in Fünf-Jahres-Schritten bis 2040	Von PROGNOS zur Verfügung gestellten Datei
Arbeitslosenquote (Alte Bundesländer) =AL/(Erwerbstätige+AL)	Gemeldete Arbeits-lose, Erwerbstätige, Inländer (Alte Bundesländer)	in Fünf-Jahres-Schritten bis 2040	Eigene Berechnung
Lohnsteuerquote (Alte Bundes-länder)	Lohnsteuerquote (Alte Bundesländer)	in Fünf-Jahres-Schritten bis 2040	Lohnsteuerquote * 100
Bruttolohn-/-gehaltsumme je Arbeitnehmer Inländer	Bruttolohn-/-gehaltsumme je Arbeitnehmer Inländer	in Fünf-Jahres-Schritten bis 2040	Von PROGNOS zur Verfügung gestellten Datei
Summe der Sozialversicherungs-sätze (Alte Bundesländer)	Summe der Sozialversicherungs-sätze (Alte Bundesländer)	in Fünf-Jahres-Schritten bis 2040	Sozialversicherungssätze *100
Mehrwertsteuersatz (Regelsatz)	Mehrwertsteuersatz (Regelsatz)	in Fünf-Jahres-Schritten bis 2040	Von PROGNOS zur Verfügung gestellten Datei
Langfristiger Nominalzins	Langfristiger Realzins	in Fünf-Jahres-Schritten bis 2040	Von PROGNOS zur Verfügung gestellten Datei
Kurzfristiger Nominalzins	Kurzfristiger Nominalzins	in Fünf-Jahres-Schritten bis 2040	Von PROGNOS zur Verfügung gestellten Datei
Preisindex	Preisindex	in Fünf-Jahres-	Preisindex

Bruttoanlageinvestition, Staat (Alte Bundesländer) (1991=100)	Bruttoanlageinvestition, Staat (Alte Bundesländer) (1991=1)	Schritten bis 2040	Bruttoanlageinvestition, Staat *100
Preisindex BIP (Alte Bundesländer) (1991=100)	Preisindex BIP (Alte Bundesländer) (1991=1)	in Fünf-Jahres-Schritten bis 2040	Preisindex BIP*100
Preisindex Bruttoanlageinvestitionen (Alte Bundesländer) (1991=100)	Preisindex Bruttoanlageinvestitionen (Alte Bundesländer) (1991=1)	in Fünf-Jahres-Schritten bis 2040	Preisindex Bruttoanlageinvestitionen * 100
Preisindex Privater Verbrauch (Alte Bundesländer) (1991=100)	Preisindex Privater Verbrauch (Alte Bundesländer) (1991=1)	in Fünf-Jahres-Schritten bis 2040	Preisindex Privater Verbrauch*100
Preisindex Export (Alte Bundesländer) (1991=100)	Preisindex Export (Alte Bundesländer) (1991=1)	in Fünf-Jahres-Schritten bis 2040	Preisindex Export *100
Preisindex Import (Alte Bundesländer) (1991=100)	Preisindex Import (Alte Bundesländer) (1991=1)	in Fünf-Jahres-Schritten bis 2040	Preisindex Import *100
mittlere Arbeitszeit je Arbeitnehmer	mittlere Arbeitszeit je Arbeitnehmer	in Fünf-Jahres-Schritten bis 2040	Von PROGNOS zur Verfügung gestellten Datei
Oelpreisindex reale $/barrel	Oelpreisindex reale $/barrel	in Fünf-Jahres-Schritten bis 2040	Von PROGNOS zur Verfügung gestellten Datei

Tabelle 23: Gegenüberstellung der exogenen Variablen des Modells und der von PROGNOS zur Verfügung gestellten Daten.

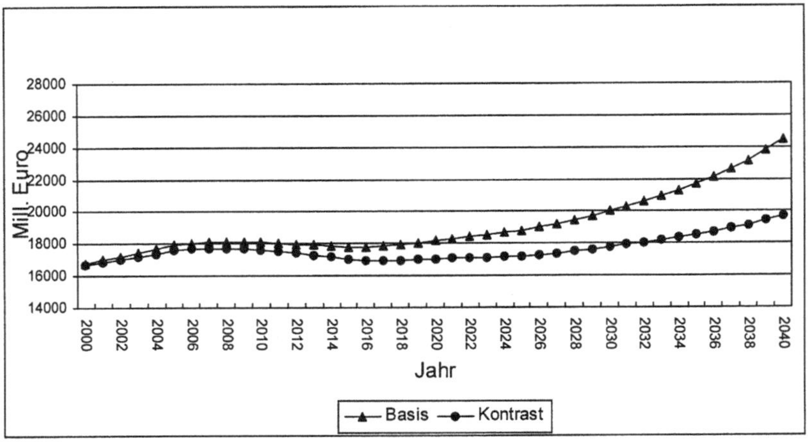

Abbildung 21: Reales Bruttoinlandsprodukt, Bremen, Mill. €

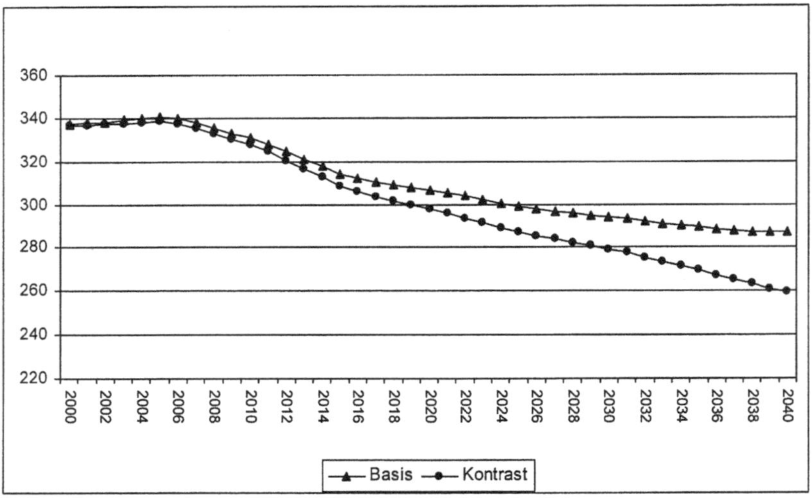

Abbildung 22: Erwerbstätige im Land Bremen, 1000 Personen.

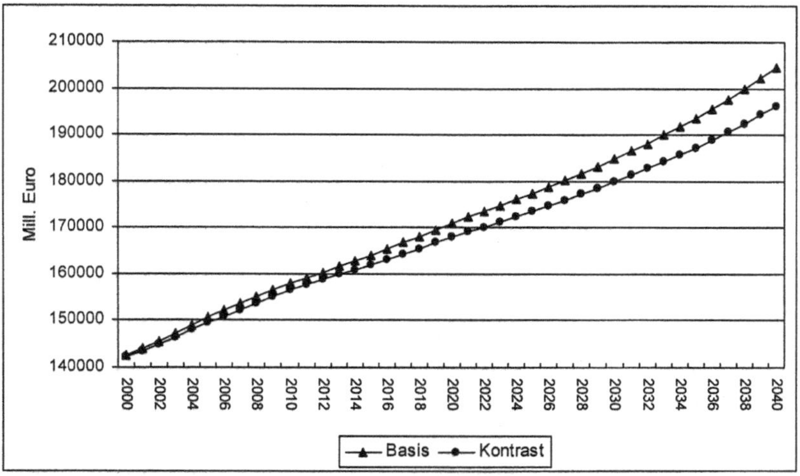

Abbildung 23: Reales Bruttoinlandsprodukt, Niedersachsen, Mill. €.

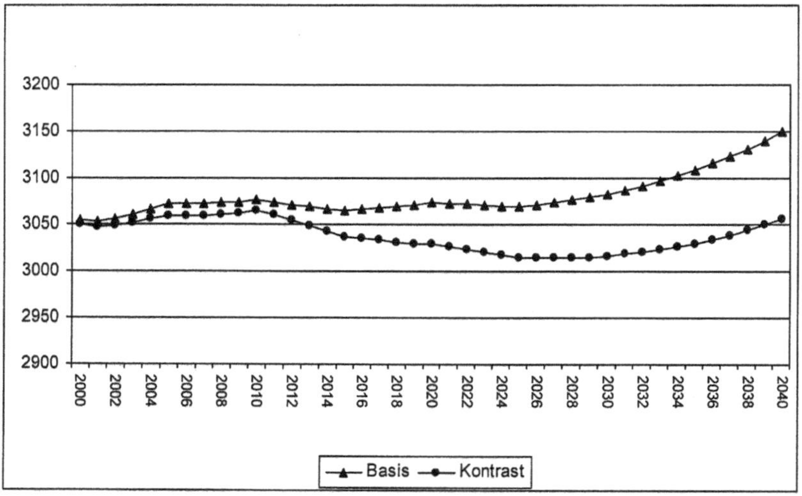

Abbildung 24: Erwerbstätige im Land Niedersachsen, 1000 Personen.

4.5 Simulationen der Klimafolgen und präventiver Küstenschutz-Maßnahmen

4.5.1 Zur Methode

Um die Referenz- oder Alternativsimulation zu generieren, müssen die Werte aller exogenen Variablen im Simulationszeitraum spezifiziert werden. Das Modell wird dann durch das Programm „Modler" gelöst, um die Werte der endogenen Variablen im Simulationszeitraum zu finden, die sowohl mit den Relationen und den Parametern im Modell als auch mit den Werten der exogenen Variablen konsistent sind.

Mit dem Modell wird nun zunächst eine Referenzsimulation berechnet. Diese Referenzsimulation beruht auf einem Referenzszenario (bei dem es sich entweder um das oben beschriebene Basis- oder Kontrastszenario handelt), das aus einem Bündel an Annahmen für die Werte der exogenen Modellvariablen im Simulationszeitraum besteht. Die Ergebnisse der Referenzsimulation dienen als Vergleichsmaßstab für die Ergebnisse einer oder mehrerer Alternativsimulationen. Diese Alternativsimulationen werden mit demselben Modell generiert, wobei das Referenzszenario jeweils durch die Annahme von Klimaimpulsen bzw. von Küstenschutzmaßnahmen in ein Alternativszenario umgewandelt wird. Alle übrigen Annahmen des Referenzszenarios bleiben unverändert. Durch den Abzug der Werte der Alternativsimulation von denen der Referenzsimulation identifizieren wir die Folgen der Klimaimpulse bzw. spezifischen Küstenschutzmaßnahmen. Die Abbildung zeigt eine Übersicht über die Methode der Simulationen.

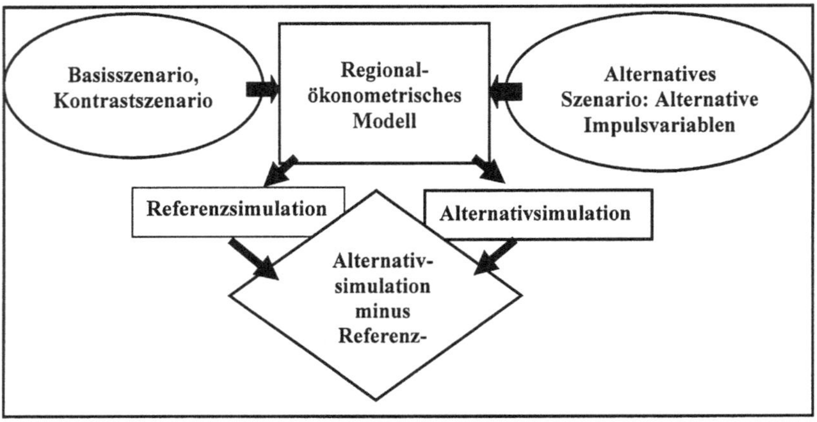

Abbildung 25: Übersicht über die Simulationsmethode.

4.5.2 Simulation 1: Klimawandelbedingtes Küstenschutzversagen mit Überflutungen in den Fokusflächen

Innerhalb des Projektverbundes KRIM wurden die Potenziale an Vermögensschäden in den Fokusflächen durch das Teilprojekt „Klimaänderung und Küstenschutz“ ermittelt (s. Tabelle 10). Unter Anwendung der *Schadensfunktionen* werden auf Grundlage dieser *Schadenspotenziale* und unter Einsatz von *Überflutungssimulationen* die *Vermögensschäden* berechnet (s. Tabelle 11, Tabelle 12, sowie Tabelle 14).

Die *Vermögensschäden* werden zunächst unter Klima Status quo und KRIM-Klimaszenario erfaßt. In Ergänzung zur Klima-Status-quo- und KRIM-Klimaszenario-Betrachtung werden zudem noch die Schäden in den Fokusflächen kalkuliert, die bei einem *Ereignis der ANATOL-Klasse* eintreten könnten.

- Schaden bei Deichversagen unter Klima Status quo
- Schaden bei Deichversagen unter KRIM-Klimaszenario
- Schäden bei Deichversagen unter der ANATOL-Klasse.

Die Schadenswerte unter diesen drei Klimaszenarien bilden die Impulsgrößen für die regionalökonometrischen Modelle. Um die Schadenswerte in eine Kategorie „Kapitalstockverlust“ als Modellimpulse zu einem späteren Zeitpunkt umzurechnen, müssen einige Annahmen getroffen bzw. Umrechnungsschritte vorgenommen werden:

1. Von den Vermögenskategorien werden die Kategorie *Wohnkapital*, *Viehvermögen* und *Nettoanlagevermögen* in den Bereichen „Landwirtschaft“, „Bergbau, Energie- und Wasserversorgung“, „Produzierendes Gewerbe“, „Handel“,“ Verkehr und Nachrichtenübermittlung“ und „Finanzierung, Vermietung, Unternehmensdienstleistungen“ in die *Kategorie Nettoanlagenvermögen* in den Bereichen „Privater Unternehmens-sektor“ und „Staat“ zusammengefasst.

2. Für die regionalökonometrische Modellierung ist es notwendig, einen konkreten Eintrittszeitpunkt für das impulsliefernde Ereignis festzulegen. Ein Deichversagen wird unter den drei Klimaszenarien jeweils im Jahr 2015 eintreten. Dies kann mit Hilfe der regionalökonometrischen Modelle simuliert werden. Dafür wird der Kapitalstockverlust im Jahr 2015 als Impuls aus dem zusammengefassten „Nettoanlagevermögensschäden“ abgeleitet, die für das Jahr 2000 nominal ermittelt wurden. Weil die Schadensfunktionen, durch die die Vermögensschäden berechnet werden,

einen Zusammenhang zwischen Überflutungshöhe und Schadensanteil am Schadenspotenzial beschreiben, kann der Kapitalstockverlust im Jahr 2000 durch die Ermittlung des Schadensanteils des Nettoanlagevermögens am gesamten Nettoanlagevermögen im Jahr 2000 berechnet werden. Um den Kapitalstockverlust im Jahr 2000 auf das Jahr 2015 umzuberechnen, wird er mit der Preisentwicklung multipliziert:[159]

$$KSRS_{2015} = [(NAVS_{2000} / NAV_{2000}) * KSR_{2000}] * (PBAI_{2015} / PBAI_{2000})]$$ [160]

KSRS:	*Kapitalstockverlust*
KSR:	*Kapitalstock*
NAVS:	*Nettoanlagevermögensschäden*
NAV:	*Nettoanlagevermögen*
PBAI:	*Deflator der Bruttoanlageinvestitionen, 1991=100.*

Simulationsergebnisse des Deichversagens in drei Klimaszenarien

Für den Klimaimpuls „Kapitalstockverlust durch das Deichversagen" wird der Kapitalstock für das Jahr 2015 exogenisiert und in den Folgejahren wieder endogenisiert. Der Kapitalstock bleibt in den Jahren nach dem Schock auf einem entsprechend niedrigen Niveau, da sich sein Wachstum stark vom Vorjahreswert ableitet. Unter der Voraussetzung, dass der Kapitalstockverlust im Jahr 2015 eintrifft, werden die Folgewirkungen für weitere ökonomische Größen wie das Bruttoinlandsprodukt und die Beschäftigung simuliert und berechnet. In den Folgejahren entspricht das Entwicklungsniveau des Bruttoinlandsprodukts und der Beschäftigung dem niedrigen Niveau des Kapitalstocks.

Für die Fokusflächen werden die Werte der Impulse in dem Jahr ihres Eintreffens (2015) und deren Folgen für das reale Bruttoinlandsprodukt (im jährlichen Durchschnitt) sowie für die Beschäftigung (im jährlichen Durchschnitt) unter den drei Klimaszenarien detailliert dargestellt (siehe Anhang 2).

Die folgenden Tabelle gibt einen Überblick über die gesamten Ergebnisse der Überflutungsfolgen für das reale Bruttoinlandsprodukt (im jährlichen Durch-

---

[159] Der Kapitalsock im Jahr 2015 und der Preisindex der Bruttoanlageinvestitionen werden natürlich unter den Referenz-Szenarien „Basisszenario" und „Kontrastszenario" modellendogen ermittelt.

[160] Auch der Kapitalstockverlust kann im Jahr 2015 in folgender Weise anteilmäßig sinnvoll ermittelt werden: $KSRS_{2015} = [(NAVS_{2000} / NAV_{2000}) * KSR_{2015}]$.

schnitt) sowie für die Beschäftigung (im jährlichen Durchschnitt) für die Fokusflächen unter den drei Klimaszenarien [161].

Fokus-flächen	Szenarien	Schaden					
		Klima „Status quo“		KRIM „Klima-szenario“		ANATOL Klasse	
		BIP, real, Mill. €	ET	BIP, real, Mill. €	ET	BIP, real, Mill. €	ET
Wangerooge	Basis	2,150	9	3,144	13	3,516	15
	Kontrast	1,941	7	3,047	12	3,237	13
Wangerland	Basis	14,622	61	19,197	80	73,141	305
	Kontrast	14,195	59	18,587	77	71,361	301
WHV	Basis	471,34	1.952	508,67	2.106	761,75	3.150
	Kontrast	459,87	1.930	496,15	2.081	742,89	3.112
Butjadingen	Basis	22,429	94	30,221	127	260,140	1.088
	Kontrast	21,975	93	29,562	126	251,150	1.064
Brake	Basis	36,480	152	48,662	206	348,540	1.456
	Kontrast	35,480	150	47,517	202	340,000	1.441
Bremen	Basis	107,340	1.732	126,930	2.048	1.652,300	26.178
	Kontrast	95,109	1.549	112,410	1.830	1.464,200	23.388
BHV	Basis	12,767	203	-	-	610,920	9.607
	Kontrast	11,256	181	-	-	537,460	8.517
Wursten	Basis	7,674	33	10,225	43	52,665	221
	Kontrast	7,364	31	9,972	42	51,558	219

Tabelle 24: Überblick über Überflutungsfolgen für das reale Bruttoinlandsprodukt (BIP) sowie für die Beschäftigung (ET) in den Fokusflächen.

[161] Für jedes Jahr zwischen 2015 und 2040 wird die jeweilige Differenz zwischen Referenzszenario und Impulsszenario für BIP und Beschäftigte genommen, die Differenzbeträge addiert und dann durch die Anzahl der Jahre geteilt.

4.5.3 Simulation 2: Investitionsimpulse durch präventive Küstenschutzmaßnahmen

Im Rahmen des Projektverbundes KRIM werden drei unterschiedliche Reaktionsvarianten des Küstenschutzes hinsichtlich ihres Potentials, die Versagenswahrscheinlichkeiten der Küstenschutzsysteme in den Fokusflächen unter der Voraussetzung klimawandelinduzierter Veränderungen des Sturmflutgeschehens zu beeinflussen, beurteilt:

- die Erhöhung der bestehenden Deiche
- die Errichtung zweiter Deichlinien in den Fokusflächen, wo dies technisch möglich ist
- der Bau von Sperrwerken am Jadebusen und in der Wesermündung

Für die regionalökonometrische Modellierung sind diese Reaktionsvarianten insbesondere als öffentlich finanzierte Groß-Investitionsvorhaben von Interesse, von denen Impulse für wichtige volkswirtschaftliche Aggregate ausgehen und die zu einer Erhöhung des Kapitalstocks im öffentlichen Sektor beitragen.

Die konkrete küstenschutztechnisch determinierte Dimensionierung der Deicherhöhungen, die Lage und Länge der zweiten Deichlinien und die Ausgestaltung der Sperrwerksprojekte waren nicht Gegenstand von RECOACT. Entsprechende Informationen können dem Abschlußbericht des KRIM-Teilprojektes "Klimaänderung und Küstenschutz" entnommen werden.

Wie zuvor bei den negativen Impulsen ausgelöst durch die Sturmflutereignisse müssen auch die positiven Impulse der Investitionsvorhaben für die Modellierung auf einen bestimmten Zeitpunkt terminiert werden. Daher wird angenommen, dass die Deicherhöhungen und die Errichtung der zweiten Deichlinien im Jahr 2010 und der Sperrwerksbau in den Jahren 2010 bis 2012 geschehen. Weil RECOACT im Rahmen des Projektverbundes KRIM nur nominale Investitionskosten für das Jahr 2000 zur Verfügung gestellt wurden, mussten diese unter Berücksichtigung der Preisentwicklung auf die angenommenen Investitionszeitpunkte umgerechnet werden.

Die Investitionskosten der Deicherhöhungen und der zweiten Deichlinien berechnen sich daher nach folgender Formel:

$$BAIK_{2010} = [BAIK_{2000} * (PBAIST_{2010} / PBAIST_{2000})]$$

BAIK: *Investitionskosten*
PBAIST : *Deflator der staatlichen Investitionen, 1991=100*

Bei den Sperrwerken wird angenommen, dass die Investitionskosten gleichmäßig auf die Jahre 2010-2012 aufgeteilt werden. Daher werden die für 2000 vorliegenden Kosten zunächst in drei gleiche Teile aufgeteilt und dann unter Berücksichtigung der Preisentwicklung auf die Jahre 2010, 2011 und 2012 umgerechnet:

$$IKSW_i = [(GIKSW_{2000} / 3) * (PBAIST_i / PBAIST_{2000})] \; ; \; i=2010, 2011, 2012$$

IKSW : *Investitionskosten des Sperrwerks*
GIKSW : *Gesamtinvestitionskosten des Sperrwerks*
PBAIST: *Deflator der staatlichen Investitionen, 1991=100*

Tabelle *25* bis *27* zeigen die Ergebnisse der Simulationen über die positiven Impulse der Investitionsvorhaben. In Anhang 3 wird ausführlich über die Investitionskosten und die Simulationsergebnisse ihrer Impulse berichtet.

Simulationsergebnisse für Sperrwerke

Jade-Sperrwerk in 2000, Mrd. Euro		Investitionskosten, nominal				Zunahme des BIP, real, Mill. Euro	Zunahme an ET
			2010	2011	2012		
nominal	**real**						
1,6	**1,37**	Basis	587,79	600,875	613,992	2.085,4	14.040
		Kontrast	591,158	602,444	613,73	2.067,6	13.992

Tabelle 25: Jade-Sperrwerk und seine Folgen für das reale Bruttoinlandsprodukt sowie für die Beschäftigung.

Weser-Sperrwerk in 2000, Mrd. Euro		Investitionskosten, nominal				Zunahme des BIP, real, Mill. Euro	Zunahme an ET
			2010	2011	2012		
nominal	**real**						
1,3	**1,13**	Basis	477,059	487,585	498,11	1.561	13.215
		Kontrast	479,729	488,873	497,704	1.583	12.595

Tabelle 26: Weser-Sperrwerk und seine Folgen für das reale Bruttoinlandsprodukt sowie für die Beschäftigung.

Simulationsergebnisse für die Erhöhung der bestehenden Deiche und die Errichtung zweiter Deichlinien in den Fokusflächen

Fokus-flächen	Szenarien	Impulse		Folgen der Impulse			
		Kosten einer Deich-erhöhung	Kosten der Errichtung einer 2. Deichlinie	Kosten einer Deich-erhöhung		Kosten der Errichtung einer 2. Deichlinie	
		Investitions-kosten, real, Mio. €		BIP, real, Mill. €	ET	BIP, real, Mill. €	ET
Wangerooge	Basis	2,963	-	4,5	32	-	-
	Kontrast	2,957	-	3,75	26	-	-
Wangerland	Basis	9,012	17,682	12,719	89	24,219	167
	Kontrast	9,002	17,660	11,781	81	23,112	158
WHV	Basis	6,156	-	8,391	65	-	-
	Kontrast	6,138	-	7,938	56	-	-
Butjadingen	Basis	9,106	24,377	12,859	90	33,406	232
	Kontrast	9,095	24,347	11,797	82	32,042	222
Brake	Basis	14,850	-	20,594	143	-	-
	Kontrast	14,831	-	19,875	138	-	-
BHV	Basis	12,067	-	13,610	96	-	-
	Kontrast	12,152	-	13,860	93	-	-
Wursten	Basis	9,226	29,011	13,016	91	39,672	276
	Kontrast	9,215	28,971	11,938	82	38,688	268

Tabelle 27: Überblick über die Kosten von Deicherhöhung bzw. der Errichtung einer zweiten Deichlinie, sowie über die Folgen für das reale Bruttoinlandsprodukt sowie für die Beschäftigung in den Fokusflächen.

5. Ökologische Schäden

5.1 Vorgehensweise und Bewertungsansatz

Im Zentrum dieses Kapitels stehen die ökologischen Konsequenzen eines Sturmflutereignisses mit Versagen der Küstenschutzsysteme. Dass dieser Aspekt Teil einer umfassenden und ganzheitlichen Risikoabschätzung sein muss, wird zwar in vielen Studien konstatiert, jedoch ohne dass entsprechende Schadensberechnungen folgen würden. Im Rahmen des Projektes RECOACT wird nun ein erster Schritt zur Schließung dieser methodischen Lücke unternommen.

Die Vorgehensweise bei der Quantifizierung ökologischer Schäden als Grundlage der Bestimmung ökologischer Risikokomponenten ähnelt der bei der Ermittlung der Kapitalstockverluste angewandten Methode. Auch hier wird zunächst das *Schadenspotenzial*, dann die im Falle des Eintretens des Ereignisses zu erwartenden *Schäden* und schließlich durch Gewichtung mit der *Eintrittswahrscheinlichkeit* das *Risiko* berechnet. *Abbildung 26* verdeutlicht diese Vorgehensweise und die hierfür benötigten Informationen.

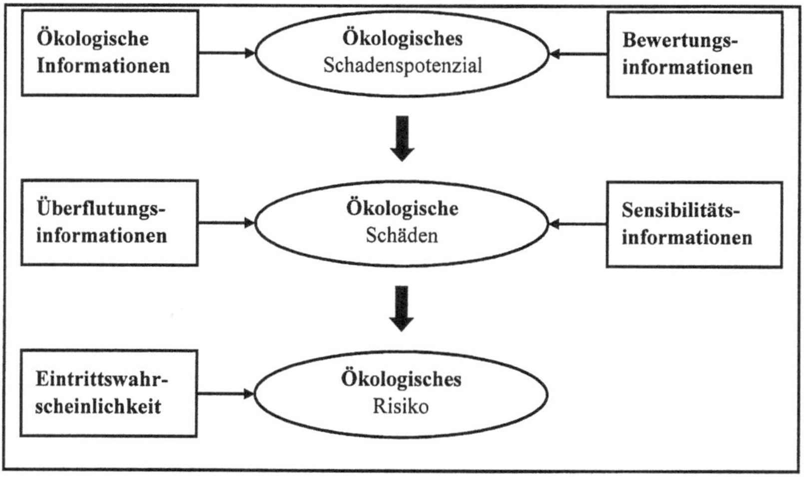

Abbildung 26: Ablauf der Ermittlung ökologischer Schäden.

Während die Informationen zur *Überflutung* aus den Überflutungssimulationen des Projektpartners Franzius-Institut gewonnen werden können und die Höhe der Eintritts- bzw. (Küstenschutz-)Versagens*wahrscheinlichkeit* im Zuge der Gefährdungsanalyse ebenfalls von dort bereitgestellt werden, liegt die Erhebung der ökologischen (monetären) Bewertungs- und Sensibilitätsinformationen in der

Verantwortung dieses Projektes. Analog zu der bei der Ermittlung der Vermögensschäden vorgenommenen Einteilung lässt sich auch hier der mögliche Detaillierungsgrad dieser Informationskategorien in mikro-, meso- und makroskalig unterscheiden (siehe Tabelle 28).

Aggregationsniveau	Informationskategorie: Ökologische Informationen	Informationskategorie: Bewertungsinformationen	Informationskategorie: Sensibilitätsinformationen
Mikroskalig	Analyse der spezifischen ökologischen Situation der Überflutungsfläche, z.B. auf Ebene der Biotoptypen	Gewinnung standortbezogener Bewertungen durch eine für die jeweilige Überflutungsfläche durchgeführte Bewertungsstudie	Abschätzung biotoptypenbezogener Überflutungsempfindlichkeiten durch Auswertung von Ereignissen der Vergangenheit, Experimenten und Expertenbefragungen
Mesoskalig	Annahme einer quasi durchschnittlichen landschaftstypischen ökologischen Situation	Verwendung existierender landschaftstypbezogener Wertansätze, die im Zuge eines Benefit Transfer nutzbar gemacht werden	Abschätzung landschaftstypbezogener Überflutungsempfindlichkeiten durch Auswertung von Ereignissen der Vergangenheit und Expertenbefragungen
Makroskalig	Vollständige Abstraktion von ökologischen Informationen, z.B. durch Wechsel zu einer reinen Flächenbetrachtung	Verwendung allgemeiner umweltbezogener Wertschätzungsinformationen, z.B. aus einem nationalen Umweltsurvey, die auf die Größe der überfluteten Fläche umgerechnet werden können	Verwendung eines pauschalen Ansatzes, z.B. in Form einer allgemeinen flächenbezogenen ökologischen Schadensquote bei einem bestimmten Ereignistyp

Tabelle 28: Detaillierungsgrad der Informationsgrundlagen einer Berechnung ökologischer Schäden.

Die Ermittlung der ökologischen Schäden musste ebenfalls auf Grundlage eines mesoskaligen Ansatzes erfolgen. Die hierfür benötigten ökologischen Informationen sind relativ abstrakt. Es wird nicht versucht, Informationen zur spezifischen ökologischen Situation des Untersuchungsgebietes zu erheben, sondern man beschränkt sich auf die Zuordnung des Untersuchungsraumes zu einem (vorherrschenden) *Landschaftstyp*. Eine für diesen Typ repräsentative Ausstattung mit

„ökologischem Kapital" wird dann auch für das Untersuchungsgebiet angenommen. Für die mesoskalige ökologische Bewertung des Jade-Weser-Raums als KRIM-Untersuchungsgebiet sind insbesondere zwei Charakterisierungen dieses Raumes relevant, nämlich dass es sich zum einen um eine Küstenlandschaft und zum anderen um eine Kulturlandschaft handelt.

Das Untersuchungsgebiet gehört als Küstenlandschaft zum Typ der *Nordsee-Marschenküste*, dem in Deutschland entlang der gesamten Nordsee vorherrschenden Landschaftstyp[162]. Andere Landschaftsformen, wie z.B. Dünen, sind nur vereinzelt, z.*B. auf der Insel Wangerooge* anzutreffen. Besonders geprägt wird der Untersuchungsraum durch das trichterförmige *Weserästuar*, das faktisch zu einer deutlichen Verlängerung der tidebeeinflussten Küstenlinie führt. Es handelt sich um eine Flachküste, d.h. große Teile des Untersuchungsgebietes befinden sich unterhalb von +1 m NN und damit unterhalb des Meeresspiegelniveaus, da das mittlere Tidehochwasser (MThw) zwischen Wangerland und Bremerhaven je nach Pegel bei +1,5 - +1,9 m NN aufläuft[163]. Die dunkelgrau markierten Flächen in der folgenden Karte kennzeichnen die Bereiche unterhalb von +1 m NN.

Trotz dieser für eine menschliche Nutzung und Besiedelung ungünstigen topographischen Voraussetzungen wird und wurde die Marschenküste seit Jahrhunderten besiedelt und dank der fruchtbaren Böden landwirtschaftlich genutzt. Wurde dies zunächst durch den Bau von Wurten für die Höfe und später von Sommerdeichen für Grünlandflächen und einzelne Siedlungen ermöglicht, so erfolgte ab dem 12. Jahrhundert die Anlage von Winterdeichen, um große geschlossene Flächen vor Überflutung zu schützen.

Diese Küstenschutzbauwerke sind damit das zentrale Element der Transformation der Küstenlandschaft im Untersuchungsgebiet von einer Natur- zu einer Kulturlandschaft. Zum einen sorgen sie dafür, dass eine vormals natürliche tidebeeinflusste Übergangszone zwischen Land und Meer durch eine starre Küstenlinie ersetzt wird und zum zweiten schaffen sie erst die Voraussetzungen für eine intensive landschaftsformende anthropogene Nutzung binnendeichs gelegener Flächen. Im Endeffekt hat diese Verwendung der Küstenlandschaft als "Standort" für Besiedlung und wirtschaftliche Aktivitäten, z.B. für Landwirtschaft, Häfen und Touristik, zu einem fast vollständigen Verlust natürlicher bzw. naturnaher

[162] Vgl. Ebenhöh et al. (1997), S. 89-91, Kraft, Steinecke (1999), S. 17-22

[163] Auf der Homepage des Bundesamtes für Seeschifffahrt und Hydrographie (http://www .bsh.de/de/Meeresdaten/Vorhersagen/Gezeiten/index.jsp) lassen sich für sämt-liche Pegel im Untersuchungsgebiet die Gezeiten für einige Tage im Voraus berechnen und zwar bezogen auf unterschiedliche Bezugsniveaus (Karten-Null, Pegel-Null, Normal-Null und als Abweichung vom MThw und MTnw).

Flächen geführt[164]. Es ist jedoch wichtig zu betonen, dass auch eine solche Kulturlandschaft noch eine Vielzahl von im weiteren Sinne ökologischen Gütern bereitstellt, die für den Menschen und seine Nutzung dieses Raumes von zentraler Bedeutung sind und deren Wertschätzung es zu ermitteln gilt. Einige Informationen zu diesem Güterspektrum wurden bereits in Abschnitt 3 geliefert.

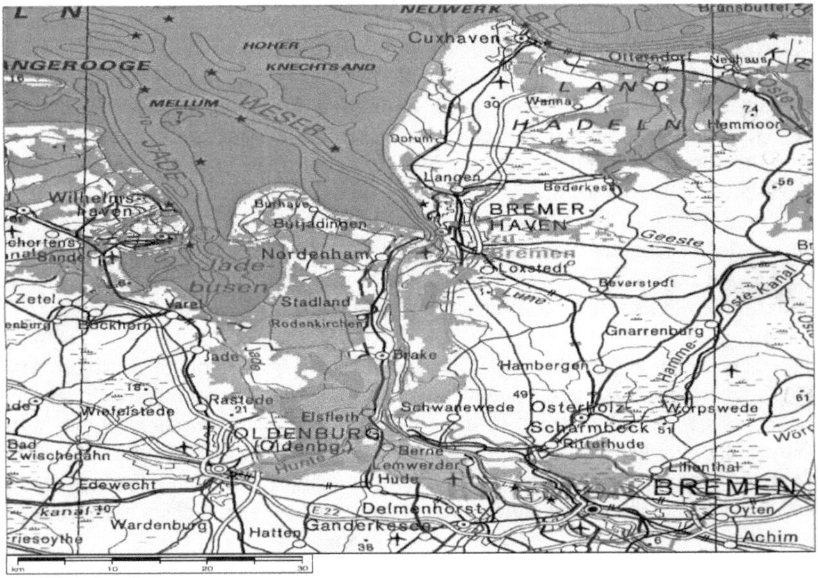

Höhenstufen in der Unterwesermarsch: blau markiert sind alle Flächen unter 1 m NN

Abbildung 27: Flächen im KRIM-Untersuchungsgebiet unterhalb + 1 m NN.

Nach dieser Zuordnung des Untersuchungsgebietes zum Landschaftstyp "Kulturlandschaft Nordsee-Marschenküste" werden nun hierzu passende *Bewertungsinformationen* benötigt. Es geht um die Frage, wie hoch die Wertschätzung der Gesellschaft für die von diesem Landschaftstyp produzierte Summe ökologischer Güter ausfällt. Da für dieses Untersuchungsgebiet keine solche Bewertungsstudie existiert, muss auf das in Abschnitt 3 vorgestellte Instrument des Benefit Transfer

---

[164] Vgl. Kraft et al. (1999), Kraft, Steinecke (1999), Knottnerus (2003).

zurückgegriffen werden[165]. Hierfür wird eine Primärstudie benötigt, die sich möglichst gut auf den gerade spezifizierten Landschaftstyp beziehen muss. Darüber hinaus sollte sie sich der Contingent-Valuation-Methode bedienen, um das gesamte Spektrum an Use- und Non-Use-Values zu erfassen, das mit der Landschaft als Ganzes und nicht lediglich mit einzelnen ihrer Komponenten verbunden ist[166].

Die Zahl der empirischen Untersuchungen zur Bewertung ökologischer Güter ist in den vergangenen Jahren stark angestiegen. Dies hat den Vorteil eines größeren Reservoirs an potentiellen Primärstudien für einen Benefit Transfer. Um eine zum RECOACT-Untersuchungsgebiet passende Primärstudie zu finden, wurden neben der "normalen" Literaturrecherche auch über das Internet zugängliche Datenbanken für Bewertungsstudien ausgewertet und es wurde gezielt nach Überblicksartikeln, die den Stand der Literatur wiedergeben und sogenannten Meta-Analysen gesucht.[167]

Die bekannteste und wohl auch umfangreichste Datenbank für Umweltbewertungsstudien ist das kanadische Environmental Valuation Reference Inventory, kurz EVRI (http://www.evri.ca). Der Gebrauch des EVRI ist für Nutzer aus den USA, Kanada, England und Frankreich kostenlos. Alle anderen Interessenten müssen entweder eine monatliche oder jährliche Gebühr entrichten oder sich mit einem deutlich reduzierten Nutzungsumfang in der Demo-Version zufrieden geben[168]. Die im EVRI gelisteten Studien sind regional und thematisch sehr ungleichmäßig verteilt. Von den aktuell ca. 1000 Einträgen beziehen sich 70 % auf Nordamerika, gut 20 % auf Europa und der Rest auf Afrika, Asien und Südamerika. Der thematische Schwerpunkt liegt eindeutig auf Studien, die Wertschätzungen für das Umweltmedium Wasser ermitteln. Im EVRI sind 236 europäischen Studien gelistet.

Analog wurden zwei weitere Internetquellen ausgewertet, nämlich die ENVALUE-Datenbank der australischen New South Wales Environment Protection

[165] Zur Eignung des Benefit Transfer für Nutzen-Kosten-Untersuchungen in der Wasserwirtschaft allgemein vgl. Holm-Müller, Muthke (2001), S. 469-471 und zum Einsatz der Methode im Rahmen von Kosten-Nutzen-Analysen von Hochwasserschutzmaßnahmen vgl. Brouwer et al (2001), S. 29-31 und Hecht, Karl (2002), S. 231 ff.

[166] Vgl. Willis, Garrod (1993).

[167] Zur Methode der Meta-Analyse bei umweltökonomischen Bewertungen vgl. Brouwer et al. (1999), S. 48, Brouwer (2000), S. 141-143, Florax et al. (2002).

[168] Es stehen dann zum einen eine deutlich geringere Anzahl von Suchkriterien zur Verfügung und zum zweiten werden als Ergebnis nur Verfasser und Titel der jeweiligen Studie ausgegeben, aber keinerlei Informationen zu den ermittelten Wertschätzungen. Zum Gebrauch des EVRI vgl. auch Rollins, Ivy (1998).

Authority (http://www.epa.nsw.gov.au/envalue) mit 61 europäischen Untersuchungen und die Environmental Valuation Source List des britischen Department for Environment, Food and Rural Affairs (Defra) (http://www.defra.gov.uk/environment/economics/evslist/index.htm), die ausschließlich britische Studien enthält[169].

Die Generaldirektion Umwelt der Europäischen Kommission hat vor nicht allzu langer Zeit zwei Gutachten in Auftrag gegeben, die prüfen sollten, inwieweit das EVRI in der Lage ist, auch europäischen Wissenschaftlern Informationsgrundlagen für einen Benefit Transfer zur Verfügung zu stellen[170]. Das hierbei identifizierte Manko einer zu geringen Zahl europäischer Studien in der Datenbank sollte durch die gezielte Aufnahme einer gewissen Zahl solcher Untersuchungen zumindest gemindert werden. Um mögliche Kandidaten für den Eintrag im EVRI zu identifizieren, wurde daher eine Art Bestandsaufnahme europäischer Bewertungsstudien durchgeführt. Das Produkt dieser Arbeit ist eine Liste mit gut 450 Untersuchungen.

Die Auswertung dieser Quellen hat eine relativ schlechte Datenlage zur ökonomischen Bewertung von Küstenlandschaften offenbart. Es existiert zwar eine reichhaltige Literatur zur Bewertung spezieller Ökosysteme und Güter, z.B. von Mangroven[171], Korallenriffen[172], von Küstenfeuchtgebieten hinsichtlich ihrer Schutzwirkung bei Stürmen[173] und bei Überflutung[174] und hinsichtlich ihres Freizeitwertes[175] etc.; jedoch sind solche Studien, die sich auf einzelne außendeichs gelegene Ökosysteme und ihre Funktionen beziehen, für eine mesoskalige Wertermittlung mit dem Ziel, binnendeichs auftretende Schäden zu kalkulieren, ungeeignet. Dementsprechend finden sich auch kaum zur Fragestellung von RECOACT passende Überblicksartikel oder Meta-Analysen[176].

Für den deutschen Küstenraum hat die Recherche insgesamt nur zwei interessante Untersuchungen ergeben, eine für Rügen, die zweite für Sylt, die jedoch nach genauerer Prüfung nicht verwendet konnten: Bei der Studie für Rügen ging es um die Zahlungsbereitschaft von Urlaubern für den Erhalt einer durch Magerrasen

---

[169] Eine weitere Datenbank, die New Zealand Non-Market Valuation Database (http://learn.lincoln.ac.nz/markval/Default.htm), enthält keine europäischen Untersuchungen.
[170] Vgl. Navrud, Vagnes (2000) und eftec (2002).
[171] Vgl. z.B. Adger et al. (2001).
[172] Vgl. z.B. Cesar (2000).
[173] Vgl. z.B. Farber (1987).
[174] Vgl. z.B. King, Lester (1995).
[175] Vgl. z.B. Bergstrom et al. (1990).
[176] Am ehesten geeignet sind noch Ledoux, Turner (2002) und mit Abstrichen Brouwer et al. (1999), Woodward, Wui (2001), Brander et al. (2003) und Degenhardt, Gronemann (2000).

geprägten Kulturlandschaft auf der Halbinsel Mönchsgut[177]. Die zweite Untersuchung wurde im Rahmen der "Fallstudie Sylt" des BMBF-Forschungsprogramms "Klimaänderung und Küste" durchgeführt und hatte zum Ziel, die Zahlungsbereitschaft der deutschen Bevölkerung für den Schutz des Wattenmeeres vor möglichen Klimafolgen zu ermitteln[178]. Damit sind beide Arbeiten aufgrund ihres abweichenden Bewertungsgegenstandes als Grundlage für die Bewertung der "Kulturlandschaft Nordsee-Marschenküste" nicht geeignet. Allerdings stellt die Fallstudie Sylt eine interessante Ergänzung zu den Ergebnissen des Projektverbundes KRIM dar, wenn es darum geht, die Auswirkungen des globalen Klimawandels für die deutsche Nordseeküstenregion abzuschätzen.

Tatsächlich als Primärstudie zur Gewinnung von Bewertungsinformationen verwendet wurde schließlich eine 1998 veröffentlichte englische Untersuchung von *Goodman*, *Seabrooke* und *Jaffry*[179]. Dabei handelt es sich um eine *Contingent Valuation*-Studie, bei der die Wertschätzung für den Schutz der Küstenlandschaft Großbritanniens ermittelt wurde. Die Befragten sollten ihre Zahlungsbereitschaft für ein Coastal Conservation Programme äußern, mit dem Ziel, den derzeitigen Status der Küstenlandschaft zu erhalten und sie vor einer weitergehenden Degradation zu schützen. Hierfür wurden sie zunächst nach ihrer grundsätzlichen Bereitschaft gefragt, ein solches Programm durch eine zusätzliche Steuer zu finanzieren und wenn sie dies bejaht hatten, welchen Betrag sie maximal zu zahlen bereit seien. Es wurden 806 persönliche Interviews im Gebiet der Stadt Derby durchgeführt, von denen 766 verwendet werden konnten. Derby, laut Homepage der Stadt "the UK's most central city", wurde ausgewählt, um auch die Wertschätzungsanteile zu ermitteln, die auf dem Non-Use Value der Küstenlandschaft beruhen.

76 % der Befragten erklärten ihre grundsätzliche Bereitschaft, einen finanziellen Beitrag in Form einer Steuer für das Programm zum Schutz der Küstenlandschaft zu leisten. Die durchschnittliche jährliche Zahlungsbereitschaft für ein Programm, das die gesamte Küstenlänge mit einschließt, belief sich dabei auf £ 48,36 pro Haushalt im Jahr 1996 (Median: £ 25). Die zur Erklärung dieser Zahlungsbereitschaft durchgeführte Regressionsanalyse ergab ein Bestimmtheitsmaß (*adjusted* R^2) von 0,19, d.h. 19 % der Varianz der geäußerten Zahlungsbereitschaften konnte erklärt werden. Dies ist für Studien dieser Art ein üblicher Wert. Alle Variablen der geschätzten Funktion wiesen die ex-ante zu erwartenden Vorzeichen auf.

---

177 Vgl. Degenhardt, Gronemann (1998), eftec (2002), S. 30-32.
178 Vgl. Hartje et al. (2002).
179 Vgl. Goodman et al. (1998) und für eine Kurzfassung Goodman et al. (1999).

Der "Startpunkt" des Benefit Transfer steht damit fest: eine Zahlungsbereitschaft von 48,36 £ (1996) pro Haushalt und Jahr für die gesamte Länge der britischen Küstenlandschaft. Dieser Wert muss nun für die Zwecke von RECOACT dreifach transformiert werden:

- Berücksichtigung der unterschiedlichen Küstenlänge in Deutschland und Großbritannien;
- Anpassung über die Zeit vom Jahr 1996 in der Primärstudie zum Bezugsjahr 2000 in RECOACT;
- Umrechnung von britischen Pfund in Euro unter Berücksichtigung eventueller Preisniveauunterschiede.

Insgesamt vollzieht sich der Benefit Transfer daher in folgenden Schritten:

Schritt 1
Normierung der Ausgangszahlungsbereitschaft auf 1 km Küstenlänge: Gemäß dem World Factbook der CIA beträgt die Küstenlänge Großbritanniens 12.429 km[180]. Dies ergibt eine durchschnittliche Zahlungsbereitschaft von 0,003891 £ (1996) pro Haushalt und Küstenkilometer.

Schritt 2
Korrektur der Zahlungsbereitschaft um die Preisniveauentwicklung von 1996 bis 2000: Die Korrektur erfolgt mit Hilfe der Jahresdurchschnittswerte des britischen Consumer Price Index[181]. Dieser wurde im Jahr 1996 auf 100 gesetzt und hatte 2000 den Wert 105,6. Die korrigierte durchschnittliche Zahlungsbereitschaft beträgt somit 0,004109 £ (2000) pro Haushalt und Küstenkilometer.

Schritt 3
Umrechnung der Zahlungsbereitschaft auf "deutsche" Euro: Bei diesem Schritt geht es nicht nur darum, die Zahlungsbereitschaft von einer Währung in eine andere umzurechnen, sondern zu berücksichtigen, dass zwischen den Ländern Preisniveauunterschiede existieren können. Eine in zwei Ländern nominell identische Zahlungsbereitschaft ist tatsächlich in dem Land mit dem höheren Preisniveau real "weniger wert" als in dem anderen. Daher ist es auch nicht

---

180 Vgl. die Rubrik Coastline in der Online-Version des CIA World Factbook unter http://www.odci.gov/cia/publications/factbook/fields/2060.html .

181 Vgl. die Informationen zu Inflationsmessung und Preisindices der amtlichen britischen Statistik, online unter http://www.statistics.gov.uk/default.asp .

ausreichend, die in Großbritannien ermittelte Zahlungsbereitschaft mit Hilfe des Wechselkurses zwischen Pfund und Euro zu konvertieren, da dieser zwar die Verhältnisse auf dem Devisenmarkt widerspiegelt, aber keine Aussage über das Verhältnis der Preisniveaus in Großbritannien und Deutschland erlaubt.

Für Umrechnungen dieser Art hat sich daher die Verwendung von Purchasing Power Parities (PPPs, Kaufkraftparitäten) durchgesetzt: "Purchasing Power Parities (PPPs) are currency conversion rates that both convert to a common currency and equalise the purchasing power of different currencies. In other words, they eliminate the differences in price levels between countries in the process of conversion.[182]" Sie werden ausgedrückt in nationalen Währungseinheiten pro US-Dollar. Hierbei ist zu beachten, dass der Euro zwar als einheitliche Währung in den meisten EU-Mitgliedsstaaten eingeführt wurde, er aber in den Euro-Ländern aufgrund der weiterhin existierenden Preisniveauunterschiede eine unterschiedliche Kaufkraft besitzt. Dies erklärt, warum die in Großbritannien ermittelte Zahlungsbereitschaft nicht einfach in Euro, sondern in "deutsche Euro" umgerechnet werden muss. Für das Jahr 2000 weist die OECD PPPs von 0,994 für Deutschland und 0,641 für Großbritannien auf[183]. Die Umrechnung der Zahlungsbereitschaft liefert dann folgendes Ergebnis:

$$0{,}004109\,\pounds * \frac{0{,}994 \text{ EU/\$}}{0{,}641 \;\; \pounds/\$} = 0{,}006372 \text{ EU}.$$

D.h. die durchschnittliche Zahlungsbereitschaft beträgt in Deutschland 0,006372 € (2000) pro Haushalt und Küstenkilometer[184].

Schritt 4

Berücksichtigung der Küstenlänge und der Zahl der Haushalte in Deutschland: Gemäß dem World Factbook der CIA beträgt die Küstenlänge Deutschlands

---

[182] Vgl. die Rubrik Purchasing Power Parities des Statistics Directorate der OECD online unter http://www.oecd.org/std/ppp . Nähere Informationen zur Methodik der PPPs finden sich auch in Schreyer, Koechlin (2002).

[183] Vgl. die Main Economic Indicators der OECD von Februar 2004. Für die Länder der Europäischen Union werden PPPs auch von Eurostat berechnet und in nationalen Währungseinheiten pro Euro ausgedrückt. Die entsprechenden Werte in 2000 betragen für Deutschland 1,06841 und für Großbritannien 0,688622 (vgl. Stapel, Pasanen (2003)). Die PPPs von OECD und Eurostat führen zu den gleichen Umrechnungsresultaten.

[184] In der o.g. ENVALUE-Datenbank gibt es ebenfalls die Möglichkeit, die in der jeweiligen Originalwährung der archivierten Studien ausgedrückten Zahlungsbereitschaften in eine Währung nach Wahl des Benutzers umzurechnen. Dies geschieht ebenfalls unter Verwendung von PPPs nach der hier in RECOACT angewandten Methodik.

2.389 km[185]. Dies ergibt eine durchschnittliche jährliche Zahlungsbereitschaft von 15,22 € (2000) pro Haushalt für die gesamte Küstenlänge. Gemäß des Mikrozensus des Statistischen Bundesamtes gab es im Jahr 2000 in Deutschland 38,124 Millionen private Haushalte[186]. Damit würde sich die inländische Gesamtzahlungsbereitschaft für den Erhalt der deutschen Küstenlandschaft auf gut 580 Mill. € p.a. belaufen. Die Größenordnung dieses Ergebnisses ist konsistent mit den Resultaten der Fallstudie Sylt, in der zunächst eine Wertschätzung für das gesamte deutsche Wattenmeer von 1,55 Mrd. DM ermittelt wurde, die dann in einer zweiten konservativen Schätzung auf 470 Mill. DM korrigiert wurde[187].

Es ist aus unserer Sicht gerechtfertigt, bei der Hochrechnung der Zahlungsbereitschaft die Gesamtbevölkerung Deutschlands heranzuziehen und nicht nur z.B. die Bewohner der Küstengebiete oder Küstenländer. Dies ist zum einen darin begründet, dass Deutschland ein flächenmäßig relativ kleines Land ist und die Küste eine Landschaft von überregionaler Bedeutung darstellt und zum zweiten durch den Anspruch der ökonomischen Bewertung, auch nutzungsunabhängige Wertschätzungen mit einzubeziehen. Darüber hinaus werden die auf Grundlage dieser Wertschätzungen ermittelten ökologischen Schäden in der abschließenden Kosten-Nutzen-Analyse den Kosten möglicher Küstenschutzmaßnahmen gegenüber gestellt. Und obwohl der Küstenschutz in Deutschland Sache der Bundesländer ist, werden die Kosten gemäß § 10 Abs. 1 Nr. 2 des Gesetzes über die Gemeinschaftsaufgabe "Verbesserung der Agrarstruktur und des Küstenschutzes" (GAKG) zu 70 % vom Bund übernommen und auf diesem Wege von allen deutschen Steuerzahlern getragen[188]. Daher muss aus Gründen der Symmetrie auch die gesamtdeutsche Wertschätzung mit einfließen.

Schritt 5

Von der Küstenlinie zur Fläche der Küstenlandschaft: Um die Wertschätzung für eine Schadensberechnung einsetzen zu können, ist es notwendig, einen Flächenbezug herzustellen, da die Überflutungsinformationen sich auf die Größe der in Folge eines Versagens der Küstenschutzsysteme binnendeichs gelegenen überfluteten Flächen beziehen. Das Besondere an einer Küstenlandschaft ist das Zusammentreffen von Land und Meer. Dies unterscheidet sie von anderen Landschaftstypen und macht ihren besonderen Wert aus. Wir gehen daher im

---

[185] Vgl. die Rubrik Coastline in der Online-Version des CIA World Factbook unter http://www.odci.gov/cia/publications/factbook/fields/2060.html .

[186] Vgl. die Ergebnisse des Mikrozensus des Statistischen Bundesamtes online unter http://www.destatis.de/themen/d/thm_mikrozen.htm .

[187] Vgl. Hartje et al. (2002), S. 211-212.

[188] Vgl. BT-Drucksache 15/1201 vom 18.06.2003 mit der Unterrichtung durch die Bundesregierung zum Rahmenplan der Gemeinschaftsaufgabe " Verbesserung der Agrarstruktur und des Küstenschutzes" für den Zeitraum 2003 bis 2006.

Folgenden von der Annahme aus, dass sich die geäußerte Wertschätzung auf die Landschaft in unmittelbarer Nähe der eigentlichen Küstenlinie bezieht und wählen einen Streifen von 1 km Breite entlang der Küste als Bezugsraum[189]. Dies ergibt nunmehr also pro km^2 Küstenlandschaft die o.g. durchschnittliche jährliche Zahlungsbereitschaft von 0,006372 € (2000) pro Haushalt und unter Berücksichtigung der Zahl der Haushalte eine Gesamtzahlungsbereitschaft von 242.926 € (2000) p.a. pro km^2 Küstenlandschaft.

Mit der Berechnung dieser Wertschätzung für eine Flächeneinheit Küstenlandschaft wurde das ökologische Schadenspotenzial ermittelt. Um hieraus die ökologischen Schäden einer Überflutung kalkulieren zu können, muss dieses Schadenspotenzial mit Sensibilitätsinformationen kombiniert werden. Dies entspricht im Grundsatz der Vorgehensweise bei der Ermittlung der Kapitalstockverluste. Während dort die unterschiedlich ausgeprägte Empfindlichkeit der Kapitalgüter hinsichtlich einer Überflutung mit Hilfe von Schadensfunktionen ausgedrückt werden konnte, erfolgt dies bei den ökologischen Schäden aufgrund von *Expertenurteilen* aus dem Projekt „Ökologie" des Projektverbundes KRIM. Demnach sind die von einer Überflutung potentiell betroffenen Flächen größtenteils äußerst robust hinsichtlich eines solchen Ereignisses. Ökologische Schäden würden wahrscheinlich nur in der unmittelbaren Umgebung der Deichversagensstelle durch Auskolkung und Bildung von Schwemmkegeln entstehen. Die ökologisch geschädigten Flächen werden daher nur einen relativ kleinen Teil der Gesamtüberflutungsfläche und die ökologischen Schäden dementsprechend nur einen relativ geringen Anteil an den Gesamtschäden ausmachen. Um ein mögliches Schadensspektrum zu erfassen, werden im folgenden drei Varianten berechnet, die auf der Annahme beruhen, dass 1, 2 oder 5 % der Gesamtüberflutungsfläche ökologisch geschädigt werden.

5.2 Ökologische Schäden in den Fokusflächen

Die Größe der Gesamtüberflutungsflächen in den acht regionalen Fokusflächen des KRIM-Untersuchungsgebiets wurde durch das Projekt „Klimaänderung und Küstenschutz" ermittelt (s. *Tabelle 29*). Dies erfolgte unter Verwendung von Überflutungssimulationen im Zuge der Berechnung der Vermögensschäden (siehe o., Abschn. 3.3).

[189] Eine analoge Vorgehensweise wurde auch in der Fallstudie Sylt gewählt, wo auf diesem Wege von der Küstenlänge zur Größe der vom Klimawandel betroffenen Wattfläche umgerechnet wurde (vgl. Hartje et al. (2002), S. 212).

Fokusflächen	Überflutungsfläche (ha)		Zunahme der Überflutungsfläche (Status quo → Szenario)
	Klima Status quo	KRIM Klimaszenario	
Wangerooge	479	484	+ 1 %
Wangerland	8.977	11.136	+ 24 %
WHV	7.200	7.964	+ 11 %
Butjadingen	7.060	8.301	+ 18 %
Brake	16.559	19.435	+ 17 %
Bremen	1.334	1.339	+ 0 %
BHV	421	-	-
Wursten	5.586	6.185	+ 11 %

(Der fehlende Wert für Bremerhaven konnte nicht zur Verfügung gestellt werden.)

Tabelle 29: Überflutungsflächen in den Fokusflächen unter „Klima Status quo" und „KRIM Klimaszenario" (Quelle: Datensatz aus Franzius-Institut für Wasserbau und Künsteningenieurwesen, eigene Berechnungen).

Vergleicht man den Zuwachs der überfluteten Flächen beim Übergang vom Klima „Status quo" zum KRIM Klimaszenario mit dem damit einhergehenden Anstieg der Vermögensschäden (vgl. o. Tabelle 13, Abschn. 3.3), so wird deutlich, dass die *Vermögensschäden stärker wachsen als die betroffenen Flächen.* Dies ist darauf zurückzuführen, dass unter Klimaszenariobedingungen nicht nur zusätzliche Flächen überflutet werden, sondern auf den bereits vorher betroffenen Flächen auch *höhere Überflutungswasserstände* eintreten.

Es wird nun angenommen, dass auf 1%, 2 % oder 5 % der überfluteten Flächen ökologische Schäden auftreten. Diese werden mit der aggregierten nationalen Zahlungsbereitschaft von 242.926 € (2000) je km^2 bzw. 2.429,26 € (2000) je Hektar bewertet. *Tabelle 45* enthält die Ergebnisse dieser Schadensberechnungen.

Eine ökologische Interpretation der Schadenshöhen ist dabei nicht sinnvoll, da sich die Unterschiede bei der hier angewandten mesoskaligen Vorgehensweise vollständig auf die Größe der Überflutungsflächen und die angenommenen Schädigungsquoten zurückführen lassen. Da letztere aufgrund der Robustheit der Küstenlandschaft mit maximal 5 % angesetzt werden, fallen die ökologischen Schäden in den Fokusflächen im Vergleich zu den Vermögensschäden deutlich geringer aus.

Fokusfläche	Schaden												
	Klima „Status quo“						KRIM „Klimaszenario“						Zunahme des Schadens von *a* zu *b* (%)
	Schädigungsquote						Schädigungsquote						
	1 %		2 %		5 % (a)		1 %		2 %		5 % (b)		
	Fläche (ha)	**Schaden (€)**	**Fläche (ha)**	**Schaden (€)**	**Fläche (ha)**	**Schaden (€)**	**Fläche (ha)**	**Schaden (€)**	**Fläche (ha)**	**Schaden (€)**	**Fläche (ha)**	**Schaden (€)**	
Wangerooge	4,79	11.636	9,58	23.272	23,95	58.181	4,84	11.758	9,68	23.515	24,20	58.788	1,0
Wangerland	89,77	218.075	179,54	436.149	448,85	1.090.373	111,36	270.522	222,72	541.045	556,80	1.352.612	24,1
WHV	72,00	174.907	144,00	349.813	360,00	874.534	79,64	193.466	159,28	386.933	398,20	967.331	10,6
Butjadingen	70,60	171.506	141,20	343.012	353,00	857.529	83,01	201.653	166,02	403.306	415,05	1.008.264	17,6
Brake	165,59	402.261	331,18	804.522	827,95	2.011.306	194,35	472.127	388,70	944.253	971,75	2.360.633	17,4
Bremen	13,34	32.406	26,68	64.813	66,70	162.032	13,39	32.528	26,78	65.056	66,95	162.639	0,4
BHV	4,21	10.227	8,42	20.454	21,05	51.136	-	-	-	-	-		-
Wursten	55,86	135.698	111,72	271.397	279,30	678.492	61,85	150.250	123,70	300.499	309,25	751.249	10,7
Σ	**476,22**	**1156.716**	**952,32**	**2.313.432**	**2.360,8**	**5.783.583**	**548,44**	**1.332.304**	**1.096,88**	**2.664.607**	**2.742,2**	**6.661.516**	**15,2**

Tabelle 30: Ökologische Schäden eines Küstenschutzversagens in den Fokusflächen unter Klima „Status quo“ und „KRIM-Klimaszenario“ (Quelle: Datensatz aus Franzius-Institut für Wasserbau und Künsteningenieurwesen, Eigene Berechnungen).

In Ergänzung zur Klima-Status-quo- und KRIM-Klimaszenario-Betrachtung enthält die folgende *Tabelle 31* noch die Größe der Flächen, die bei einem *Ereignis der ANATOL-Klasse* überflutet werden könnten und die entsprechenden ökologischen Schäden. Grundlage der Berechnung ist die Annahme, dass sämtliche Flächen bis zu einer Geländehöhe von 5 Metern von einer Überflutung betroffen wären.

Fokus-fläche	Schaden							
	Über-flu-tungsfläche (ha)	Schädigungsquote						Zunahme des Schadens von *a* zu *c* (%)
		1 %		2 %		5 % (c)		
		Fläche (ha)	Schaden (€)	Fläche (ha)	Schaden (€)	Fläche (ha)	Schaden (€)	
Wangerooge	485	4,85	11.782	9,70	23.564	24,25	58.910	0,1
Wangerland	17.744	177,44	431.048	354,88	862.096	887,20	2.155.239	97,7
WHV	10.201	102,01	247.809	204,02	495.618	510,05	1.239.045	41,7
Butjadingen	20.256	202,56	492.071	405,12	984.142	1012,80	2.460.355	186,9
Brake	35.982	359,82	874.096	719,64	1.748.193	1799,10	4.370.482	117,3
Bremen	14.131	141,31	343.279	282,62	686.557	706,55	1.716.394	959,3
BHV	4.205	42,05	102.150	84,10	204.301	210,25	510.752	898,8
Wursten	9.621	96,21	233.719	192,42	467.438	481,05	1.168.596	72,2
Σ	**112.625**	**1.126,24**	**2.736.954**	**2.252,2**	**5.471.909**	**5.631,25**	**11.219.418**	**94,0**

Tabelle 31: Ökologische Schäden eines Küstenschutzversagens in den Fokusflächen bei einem Ereignis der ANATOL-Klasse (Quelle: Datensatz aus Franzius-Institut für Wasserbau und Künsteningenieurwesen, eigene Berechnungen).

6. Kosten-Nutzen-Analysen von Schutzmaßnahmen

6.1 Methode

In den vorangegangenen Abschnitten wurden mit Vermögensschäden, Wertschöpfungsverlusten und ökologischen Schäden die drei zentralen Kate-gorien potentieller Folgen eines klimawandelinduzierten Sturmflutereignisses mit Versagen der Küstenschutzsysteme ermittelt und monetarisiert. Die Zielsetzung des Projektverbundes KRIM und des Projektes RECOACT beinhaltet jedoch auch, den relevanten Akteuren handlungsorientiertes Wissen zur Bewältigung dieses Problems zur Verfügung zu stellen. Ein Küsten-schutzmanagement, das versucht, klimawandelinduzierte Risiken bei seinen Entscheidungen mit einzubeziehen, setzt voraus, dass neben den potentiellen Sturmflutfolgen auch mögliche Maßnahmen zu ihrer Reduzierung bzw. Vermeidung berücksichtigt werden. Daher werden zusätzlich Kosten-Nutzen-Analysen von Küstenschutzinvestitionsalternativen vorgenommen.

Die Reichweite einer Kosten-Nutzen-Analyse geht über das betriebswirtschaftliche Investitionskalkül hinaus, weil nicht nur interne Kosten und Erlöse untersucht werden, sondern auch alle heutigen und zukünftigen mit einem öffentlichen Investitionsvorhaben verbundenen positiven und negativen „externen" Effekte: *"Eine Entscheidungsfindung setzt die Kenntnis aller Vor- und Nachteile der Maßnahmen voraus. Aufgabe [...] ist daher, alle in der Volkswirtschaft anfallenden Nutzen und Kosten der Maßnahmen zu ermitteln, wem auch immer sie erwachsen können. Es genügt also nicht, nur die Vor- und Nachteile [der ausführenden Ebene (Bund, Land, Gemeinde)] allein zu berücksichtigen. Ebensowenig reicht es aus, nur die gegenwärtigen Wirkungen einzubeziehen. Vielmehr müssen alle Wirkungen während der angenommenen ökonomischen Lebensdauer der Maßnahmen berücksichtigt werden.*[190] *"* Daher ist es das Ziel einer Kosten-Nutzen-Analyse, die staatliche Bereitstellung öffentlicher Güter, wie z.B. der Küstenschutzinfrastruktur, auf der Grundlage ökonomischer Effizienzkriterien zu ermöglichen. Da bei diesen Gütern ein privates Angebot nicht zustande kommt, soll auf diesem Wege erreicht werden, dass die notwendigen Entscheidungen der staatlichen Organe hinsichtlich der Güte und Menge des Angebotes auch auf der Grundlage ökonomischer Kriterien getroffen werden[191].

In Deutschland sind Bund und Länder durch das Haushaltsgrundsätzegesetz, die Bundeshaushaltsordnung und die Länderhaushaltsordnungen verpflichtet, für finanzwirksame Maßnahmen angemessene Wirtschaftlichkeitsuntersuchungen

---

190 Erläuterungen des Bundesministers der Finanzen zur Durchführung von Nutzen-Kosten-Analysen (Ministerialblatt 1973, S. 298), hier zitiert nach Brümmerhoff (2001), S. 197.

191 Vgl. Hanusch (1994), S. 1-3, Schönbäck et al. (1997), S. 3, Hartje et al. (2002), S. 183.

durchzuführen[192]. Diese Auflage kann durch Kosten-Nutzen-Analysen erfüllt werden.

Neben der Kosten-Nutzen-Analyse existieren weitere Bewertungsverfahren:

- Kostenvergleichsrechnung: Dies ist das einfachste der eingesetzten Verfahren, weil lediglich die Kostenseite der zur Auswahl stehenden Alternativen betrachtet wird. Indem unterstellt wird, dass sämtliche Alternativen identische Nutzen hervorbringen, unterbleibt eine Untersuchung der jeweils zu erwartenden Nutzenströme. Damit ist die kostengünstigste Alternative automatisch diejenige mit dem größten Netto-Nutzen[193].

- Nutzwertanalyse: Hierbei handelt es sich um ein nicht-monetäres Verfahren. Zur Bewertung der Alternativen wird zunächst durch den Entscheider ein Kriterienkatalog aufgestellt, dann wird überprüft, inwieweit die Alternativen zur Realisierung dieser Kriterien beitragen. Die Zielerreichungsgrade werden mit Hilfe eines Punktesystems bewertet und zusammengefasst. Ergebnis ist ein Ranking der Alternativen auf Grundlage der jeweils erreichten Gesamtpunktezahlen. Dies lässt jedoch keine Aussage darüber zu, ob die als relativ beste Alternative identifizierte Option auch tatsächlich gesellschaftlich wünschenswert ist[194].

- Kostenwirksamkeitsanalyse: Dieses Verfahren wird auch als Kosten-Nutzwert-Analyse bezeichnet, weil hier die Kosten wie bei der Kosten-Nutzen-Analyse monetär bewertet werden, während die Nutzen analog zur Nutzwertanalyse mittels eines Punktesystems einfließen. Aufgrund der unterschiedlichen Erfassungsdimensionen kann zwar mit Hilfe eines Nutzwert-Kosten-Quotienten eine interne Rangfolge der betrachteten Alternativen gebildet werden, es ist jedoch wie bei der Nutzwertanalyse nicht möglich, anhand des Netto-Nutzens eine Aussage über die monetäre gesellschaftliche Vorteilhaftigkeit zu treffen[195].

Eine Untersuchung der zwischen 1990 und 1999 bei Investitionsentscheidungen in der Wasserwirtschaft eingesetzten Bewertungsverfahren ergaben bei insgesamt 3784 durchgeführten Untersuchungen lediglich 58 Kosten-Nutzen-Analysen

---

[192] Vgl. § 6 Abs. 2 Haushaltsgrundsätzegesetz, §7 Abs. 2 Bundeshaushaltsordnung und z.B. §7 Abs. 2 Bremer Landeshaushaltsordnung.

[193] Vgl. LAWA (1981), S. 15-16, LAWA (1994), insb. S. 9-11, Holm-Müller, Muthke (2001), S. 456.

[194] Vgl. LAWA (1981), S. 18-21, Meyerhoff et al. (1995), S. 71-73, Holm-Müller, Muthke (2001), S. 456.

[195] Vgl. LAWA (1981), S. 21, Holm-Müller, Muthke (2001), S. 456.

gegenüber 3726 "anderen Nutzen-Kosten-Untersuchungen", hinter denen sich insbesondere Kostenvergleichsrechnungen verbergen[196]. Für ihre Zurückhaltung hinsichtlich des Einsatzes der Kosten-Nutzen-Analyse führten die befragten Behördenvertreter eine Reihe von Gründen an. Neben grundsätzlichen Bedenken gegenüber einer monetären Bewertung bestimmter Nutzenkomponenten wurden Wissenslücken hinsichtlich der Methodik, der hohe Zeitaufwand und Probleme der Datenbeschaffung genannt.

Der in den vorangegangenen Abschnitten beschriebene mesoskalige Bewertungsansatz und der Einsatz von *Vereinfachungsinstrumenten* wie beispielsweise des Benefit Transfers sind jedoch geeignet, Aufwand und *Datenprobleme zu reduzieren.* Aufgrund der Defizite der anderen Bewertungsverfahren führt an der Kosten-Nutzen-Analyse kein Weg vorbei, wenn es darum geht, gut informierte und ökonomisch effiziente Investitionsentscheidungen des öffentlichen Sektors herbeizuführen. Nur durch die Ermittlung des Netto-Nutzens können die zur Wahl stehenden Alternativen in eine Rangfolge gebracht und hinsichtlich ihrer jeweiligen Wirkung auf die gesellschaftliche Wohlfahrt beurteilt werden.

Die normative Grundlage der Kosten-Nutzen-Analyse ist die traditionelle neoklassische Wohlfahrtstheorie. Um bei der Projektauswahl nicht der Enge des "Pareto-Kriteriums" zu unterliegen, d.h. eine Wohlfahrtssteigerung nur dann zu akzeptieren, wenn durch die Maßnahme mindestens ein Individuum besser, aber keines schlechter gestellt wird, wird die Projektauswahl pragmatisch auf das *Kaldor-Hicks-Kriterium* gestützt, auch potentielles Pareto-Kriterium genannt. Dieses ist wie folgt definiert: *"Eine Handlung führt genau dann zu einer potentiellen Pareto-Verbesserung, bzw. der Endzustand nach einer Handlung ist genau dann eine potentielle Pareto-Verbesserung gegenüber dem Ausgangszustand, wenn es möglich ist, von dem Endzustand ausgehend einen gegenüber der Ausgangslage Pareto-superioren Zustand zu erreichen.*[197]*"* Für die Praxis der Kosten-Nutzen-Analyse bedeutet dies, dass ein Projekt dann als vorteilhaft eingestuft wird, wenn die Individuen, die durch die Maßnahme einen Nutzenzuwachs erfahren, diejenigen, die einen Nutzenrückgang zu verzeichnen haben, kompensieren könnten und danach trotzdem noch besser gestellt wären als in der Ausgangssituation. Entscheidend ist dabei nur, ob eine solche Kompensation möglich wäre, nicht ob sie tatsächlich stattfindet. Auf dieser Basis können die Kosten- und Nutzeneffekte pragmatisch interpersonell verglichen und aggregiert werden. [198].

---

[196] Vgl. Holm-Müller, Muthke (2001).
[197] Gans, Marggraf (1997), S. 46.
[198] Vgl. Hanley, Spash (1993), S. 48-50, Hanusch (1994), S. 18-20, Hackl, Pruckner (1994), S. 83-84, Marggraf, Streb (1997), S. 106-108, Gans, Marggraf (1997), S. 45-71, Brümmerhoff (2001), S. 195, Gowdy (2003).

Dies bezieht sich auf Kosten- und Nutzengrößen, die über einen *langen Zeitraum* hinweg und zu ganz *unterschiedlichen Zeitpunkten* anfallen. Dieses Problem ist insbesondere bei Infrastrukturinvestitionen, die eine technische Lebensdauer von mehreren Jahrzehnten haben, und bei Untersuchungen im Zuge von Szenarioanalysen des Klimawandels, die sich in der Regel auf Zeiträume von 40-100 Jahren in die Zukunft erstrecken, evident. In RECOACT sind beide Probleme zu berücksichtigen: Zum einen haben die analysierten Küstenschutzoptionen eine durchschnittliche Nutzungsdauer von bis zu 100 Jahren, zum anderen bezieht sich der Zeithorizont des Klimaszenario auf das Jahr 2050[199]. Um unter solchen Voraussetzungen eine Vergleichbarkeit der zeitlich verteilt anfallenden Größen gewährleisten zu können, wird in der Ökonomie das Verfahren der Diskontierung eingesetzt, quasi als temporale Homogenisierung. Hierbei werden sämtliche Nutzen und Kosten auf einen gemeinsamen Zeitpunkt bezogen, i.d.R. auf den Untersuchungszeitpunkt oder den Beginn des Projektes. Daher werden sämtliche Geldströme, die zeitlich nach dem gewählten Bezugszeitpunkt anfallen, unter Verwendung eines Diskontsatzes abgezinst, wobei diese Abwertung umso stärker ausfällt, je weiter der Zahlungszeitpunkt in der Zukunft liegt[200].

Bei einem Projekt mit n-jährigem Betrachtungszeitraum (i = 1, ... , n), erfolgt diese *„exponentielle" Diskontierung* nach folgendem Schema:

$$K_0 = A_0 + \frac{B_1 - C_1}{(1+r)^1} + \frac{B_2 - C_2}{(1+r)^2} + \ldots + \frac{B_n - C_n}{(1+r)^n}.$$

Dabei ist K_0 ist der Gegenwartswert des Projektes zum Bezugszeitpunkt t_0. A_0 sind die anfänglichen Investitionskosten, B_i der Nutzen und C_i die Kosten zum Zeitpunkt t_i. r ist der Diskontsatz. Die Entscheidungsregel lautet, dass ein Projekt durchgeführt werden sollte, wenn es einen positiven Gegenwartswert aufweist, bzw. dass bei einer Entscheidung zwischen mehreren Projekten die Alternative mit dem höchsten Gegenwartswert umzusetzen ist. Alternativ können auch die Barwerte der Nutzen und Kosten getrennt ermittelt werden, anschließend wird hieraus als Quotient das Nutzen-Kosten-Verhältnis gebildet. Ist dieses größer als eins, so entspricht dies einem positiven Gegenwartswert des Projektes.

Bei der Ermittlung der Nutzen- und Kostenkomponenten, die in diese Kapitalwertberechnung einfließen, ist das sogenannte *with-and-without-principle* zu

199 Zu den Nutzungsdauern von Küstenschutzanlagen vgl. LAWA (1979), S. 26 und LAWA (1994), S. 56. Informationen zum KRIM-Klimaszenario finden sich unter http://www .krim.uni-bremen.de/klimaszenario.html .

200 Philibert (2003) bezeichnet diese Vorgehensweise daher auch als "exponential discounting" (S. 2). Vgl. auch Hackl, Pruckner (1994), S. 85-87, Hanusch (1994), S. 97-99, Newell, Pizer (2001), Dehnhardt, Meyerhoff (2002), S. 244.

beachten. D.h. um nur die dem Projekt wirklich zurechenbaren Auswirkungen zu berücksichtigen, muss der Entwicklung, die sich infolge einer Projektrealisierung ergeben würde, diejenige gegenübergestellt werden, die ohne die Maßnahme zu erwarten ist[201]. Aufgrund des mehrere Jahrzehnte in die Zukunft reichenden Untersuchungszeitraumes ist es daher für die Umsetzung des with-and-without-principle zwingend erforderlich, einen *Szenarioansatz* für die Ausgestaltung möglicher Zukünfte zu verfolgen (zum Szenarioansatz siehe Abschn. 1.3, und zum Einsatz von Szenarien in der regionalökonometrischen Modellierung siehe Abschn. 4).

Die folgende *Tabelle 32* verdeutlicht beispielhaft den großen Einfluss, den sowohl der Diskontsatz, als auch der Zahlungszeitpunkt auf den Gegenwartswert haben.

Zahlungs-	Diskontsatz				
zeitpunkt	**1 %**	**2 %**	**5 %**	**10 %**	**20 %**
t_1	990	980	952	909	833
t_2	980	961	907	826	694
t_3	971	942	864	751	579
t_4	961	924	823	683	482
t_5	951	906	784	621	402
t_{10}	905	820	614	386	162
t_{50}	608	372	87	9	0,11
t_{100}	370	138	8	0,07	0,00001

Tabelle 32: Gegenwartswerte einer Zahlung von 1000 Geldeinheiten für verschiedene Zahlungszeitpunkte und Diskontsätze.

Die Kosten und Nutzen fallen in den meisten Fällen nicht zeitlich symmetrisch an. Den hohen Kosten zu Beginn des Untersuchungszeitraumes stehen häufig deutlich geringere, aber kontinuierlich auftretende Nutzen in den Jahren danach gegenüber. Daher ist die Höhe des Diskontsatzes in einer Kosten-Nutzen-Analyse von zentraler Bedeutung.
Die Fragestellung, wie der *"richtige" Diskontsatz* bestimmt werden kann, wird in der Literatur breit diskutiert[202]. Für die Praxis der Kosten-Nutzen-Analyse hat

[201] Vgl. DVWK (1985), S. 11-13, Brümmerhoff (2001), S. 196, Dehnhardt, Meyerhoff (2002), S. 244.
[202] Vgl. Hesse (1988), S. 376-380, Pearce, Turner (1990), S. 211-225, Hanley, Spash (1993), S. 128-132, Hanusch (1994), S. 99-114, Schönbäck et al. (1997), S. 8-10, Endres, Holm-Müller (1998), S. 134-140, Newell, Pizer (2001), Brümmerhoff (2001), S. 206-210, European Commission (2002), S. 103-105, Philibert (2003).

sich bei der Beurteilung von weit in die Zukunft reichenden, generationenübergreifenden Projekten die Verwendung eines zwar positiven, aber relativ niedrigen Diskontsatzes durchgesetzt. Eine durch einen hohen Diskontsatz ausgedrückte starke Gegenwartspräferenz wird in diesen Fällen als gegenüber den künftigen Generationen ethisch nicht vertretbar angesehen. Bei Kosten-Nutzen-Analysen mit ähnlichem thematischen Hintergrund wie RECOACT liegt der reale Diskontsatz daher bei 2 oder 3 %[203]. Außerdem ist es sinnvoll, die Kosten-Nutzen-Analyse im Zuge einer Sensitivitätsprüfung mit alternativen Diskontsätzen, z.B. 0 % und 5 %, durchzurechnen.

Bei der Kosten-Nutzen-Analyse eines Küstenschutzprojektes ist die Berücksichtigung der *Kostenseite* bei der in RECOACT möglichen Erfassungstiefe unter methodischen Gesichtspunkten relativ unproblematisch. Die Investitionskosten werden zu Beginn des Projektes entsprechend der Bauzeit berücksichtigt. Ist die Nutzungsdauer geringer als der Untersuchungszeitraum, sind darüber hinaus noch entsprechende Ersatzinvestitionen zu einem späteren Zeitpunkt einzubeziehen. Unterhaltungskosten für die geschaffenen Infrastruktureinrichtungen fließen als jährliche Kosten ein.

Für die Kalkulation der Nutzen der Projekte in Form der durch sie vermiedenen Überflutungsschäden muss dagegen ein anderer Weg eingeschlagen werden. Anstatt ein Sturmflutereignis zu einem bestimmten künftigen Zeitpunkt anzunehmen und die dann nicht eintretenden Schäden als einmaligen Nutzen einer vorherigen Küstenschutzinvestition zum Zeitpunkt der Sturmflut einfließen zu lassen, werden die *vermiedenen Schäden* als kontinuierlicher Nutzenstrom entsprechend der Jährlichkeiten bzw. *Eintrittswahrscheinlichkeiten* des Versagens der Küstenschutzsysteme berücksichtigt. Eine Versagenswahrscheinlichkeit in Höhe von beispielsweise 2 % bedeutet, dass das Ereignis im Durchschnitt einmal in 50 Jahren eintritt. Aus diesen Angaben lässt sich jedoch keine weitere Information über den Zeitpunkt des Versagens gewinnen. Bei einem Ereignis, das statistisch gesehen alle 50 Jahre stattfindet, ist es bei einer *Durchschnittsbetrachung* genauso wahrscheinlich, dass es im ersten Jahr eintritt wie im fünfzigsten. Hierauf gründet sich dann die konstante durchschnittliche jährliche Eintrittswahrscheinlichkeit von 2 %. Multipliziert man diese mit dem zu erwartenden Schaden, so ergibt sich das *jährliche Schadensrisiko* für ein in diesem Fall fünfzigjähriges Ereignis[204].

---

[203] Vgl. Schönbäck et al. (1997), S. 11, Röttcher, Tönsmann (1999), S. 37, Hecht, Karl (2002), S. 223, Hartje et al. (2002), S. 194, Dehnhardt, Meyerhoff (2002), S. 247.

[204] Vgl. zu dieser Herangehensweise auch DVWK (1985), S. 14 und 18-27, Penning-Rowsell, Parker (1987), S. 280 ff. und Schätzl, Hoffmann (2003), S. 54-55.

Reduziert sich nun durch eine Küstenschutzinvestition die Eintrittswahrscheinlichkeit von 2 % auf beispielsweise 1 %, so reduziert sich analog das jährliche Schadensrisiko. Diese Risikominderung in Höhe von 1 % der Schadenssumme wird dann jährlich als *Nutzengröße in der Kosten-Nutzen-Analyse* verwendet.

Diese Verfahrensweise wird zum Abschluss noch an einem einfachen Zahlenbeispiel illustriert (siehe folgende *Tabelle 33*).

Summe aus Kapitalstock- und Wertschöpfungsverlusten und ökologischen Schäden bei Versagen der Küstenschutzsysteme	10.000.000 €
gegenwärtige Versagenswahrscheinlichkeit (P_{2000})	0,2 % (1:500 Jahre)
Versagenswahrscheinlichkeit 2050 bei Klimawandel (P_{2050})	1,0 % (1:100 Jahre)
Küstenschutzinvestition	1.000.000 €
Versagenswahrscheinlichkeit 2050 nach Investition (P_{2050^*})	0,2 % (1:500 Jahre)
jährlicher Nutzen der Investition[205]: ($P_{2050} - P_{2050^*}$) * Schaden	= (1 % - 0,2 %) * 10.000.000 € = 80.000 €
weitere Annahmen: - Untersuchungszeitraum: - Zunahme der Unterhaltkosten durch die Investition: - Diskontsatz:	 50 Jahre 10.000 €/a 2 %

Tabelle 33: Beispiel zum Vorgehen der Kosten-Nutzen-Analyse einer Küstenschutzinvestition.

Aus diesen Angaben ergibt sich dann der Gegenwartswert der Küstenschutzinvestition wie folgt[206]:

[205] Unter Verwendung der vereinfachenden Annahme, dass die für das Jahr 2050 berechnete Versagenswahrscheinlichkeit auch bereits im Zeitraum bis 2050 gilt. Dies entspricht auch der Datenlage für die Anwendung der Kosten-Nutzen-Analyse im Rahmen von KRIM. Auch hier standen dem Teilprojekt RECOACT nur zwei Versagenswahrscheinlichkeiten zur Verfügung, eine für die gegenwärtigen Klimaverhältnisse und eine für KRIM-Klimaszenariobedingungen im Jahr 2050.

[206] Hat man es wie in diesem Fall mit einer gleichförmigen Zahlungsreihe zu tun, so lässt sich die Berechnung des Gegenwartswertes durch Verwendung eines Diskontierungsfaktors, der für entsprechende Zinssätze und Zeiträume in finanzmathematischen Tabellen aufgelistet wird, vereinfachen. Für 2 % und 50 Jahre beträgt dieser Faktor 31,424.

$$K_0 = -1.000.000 + \sum_{i=1}^{50} \frac{80.000 - 10.000}{(1+0{,}02)^i}$$
$$K_0 = -1.000.000 + 70.000 * 31{,}424$$
$$K_0 = 1.199.680.$$

Da die Alternative einen positiven Gegenwartswert aufweist, erfüllt sie in pragmatischer Betrachtung das Kaldor-Hicks-Kriterium und leistet einen positiven Beitrag zur gesellschaftlichen Wohlfahrt. Sollte es sich bei dieser Maßnahme um die einzige Alternative zur Beibehaltung des Status quo handeln, so würde ihre Realisierung empfohlen, da die Alternative "Beibehaltung des Status quo" bei dieser Vorgehensweise einen Gegenwartswert von Null hat[207].

6.2 Kosten und Nutzen von Reaktionsvarianten in den lokalen Fokusflächen

Bei der Kosten-Nutzen-Analyse eines Küstenschutzprojektes ist die Berücksichtigung der *Kostenseite* bei der in RECOACT möglichen Erfassungstiefe unter methodischen Gesichtspunkten relativ unproblematisch. Die Investitionskosten werden zu Beginn des Projektes entsprechend der Bauzeit berücksichtigt. Unterhaltungskosten für die geschaffenen Infrastruktureinrichtungen fließen als jährliche Kosten ein.

$$C = A_0 + \sum_{i=1}^{50} UC_i * (1+r)^{-i}$$

C sind die Kosten. Ihre Bestandteile sind die Investitionskosten (*A*) und die Unterhaltungskosten zum Zeitpunkt t_i (*UC*)[208]. *r* stellt den Diskontsatz dar.

Die Nutzen der Projekte werden zunächst in Form der durch sie vermiedenen Überflutungsschäden kalkuliert. Die *vermiedenen Schäden* als kontinuierlicher Nutzenstrom entsprechend der Jährlichkeiten bzw. *Eintrittswahrscheinlichkeiten* des Versagens der Küstenschutzsysteme werden berücksichtigt. Bei einem Ereignis, das statistisch gesehen alle 50 Jahre eintritt, ist es bei einer *Durchschnittsbetrachtung* genauso wahrscheinlich, dass es im ersten Jahr eintritt wie im fünfzigsten. Hierauf gründet sich dann die konstante durchschnittliche jährliche Eintrittswahrscheinlichkeit von w' %. Multipliziert man diese mit dem zu erwar-

---

[207] Die Beibehaltung des Status quo verursacht keine Investitionskosten und bei dieser auf Wahrscheinlichkeitsdifferenzen beruhenden Vorgehensweise auch keinen Nutzen(zuwachs), da hier P_{2050} und P_{2050*} identisch sind.

[208] Die Unterhaltungskosten werden wegen der fehlenden Daten in die Kosten-Nutzen-Kalkulationen nicht aufgenommen.

tenden Schaden, so ergibt sich das *jährliche Schadensrisiko* für ein in diesem Fall fünfzigjähriges Ereignis. Sie werden zweitens in Form des durch die Projekte auf die Wirtschaftskreise auswirkenden Effekts berücksichtigt,

$$B = IE_0 + \{\sum_{i=1}^{50}[(VS_i + ÖS_i + BIPS_i)*w]/(1+r)^i\}, w = w'/100$$

B sind die Nutzen, die aus den Effekten der Investitionen (*IE*) und den durch sie vermeidbaren Überflutungsschäden bestehen, wobei es sich um die Vermögensschäden (*VS*), die ökologischen Schäden (*ÖS*) und den durch den Kapitalverlust verursachten indirekten Verlust des Bruttoinlandprodukts (*BIPS*) handelt.

Die Tabelle *34* fasst die Vermögensschäden (*VS*) unter Klima Status quo, unter KRIM-Klimaszenario und bei einem Ereignis der ANATOL-Klasse zusammen, die unter Anwendung der *Schadensfunktionen* auf Grundlage der *Schadenspotenziale* und unter Einsatz von *Überflutungssimulationen* berechnet werden (s.a. Tabellen 11-13).

Die gesamten Ergebnisse der Überflutungsfolgen für das reale Bruttoinlandsprodukt (im jährlichen Durchschnitt) (*BIPS*) sowie für die Beschäftigung (im jährlichen Durchschnitt) für die Fokusflächen unter den drei Klimaszenarien werden in der Tabelle 25 und die Ergebnisse der Simulationen über die positiven Impulse der Investitionsvorhaben (*IE*) in der Tabelle 26 zusammengefaßt.
Der Gegenwartswert des Projektes (*K*) wird in folgender Weise formuliert:

$$K = (-C) + (B)$$

Wenn er positiv ist, sollte das Projekt durchgeführt werden. Wenn eine Entscheidung zwischen mehreren Projekten getroffen werden muß, ist die Alternative mit dem höchsten Gegenwartswert umzusetzen.

Weil die Barwerte der Nutzen und Kosten auch getrennt ermittelt werden können, wird das Nutzen-Kosten-Verhältnis (*VNK*) als Quotient gebildet und kann als zusätzlicher Informationsparameter angewendet werden.

$$VNK = B/C$$

Ist dieses größer als eins, so entspricht dies einem positiven Gegenwartswert des Projektes.

Schadens-ergebnis / Fokus-fläche	Schadens-potenzial (Mill. €)	Schaden unter Klima Status quo (Mill. €)	Schaden unter KRIM-Klima-szenario (Mill. €)	Anstieg Schäden von „Klima Status quo" zu „Klima-szenario" (%)	Schäden bei einem Ereignis der ANATOL-Klasse (Mill. €)	Anstieg Schäden von „Klima Status quo" zu „ANA-TOL-Klasse" (%)
Wangerooge	132,722	6,066	10,005	+ 65	10,992	+ 81
Wangerland	834,452	48,742	62,687	+ 29	366,431	+ 652
WHV	8.127,270	1.634,057	1.794,049	+ 10	3.088,202	+ 89
Butjadingen	539,049	74,709	103,772	+ 39	1.151,238	+ 1441
Brake	1.714,982	126,337	169,177	+ 34	1.457,922	+ 1054
Wursten	687,601	25,634	35,137	+ 37	265,545	+ 936
Bremen	53.084,327	385,106	453,585	+ 18	6.530,159	+ 1596
BHV	11.293,352	37,804	-	+ 30	2.031,875	+ 5275
Σ	76.413,755	2.338,455	2.628,412	+ 12	14.902,364	+ 537

(Für den fehlenden Wert für Bremerhaven konnte die Input-Datei nicht zur Verfügung gestellt werden.)

Tabelle 34: Überblick über die Schäden in den Fokusflächen unter Klima Status quo, unter KRIM-Klimaszenario und bei einem Ereignis der ANATOL-Klasse in Mill. € (2000).

Zu den Kosten-Nutzen-Kalkulationen vier unterschiedlicher Küstenschutzprojekte werden einige Schritte vorgenommen. Die Werte aller Variablen werden zunächst unter Berücksichtigung der Preisentwicklung auf die Werte in Preisen vom bestimmten Jahrgang (in Preisen von 1991) umgerechnet, damit ein Diskontsatz auf der gemeinsamen Preisbasis angewendet wird. Zweitens werden die Kosten-Nutzen-Kalkulationen einzelner Küstenschutzprojekte, die in jeden Fokusflächen vorgenommen werden können, voneinander getrennt durchgeführt und ihre Ergebnisse werden danach unter vier Küstenschutzprojekte (eine Deicherhöhung, die Errichtung einer 2. Deichlinie, Weser-Sperrwerk und Jade-Sperrwerk) zusammengefügt und addiert.[209]

Dabei wird angenommen, dass alle Deiche gleichzeitig versagen. Allerdings fehlen die Daten über die Wahrscheinlichkeit des gleichzeitgen Versagens aller Deiche in den Fokusflächen und seine Schäden. Die hier angewendete Addierungsmethode wird als ein Umweg ausgewählt. Allerdings enthält der Umweg den Fehler der falschen Eintrittswahrscheinlichkeit und des falschen Schädensumfangs. Außerdem muß zum vorsichtigen Vergleich der Ergebnisse der Kosten-Nutzen-Kalkulationen noch ein Problem erwähnt werden. Die Daten über die hier angewendeten Investitionskosten, besonders Kosten der Errichtung einer 2. Deichlinie, stehen in nur drei Fokusflächen zur Verfügung. Deshalb werden Investitionskosten und ihre Effekte sowie vermeidbare Überflutungsschäden nur für drei Fokusflächen berücksichtigt (siehe generall zur Datenabdeckung in dieser Untersuchung *Tabelle 35*). In diesem Sinne ist der direkte Vergleich des Gegenwartswertes des Projektes teilweise problematisch.

[209] Angenommen wird, dass die Investitionkosten regionalwirtschaftlich neutral finanziert werden.

Analysebereiche / Fokusflächen	Vermögensschäden			Ökologische Schäden			Küstenschutzmaßnahmen			
	Klima Status quo	KRIM-Klimaszenario	ANATOL-Klasse	Klima Status quo	KRIM-Klimaszenario	ANATOL-Klasse	Erhöhung der Deiche	Errichtung zweiter Deichlinien	Jade-Sperrwerk	Weser-Sperrwerk
Wangerooge	X	X	X	X	X	X	X	O	X	X
Wangerland	X	X	X	X	X	X	X	X		
WHV	X	X	X	X	X	X	X	O		
Butjadingen	X	X	X	X	X	X	X	X		
Brake	X	X	X	X	X	X	X	O		
Bremen	X	X	X	X	X	X	O	O		
BHV	X	O	X	X	O	X	X	O		
Wursten	X	X	X	X	X	X	X	X		

X = Daten vorhanden
O = Daten nicht vorhanden

Tabelle 35: Übersicht – Abdeckung der Analysebereiche der Fokusflächen durch die Inputs aufbereiteter Daten aus den Simulationen der Forschungsverbandes KRIM

Die beiden folgenden Tabellen enthalten die Ergebnisse der Kosten-Nutzen-Kalkulationen unterschiedlicher Küstenschutzprojekte, wobei sich Tabelle *35* auf das KRIM-Klimaszenario bezieht und Tabelle *36* auf ein Ereignis der ANATOL-Klasse. Bei den Kalkulationen wird angenommen, dass sich unter der KRIM-Klimaszenariobedingung und bei einem Ereignis der ANATOL-Klasse durch eine Küstenschutzinvestition die Eintrittswahrscheinlichkeit von 1 % (1:100 Jahre) auf 0,2 % (1:500 Jahre) reduziert. Die Kosten-Nutzen-Berechnungen werden im Zuge einer Sensitivitätsprüfung mit drei alternativen Diskontsätzen, 0 %, 2 % und 5 %, durchgeführt.

Aus den Ergebnissen der Kosten-Nutzen-Kalkulationen können folgende Schlüsse gezogen werden.

- Alle Gegenwartswerte (*K*) weisen einen positiven Wert auf.

- Der Gegenwartswert des Projektes (*K*) zeigt den höchsten Wert bei dem Küstenschutzprojekt „Jade-Sperrwerk“ unter dem KRIM-Klimaszenario und bei einem Ereignis der ANATOL-Klasse. Bei der Berüchsichtigung des Nutzen-Kosten-Verhältnisses (*VNK*) sieht das Bild anders aus. Das Küstenschutzprojekt „Deicherhöhung“ hat das Nutzen-Kosten-Verhältnis (*VNK*) mit dem höchsten Wert. Aus der ökonomisch effizienten Sicht kann als ein Informationsindikator das Nutzen-Kosten-Verhältnis (*VNK*) dem Gegenwartswert des Projektes (*K*) vorgezogen werden.

- Das Ergebnis der Kosten-Nutzen-Kalkulationen mit alternativen Diskontsätzen zeigt, daß bei einer starkeren Gegenwartspräferenz, die durch einen hoheren Diskontsatz (0 % → 5 %) ausgedrückt wird, das Küstenschutzprojekt „eine Deicherhöhung“ einer relativ starken Abwertung unterworfen ist als anderen Küstenschutzprojekten.

Diskontsatz			KRIM-Klimaszenario											
			Deicherhöhung			Errichtung einer 2. Deichlinie			Weser-Sperrwerk			Jade-Sperrwerk		
			Schädigungsquote			Schädigungsquote			Schädigungsquote			Schädigungsquote		
	Indikator	**Szenario**	1%	2%	5%	1%	2%	5%	1%	2%	5%	1%	2%	5%
0%	**Gegenwarts wert des Projektes K = (-C) + B**	Basis	1006,9	1007,3	1008,6	118,66	118,87	119,49	1621,7	1622,1	1623,4	1906,1	1906,5	1907,8
		Kontrast	993.8	994,3	999,6	114,51	114,71	115,33	1627,4	1627,8	1629,2	1872,0	1872,4	1873,8
	Nutzen-Kosten-Verhältnis VNK = B / C	Basis	20,62	20,63	20,66	2,67	2,67	2,68	2,44	2,44	2,44	2,39	2,39	2,39
		Kontrast	20,40	20,41	20,43	2,61	2,62	2,62	2,44	2,44	2,44	2,37	2,37	2,37
2%	**Gegenwarts wert des Projektes K = (-C) + B**	Basis	640,5	640,8	631,6	84,3	84,5	84,9	1179,3	1179,6	1180,4	1463,7	1464,8	1466,8
		Kontrast	630,5	630,7	621,5	80,5	80,6	81,0	1191,1	1191,4	1192,2	1435,7	1436,0	1137,3
	Nutzen-Kosten-Verhältnis VNK = B / C	Basis	13,48	13,49	13,50	2,19	2,19	2,19	2,04	2,04	2,04	2,07	2,07	2,07
		Kontrast	13,31	13,32	13,33	2,13	2,14	2,14	2,05	2,05	2,04	2,05	2,05	2,05
5%	**Gegenwarts wert des Projektes K = (-C) + B**	Basis	380,8	381,0	381,4	60,0	60,1	60,3	865,7	865,9	866,4	1150,1	1150,3	1150,8
		Kontrast	372,9	373,1	373,6	56,3	56,4	56,6	881,8	882,0	882,4	1126,4	1126,6	1127,0
	Nutzen-Kosten-Verhältnis VNK = B / C	Basis	8,42	8,42	8,43	1,84	1,845	1,845	1,77	1,77	1,77	1,84	1,84	1,84
		Kontrast	8,28	8,28	8,29	1,79	1,79	1,80	1,78	1,78	1,78	1,82	1,82	1,82

Tabelle 36: Ergebnisse der Kosten-Nutzen-Kalkulationen unterschiedlicher Küstenschutzprojekte unter dem KRIM-Klimaszenario.

Diskontsatz			ANATOL-Klasse											
			Deicherhöhung			Errichtung einer 2. Deichlinie			Weser-Sperrwerk			Jade-Sperrwerk		
			Schädigungsquote			Schädigungsquote			Schädigungsquote			Schädigungsquote		
	Indikator	**Szenario**	1%	2%	5%	1%	2%	5%	1%	2%	5%	1%	2%	5%
0%	**Der Gegenwartswert des Projektes K = (-C) + B**	Basis	3706,6	3707,4	3709,8	785,8	786,2	787,3	6990,3	6991,2	6994,0	7274,7	7275,6	7278,4
		Kontrast	3640,4	3641,2	3643,6	776,1	776,4	777,6	6842,0	6842,9	6845,6	7086,6	7087,5	7090,2
	Das Nutzen-Kosten-Verhältnis VNK = B / C	Basis	59,48	59,50	59,53	12,06	12,06	12,08	7,19	7,19	7,19	6,31	6,31	6,31
		Kontrast	58,42	58,44	58,48	11,93	11,94	11,95	7,05	7,06	7,06	6,17	6,17	6,18
2%	**Der Gegenwartswert des Projektes K = (-C) + B**	Basis	2337,8	2338,3	2339,8	503,6	503,8	504,6	4553,4	4553,9	4555,7	4837,8	4840,1	4838,3
		Kontrast	2294,4	2294,9	2296,4	496,2	496,5	497,2	4468,3	4468,9	4470,6	4712,9	4715,2	4713,5
	Das Nutzen-Kosten-Verhältnis VNK = B / C	Basis	37,89	37,89	37,92	8,09	8.09	8,10	5,03	5,03	5,04	4,53	4,53	4,53
		Kontrast	37,20	37,20	37,20	7,99	7,99	8.00	4,95	4,95	4,96	4,44	4,44	4,44
5%	**Der Gegenwartswert des Projektes K = (-C) + B**	Basis	1367,5	1367,8	1368,7	303,6	303,7	304,1	2825,9	2826,3	2827,3	3110,3	3110,7	3271,3
		Kontrast	1340,0	1340,6	1341,5	297,9	298,0	298,42	2785,7	2786,3	2787,1	3030,3	3030,7	3031,7
	Das Nutzen-Kosten-Verhältnis VNK = B / C	Basis	22,58	22,58	22,59	5,27	5,27	5,28	3,50	3,50	3,50	3,27	3,27	3,27
		Kontrast	22,14	22,15	22,16	5,20	5,20	5,20	3,50	3,50	3,50	3,21	3,21	3,21

Tabelle 37: Ergebnisse der Kosten-Nutzen-Kalkulationen unterschiedlicher Küstenschutzprojekte bei einem Ereignis der ANATOL-Klasse.

7. Schlußbemerkungen

Die vorliegende Untersuchung stellt eine Art *Screening* im Raum der wahrscheinlichen *Entwicklungen* und *Handlungsoptionen* in einem fast noch gänzlich unerforschten Gebiet dar. Für eine solche erste Erkundung in Neuland musste eine komplexe *Methodik* entwickelt werden. Diese beruht auf den Säulen

- regionalisiertes Klimaszenario;
- Überflutungssimulationen;
- Vermögens-Stock-spezifische Schadensfunktionen;
- alternative sozio-ökonomische Zukunftsszenarien;
- sektoralisierte regionalökonometrische Längstfrist-Schätzungen (mit sektoralisierten Kapitalstöcken);
- Ermittlung ökologischer Schäden sowie
- Kosten-Nutzen-Analysen grundsätzlicher Küstenschutzstrategien.

Mit diesen methodischen Bausteinen konnten „Schneisen in unerforschtes Gelände" geschlagen, d.h. *Längstfrist-Wirkungen* und Wirkungsmechanismen bei *Stock-Schäden* (Kapitalbestände bzw. Vermögensbestände i.w.S.) und damit verbundene *Flow-Verluste* bei Sozialprodukt und Arbeitsplätzen ermittelt werden. Wir gehen davon aus, daß damit zwar hypothetische, aber zugleich durchaus *realistische* Wertebereiche und Zukunftskorridore berechnet werden konnten, da die *sozio-ökonomischen Zukunftsszenarien* in realistischen Projektionsbereichen der wirtschaftswissenschaftlichen Zukunftsforschung (Prognos AG) liegen und den *Überflutungssimulationen* recht genaue positive Wahrscheinlichkeiten durch die Klima- und Küstenschutz-Forschung zugewiesen werden können. Die wirtschaftliche Zukunft von Küsten- und Flußmündungsregionen unter dem Einfluß des Klimawandels ist damit ein deutliches Stück *transparenter* geworden. Künftige Arbeiten können auf diesem methodischen Stand und den substantiellen Ergebnissen dieser Untersuchung aufbauen bzw. sich dazu in Relation setzen.

Einige zahlenmäßige Ergebnisse, die die *Größenordnungen* umschreiben, entlang derer zukünftig zu denken, d.h. weiter zu analysieren und auch privat und öffentlich zu planen ist:

- Unter dem *regionalen Klimaszenario* sind bei Extremereignissen in den nächsten wenigen Jahrzehnten *Vermögensverluste* i.H.v. etwa 2,7 Mrd. € allein in den insgesamt 8 Fokusflächen der Untersuchungsregion zu erwarten; das sind zwischen 1% des Gesamtvermögens in der Stadt Bremen und 22% des Gesamtvermögens in der Stadt Wilhelmshaven. Eine Hochrechnung von den Fokusflächen auf die *Gesamtfläche der Untersuchungsregion* wurde hier bewusst nicht versucht; die Prozentangaben der Vermögensschäden (und auch der u.g. Flow-Verluste) stecken jedoch einen Wertebereich ab, in dem die entsprechenden Parameter auch in den snderen Teilflächen der Region bzw. der Gesamtregion zu erwarten sind. Gegenüber dem *Klima-Status-Quo* sind damit Erhöhungen des Schadensrisikos am gesamten Vermögen i.H.v. +10% in Wilhelmshaven, +18 % in der Stadt Bremen und +65% auf der Insel Wangerooge zu gewärtigen. Damit sind in bestimmten Teilregionen insgesamt (auch ökonomisch) gravierende Situationen zu erwarten.

- Bei Extremereignissen der *ANATOL-Klasse* erhöhten sich die Werte drastisch um mehr als das Fünffache bei den *Stock-Schäden*, von 2,7 Mrd. € auf ca. 14,9 Mrd. €, davon 2,0 Mrd. € in Cuxhaven, 3,1 Mrd. € in Wilhelmshaven und 6.5 Mrd. € in Bremen Stadt.

- Die ökonometrischen Berechnungen zeigen für das *regionale Klimaszenario* jahresdurchschnittliche *Sozialprodukts-Verluste* in der Größenordnung von 500 Mio. € p.a. in Wilhelmshaven und 125 Mio. € p.a. in Bremen-Stadt, mit entsprechenden *Arbeitsplatzverlusten* in der Größenordnung von etwa 2000 in Wilhelmshaven und ebenso etwa 2000 in Bremen-Stadt. Dabei sei nochmals daran erinnert, dass das ökonometrische Modell so spezifiziert ist, dass es Flow-Verluste eher konservativ schätzt.

- Ein *ANATOL-Ereignis* erhöht hier die Flow-Schäden um mehr als das Zwölffache (z.B. Bremen-Stadt: 1,6 Mrd. € Sozialproduktsverlust p.a., entsprechend 26.000 Arbeitsplätze).

- Die *ökologischen Schäden* können z.B. durch *zusätzlich* zu erwartende *Überflutungsflächen* charakterisiert werden. Die entsprechenden Werte bewegen zwischen ± 0% in Bremen-Stadt und 24% in der Teilregion Wangerland.

- Die *Kosten-Nutzen-Schätzungen* und –Vergleiche für die grundsätzlichen *Küstenschutz-Strategien* „Deicherhöhung", „Rücknahme der Deichlinie (bzw. 2. Deichlinie)" und „Küstensperrwerk" ergeben eine grundsätzliche ökonomisch-monetär begründete Handlungsempfehlung für die Option „Deicherhöhung".

Es soll hier keine Überbewertung solcher im künftigen Möglichkeitenraum noch vergleichsweise isolierter *„Punktlösungen"* vorgenommen, d.h. kein blindes

Vertrauen in einzelne „*magical numbers*" gefördert werden, aber die *Methodik* scheint *transparent* genug, um die erzielten quantitativen Ergebnisse nachvollziehen zu können, sowie valide genug operationalisiert und angewendet, um zumindest den *Größenordnungen* der Ergebnisse trauen zu können. Selbstverständlich sind in der Zukunft weitaus mehr Berechnungen mit flächendeckenderen *Sensitivitätsanalysen* erforderlich, als sie in diesem ersten Projekt möglich waren, um den künftigen Möglichkeitenraum transparenter werden zu lassen und besser kennenzulernen. Auch die Abdeckung der aufbereiteten *Input-Daten* muss in Zukunft sowohl flächenbezogen als auch Funktionsbereichs-bezogen noch komplettiert werden. Das Ausformulieren konkreter Ergebnisse müssen wir allerdings jenen Fachdisziplinen überlassen - und den öffentlich Verantwortlichen -, die näher mit dem konkreten Küstenschutz befasst sind. In jedem Fall sind diese aufgefordert, aus den quantitativen Ergebniskonstellationen der ökonomischen und ökonometrischen Beiträge zur regionalen Klimafolgenforschung konkretere und mehrdimensionale Visionen und potentielle Zukünfte zu generieren, um weitere Analysen, v.a. aber um eine überfällige Reaktion der öffentlichen Planung und des öffentlichen Handelns zu initiieren.

Die ökonomische und ökonometrische regionalisierte und sektoralisierte Stock- und Flow-basierte Klimafolgenforschung jedenfalls hat sich hiermit etabliert und auch zunächst durchaus bewährt, was zu Beginn der Arbeiten im Rahmen von DEKLIM C und KRIM keineswegs als ausgemacht gelten konnte. Sie hat damit auch eine Rolle zu spielen in der künftigen Klimafolgenforschung und der privaten wie öffentlichen Klimafolgenprävention. Letztere sollte spätestens jetzt beginnen.

Literatur

Adger et al. (2001): W.N. Adger, P.M. Kelly, N.H. Tri: Costs and Benefits of Mangrove Conversion and Restoration, in: R.K. Turner, I.J. Bateman, W.N. Adger (Ed.): Economics of Coastal and Water Resources: Valuing Environmental Functions. Dordrecht 2001. S. 259-279.

Ahlheim (2003): Michael Ahlheim: Zur ökonomischen Bewertung von Umweltveränderungen, in: Bernd Genser (Hrsg.): Finanzpolitik und Umwelt. Berlin 2003. S. 9-71.

Ahlheim, Lehr (2002): Michael Ahlheim, Ulrike Lehr: Nutzentransfer: Das Sparmodell der Umweltbewertung, in: Perspektiven der Wirtschaftspolitik, Vol. 3 (2002), Nr. 1, S. 85-104.

Apolinarski et al. (2004): Ingrid Apolinarski, Ludger Gailing, Andreas Röhring: Institutionelle Aspekte und Pfadabhängigkeiten des regionalen Gemeinschaftsgutes Kulturlandschaft. Working Paper, Leibnitz-Institut für Regionalentwicklung und Strukturplanung. Erkner 2004.

Arnold (1988): Volker Arnold: Nutzen-Kosten-Analyse. Teil II: Anwendung, in: Willy Albers et al. (Hrsg): Handwörterbuch der Wirtschaftswissenschaft. Stuttgart 1988. S. 382-399.

Bartsch (1999): Klaus Bartsch: Das regionalökonometrische Modell für die Unterweser-Region BRECOMOD ESTUARY Version 3.1 – Überblick. Bremer Diskussionspapiere zur ökonomischen Klimafolgenforschung, Nr. 4. Bremen 1999.

Bateman et al. (1995): Ian J. Bateman, Ian H. Langford, Andreas Graham: A Survey of Non-Users Willingness to Pay to Prevent Saline Flooding in the Norfolk Broads. Centre for Social and Economic Research on the Global Environment (CSERGE), Working Paper GEC 95-11. University of East Anglia, Norwich 1995.

Baumgärtner (2002): Stefan Baumgärtner: Der ökonomische Wert der biologischen Vielfalt. Heidelberg 2002. Online: http://www.eco.uni-heidelberg.de/research/publications/papers/Baumgaertner%202002%20FR5.pdf.
Veröffentlicht in: Bayerische Akademie für Naturschutz und Landschaftspflege (Hrsg.): Grundlagen zum Verständnis der Artenvielfalt und seiner Bedeutung und der Maßnahmen, dem Artensterben entgegen zu wirken. Laufen/Salzach 2002. S. 73-90.

Baxter et al. (2001): P.J. Baxter, I. Moller, T. Spencer, R.J. Spence, S. Tapsell: Flooding and Climate Change, in: Department of Health (Ed.): Health Effects of Climate Change in the UK. London 2001. S. 152-192.

Bayern-LfW (1998): Bayerisches Landesamt für Wasserwirtschaft: Hochwasserschadensfunktionen. München 1998.
Online: http://www.bayern.de/lfw/technik/gkd/kurzinfo/untersuch/hwsf/

Behnen (1996): Tobias Behnen: Der Meeresspiegelanstieg und die möglichen Folgen für Deutschland. Eine Abschätzung der sozio-ökonomischen Vulnerabilität, in: Horst Sterr, Christoph Preu (Hrsg.): Beiträge zur aktuellen Küstenforschung. Aspekte – Methoden – Perspektiven. Vechtaer Studien zur Angewandten Geographie und Regionalwissenschaft. Band 18. Vechta 1996. S. 33-41.

Bergstrom et al. (1990): John C. Bergstrom, John R. Stoll, John P. Titre, Vernon L. Wright: Economic value of wetlands-based recreation, in: Ecological Economics, Vol. 2 (1990), No. 2, S. 129-147.

Berkhout et al. (2002): Frans Berkhout, Julia Hertin, Andrew Jordan: Socioeconomic futures in climate change impact assessment: using scenarios as 'learning machines', in: Global Environmental Change, Vol. 12 (2002), S. 83-95.

Bezirksregierung (1997): Bezirksregierung Weser-Ems (Hrsg.): Generalplan Küstenschutz für den Regierungsbezirk Weser-Ems. Oldenburg 1997.

Bijlsma et al. (1996): L. Bijlsma, C.N. Ehler, R.J.T. Klein, S.M. Kulshrestha, R.F. McLean, N. Mimura, R.J. Nicholls, L.A. Nurse, H. Pérez Nieto, E.Z. Stakhiv, R.K. Turner, R.A. Warrick: Coastal zones and small islands, in: R.T. Watson, M.C. Zinyowera, R.H. Moss (Eds.): Climate Change 1995. Impacts, Adaptions, and Mitigation of Climate Change: Scientific-Technical Analysis. Contribution of Working Group II to the Second Assessment Report of the Intergovernmental Panel on Climate Change. Cambridge 1996. S. 289-324.

Birnbacher (1998): Dieter Birnbacher: Utiliaristische Umweltbewertung, in: Werner Theobald (Hrsg.): Integrative Umweltbewertung. Theorie und Beispiele aus der Praxis. Berlin 1998. S. 21-33.

Brander et al. (2003): Luke M. Brander, Raymond J.G.M. Florax, Jan E. Vermaat: The Empirics of Wetland Valuation: A Comprehensive Summary and a Meta-Analysis of the Literature. DINAS-COAST Working Paper No. 8, 2003. Online: http://www.dinas-coast.net .

Bronstert (2003): Axel Bronstert: Floods and Climate Change: Interactions and Impacts, in: Risk Analysis, Vol. 23 (2003), Nr. 3, S. 545-557.

Brouwer (2000): Roy Brouwer: Environmental value transfer: state of the art and future prospects, in: Ecological Economics, Vol. 32 (2000), S. 137-152.

Brouwer et al. (1999): Roy Brouwer, Ian H. Langford, Ian J. Bateman, R. Kerry Turner: A meta-analysis of wetland contingent valuation studies, in: Regional Environmental Change, Vol. 1 (1999), No. 1, S. 47-57.

Brouwer et al. (2001): Roy Brouwer, Remco van Ek, René Boeters, Jetske Bouma: Living with Floods: An Integrated Assessment of Land Use Changes and Floodplain Restoration as Alternative Flood Protection Measures in the Netherlands. Centre for Social and Economic Research on the Global Environment (CSERGE), Working Paper ECM 01-06. University of East Anglia, Norwich 2001.

Brown (1952): Habit Persistence and Lags in Consumer Behaviour, in: Econometrica 20 (1952), S. 355-371.

Brückner (1999): Helmut Brückner: Küsten – sensible Geo- und Ökosysteme unter zunehmendem Stress, in: Petermanns Geographische Mitteilungen, Vol. 143 (1999), Pilotheft 2000, S. 6-21.

Brümmerhoff (2001): Dieter Brümmerhoff: Finanzwissenschaft. München 2001.

Bundesministerium für Verkehr (2002): Bundesministerium für Verkehr, Bau- und Wohnungswesen (Hrsg.): Bundesverkehrswegeplan 2003: Grundzüge der gesamtwirtschaftlichen Bewertungsmethodik. Berlin 2002.

Burbridge (2000): Peter R. Burbridge: The Nomination of the Wadden Sea Conservation Area as a World Heritage Site. A Feasibility Study for the Trilateral Wadden Sea Cooperation and the Common Wadden Sea Secretariat. Newcastle upon Tyne/Wilhelmshaven 2000. Online: http://www.waddensea-secretariat.org/news/documents/heritage/report.pdf

BWK (2001): Bund der Ingenieure für Wasserwirtschaft, Abfallwirtschaft und Kulturbau (BWK) e.V. (Hrsg.): Hochwasserschadenspotenziale. BWK-Bericht 1/2001. Düsseldorf 2001.

CACND (1999): Committee on Assessing the Costs of Natural Disasters: The Impacts of Natural Disasters. A Framework for Loss Estimation. National Research Council – Commission on Geosciences, Environment, and Resources. Washington D.C. 1999.

Carter et al (1994): T.R. Carter, M.L. Parry, H. Harasawa, S. Nishioka: IPCC Technical Guidelines for Assessing Climate Change Impacts and Adaptations. London, Tsukuba 1994.

Cesar (2000): Herman S.J. Cesar (Ed.): Collected Essays on the Economics of Coral Reefs. Kalmar 2000.

Church, Gregory (2001): J.A. Church, J.M. Gregory: Changes in Sea Level, in: J.T. Houghton, Y. Ding, D.J. Griggs, M. Noguer, P.J. van der Linden, X. Dai, K. Maskell, C.A. Johnson (Eds.): Climate Change 2001: The Scientific Basis.

Contribution of Working Group I to the Third Assessment Report of the Intergovernmental Panel on Climate Change. Cambridge 2001. Chapter 11. S. 639-693.

Cline (1992): William R. Cline: The Economics of Global Warming. Washington 1992.

Cohen et al. (1997): Joel E. Cohen, Christopher Small, Andrew Mellinger, John Gallup, Jeffrey Sachs: Estimates of coastal populations, in: Science, Vol. 278 (1997), S. 1211-1212.

Colijn et al. (2000): Franciscus Colijn, Matthias Hamann, Stefan Reese, Torsten Rohr: Wertermittlung für die potentiell sturmflutgefährdeten Gebiete an den Küsten Schleswig-Holsteins. Teil II. Gutachten im Auftrag des Ministeriums für ländliche Räume, Landwirtschaft, Ernährung und Tourismus des Landes Schleswig-Holstein. Forschungs- und Technologiezentrum Westküste. Büsum, März 2000.

CUR/TAW (1990): Centre for Civil Engineering Research and Codes (CUR) / Technical Advisory Committee on Water Defences (TAW): Probabilistic Design of Flood Defences. Report 141. Gouda 1990.

CZMS (1991): IPCC Coastal Zone Management Subgroup: The seven steps to the assessment of the vulnerability of coastal areas to sea level rise – a common methodology. o.O. 1991.

CZMS (1992): IPCC Coastal Zone Management Subgroup: Global climate change and the rising challenge of the sea. Den Haag 1992.

Daschkeit, Sterr (2003): Achim Daschkeit, Horst Sterr: Klimawandel in Küstenzonen, in: Umweltwissenschaften und Schadstoff-Forschung. Zeitschrift für Umweltchemie und Ökotoxikologie, Vol. 15 (2003), Nr. 3, S. 199-207

Deelstra (1995): Impact of Climatic Change on Coastal Cities, in: Doeke Eisma (Ed.): Climate Change. Impact on Coastal Habitation. Boca Raton 1995. S. 163-188.

Degenhardt, Gronemann (1998): Stefan Degenhardt, Silke Gronemann: Die Zahlungsbereitschaft von Urlaubsgästen für den Naturschutz. Theorie und Empirie des Embedding-Effektes. Frankfurt/Main 1998.

Degenhardt, Gronemann (2000): Stefan Degenhardt, Silke Gronemann: Was darf Naturschutz kosten? – Ein Meinungsbild, in: Werner Konold, Reinhard Böcker, Ulrich Hampicke (Hrsg.): Handbuch Naturschutz und Landschaftspflege. 2. Ergänzungslieferung 7/00. Landsberg 2000. Kapitel IX-3. S. 1-9.

Dehnhardt, Meyerhoff (2002): Alexandra Dehnhardt, Jürgen Meyerhoff: Nutzen-Kosten-Analyse für die Rückgewinnung und Renaturierung von Retentionsflächen entlang der Elbe, in: Alexandra Dehnhardt, Jürgen Meyerhoff (Hrsg.):

Nachhaltige Entwicklung der Stromlandschaft Elbe. Nutzen und Kosten der Wiedergewinnung und Renaturierung von Überschwemmungsauen. Kiel 2002. S. 243-255.

Dosch, Beckmann (1999): Fabian Dosch, Gisela Beckmann: Trends der Landschaftsentwicklung in der Bundesrepublik Deutschland. Vom Landschaftsverbrauch zur Produktion von Landschaften?, in: Informationen zur Raumentwicklung, 1999, Nr. 5/6, S. 291-310.

Duesenberry (1949): Income, Saving and the Theory of Consumer Behviour. Cambridge 1949.

DVWK (1985): Deutscher Verband für Wasserwirtschaft und Kulturbau (Hrsg.): Ökonomische Bewertung von Hochwasserschutzwirkungen. Arbeitsmaterialien zum methodischen Vorgehen. Bonn 1985.

DWD (2002): Deutscher Wetterdienst (Hrsg.): Klimastatusbericht 2001. Offenbach 2002.

Ebenhöh et al. (1997): Wolfgang Ebenhöh, Horst Sterr, Frank Simmering: Potentielle Gefährdung und Vulnerabilität der deutschen Nord- und Ostseeküste bei fortschreitendem Klimawandel. Case Study in Anlehnung an die Common Methodology der IPCC Coastal Management Subgroup. Oldenburg 1997.

Edwards-Jones et al. (2000): Gareth Edwards-Jones, Ben Davies, Salman Hussain: Ecological Economics. An Introduction. Oxford 2000.

Eckerle (1998): Auswirkungen veränderter ökonomischer und rechtlicher Rahmenbedingungen auf die gesetzliche Rentenversicherung in Deutschland, Prognos Gutachten, DEV Schriften Band 9. Frankfurt a. M., 1998

Eftec (2002): Economics for the Environment Consultancy Ltd (eftec): Populating the Environmental Valuation Reference Inventory: 40 European Valuation Studies. Final Report to the European Commission, DG Environment. London 2002. Online:
http://europa.eu.int/comm/environment/enveco/studies2.htm#Valuation %20Reference%20Inventory

Egli (1996): Thomas Egli: Hochwasserschutz und Raumplanung. Schutz vor Naturgefahren mit Instrumenten der Raumplanung – dargestellt am Beispiel von Hochwasser und Murgängen. ORL-Bericht 100/1996. Zürich 1996.

Ellson et al. (1984): Richard W. Ellson, Jerome W. Milliman, R. Blaine Roberts: Measuring the Regional Economic Effects of Earthquakes and Earthquake Predictions, in: Journal of Regional Science, Vol. 24 (1984), No. 4, S. 559-579.

Elsner (2003): Wolfram Elsner: Regional Industry Clusters and Environmental Impacts. Long-Run Regional Economic Effects of Climate Change: The Case of the Coastal and Estuary Zone of the German Northwest, Bremen contributions to Institutional and Social Economics, No. 53, University of Bremen. Erscheint demnächst in: Journal of Environmental Planning and Management (2005).

Elsner, Knogge (2000): Wolfram Elsner, Thomas Knogge: Zur Anwendung regionaler ökonometrischer Modelle im interdisziplinären Kontext. Das Beispiel der Analyse regionalökonomischer Klimawirkungen, in: Detlev Ehrig, Ralf Himmelreicher, Heinz Schäfer (Hrsg.): Finanzmarktarchitektur, ökonomische Dynamik und regionale Strukturforschung. Festschrift für Gerhard Leithäuser und Thomas von der Vring, Universität Bremen 2000. S. 269-295.

Elsner, Knogge (2001): Wolfram Elsner, Thomas Knogge: Endbericht des Teilprojektes "Analyse der ökonomischen Folgen eines Klimawandels in der Unterweserregion. Projekt "Klimaänderung und Unterweserregion (KLIMU)". Bremen 2001.

Elsner, Knogge (2005): Wolfram Elsner, Thomas Knogge: Regionale ökonomische Folgen eines Klimawandels: Vermögensschäden und Wertschöpfungsverluste in den Klimasensitiven Sektoren: Bastian Schuchardt und Michael Schirmer (Hrsg.): Klimawandel und Küste. Die Zukunft der Unterweserregion. Berlin, Heidelberg, New York: Springer, 2005, 209-221.

Elsner, Knogge, Yu (2005): Wolfram Elsner, Thomas Knogge, Inhi Yu: Auswirkungen eines Klimawandels auf Einkommen und Beschäftigung in der Unterweserregion bei Annahme verschiedener wirtschaftlicher Langfristprognosen, in: Bastian Schuchardt und Michael Schirmer (Hrsg.): Klimawandel und Küste. Die Zukunft der Unterweserregion. Berlin, Heidelberg, New York: Springer, 2005, 267-280.

Elsner et al. (2004): Anne Elsner, Stephan Mai, Claus Zimmermann: Risikoanalyse – ein Element des Küstenzonenmanagements, in: Gerald Schernewski, Tobias Dolch (Hrsg.): Geographie der Meere und Küsten. Ergebnisse der 22. AMK-Jahrestagung. Coastline Reports 2004, Nr. 1, S. 137-147.

Endres, Holm-Müller (1998): Alfred Endres, Karin Holm-Müller: Die Bewertung von Umweltschäden. Theorie und Praxis sozioökonomischer Verfahren. Stuttgart 1998.

Environment Agency (2003): Environment Agency (Ed.): Strategy for Flood Risk Management (2003/4-2007/8). Online: http://www.environment-agency. gov.uk/subjects/flood/ .

European Commission (2002): European Commission, DG Regional Policy (Ed.): Guide to cost-benefit analysis of investment projects. o.O. 2002. Online: http://europa.eu.int/comm/regional_policy/sources/docgener/guides/cost/guide 02_de.pdf .

Farber (1987): Stephen Farber: The Value of Coastal Wetlands for Protection of Property against Hurricane Wind Damage, in: Journal of Environmental Economics and Management Vol. 14 (1987), S. 143-151.

Faucheux, Noël (2001): Sylvie Faucheux, Jean-François Noël: Ökonomie natürlicher Ressourcen und der Umwelt. Marburg 2001.

Fischer, Münzenberg (2002): Wolfgang Fischer, Annette Münzenberg (Hrsg.): DEKLIM C Startveranstaltung. Dokumentation des Kickoff-Meetings der Forschungsverbünde aus dem Bereich "Klimawirkungsforschung". Jülich/Bonn 2002. Online: www.deklim.de .

Florax et al. (2002): Raymond J.G.M. Florax, Peter Nijkamp, Kenneth G. Willis: Meta-analysis and value transfer: comparative assessment of scientific knowledge, in: Raymond J.G.M. Florax, Peter Nijkamp, Kenneth G. Willis (Eds.): Comparative environmental economic assessment. Cheltenham 2002. S. 3-16.

Francis, Hengeveld (1998): David Francis, Henry Hengeveld: Extreme Weather and Climate Change. Environment Canada. Ontario 1998.

Gans, Marggraf (1997): Oskar Gans, Rainer Marggraf: Kosten-Nutzen-Analyse und ökonomische Politikbewertung 1. Wohlfahrtsmessung und betriebswirtschaftliche Investitionskriterien. Berlin 1997.

Gibbs (1984): Michael J. Gibbs: Economic Analysis of Sea Level Rise: Methods and Results, in: Michael C. Barth, James G. Titus (Eds.): Greenhouse Effect and Sea Level Rise. A Challenge for This Generation. New York 1984. S. 215-251.

Gönnert, Müller-Navarra (o.D.): Gabriele Gönnert, Sylvin Müller-Navarra: Simulation der Sturmflut vom 3.12.99 unter Veränderung der Zugbahn des Sturmtiefs ANATOL. Unveröffentlichter Kurzbericht.

Gönnert, Triebner (2004): Gabriele Gönnert, Jürgen Triebner: Hochwasserschutz in Hamburg, in: Gerald Schernewski, Tobias Dolch (Hrsg.): Geographie der Meere und Küsten. Ergebnisse der 22. AMK-Jahrestagung. Coastline Reports 2004, Nr. 1, S. 119-126.

Gommes et al. (1998): R. Gommes, J. du Guerny, F. Nachtergaele, R. Brinkman: Potential impacts of sea-level rise on populations and agriculture. Food and Agriculture Organization of the United Nations (FAO). Sustainable Development Department. 1998.Online: www.fao.org/sd/EIdirect/EIre0045.htm.

Goodman et al. (1998): S.L. Goodman, W. Seabrooke, S.A. Jaffry: Considering Conservation Value in Economic Appraisal of Coastal Resources, in: Journal of Environmental Planning and Management, Vol. 41 (1998), No. 3, S. 313-336.

Goodman et al. (1999): Sandra Goodman, Shabbar Jaffry, Bill Seabroke: Assessing Public Preferences for the Conservation Quality of the British Coast, in: Martin O'Connor, Clive Spash (Eds.): Valuation and the Environment. Theory, Method and Practice. Cheltenham 1999. S. 165-182.

Gowdy (2003): John Gowdy: Contemporary Welfare Economics and Ecological Economics Valuation and Policy. International Society for Ecological Economics. Internet Encyclopaedia of Ecological Economics. 2003. Online: http://www.ecologicaleconomics.org/publica/encyc_entries/WelfeconEcolEcon .pdf.

Green, Penning-Rowsell (1986): Colin H. Green, Edmund C. Penning-Rowsell: Evaluating the Intangible Benefits and Costs of a Flood Alleviation Proposal, in: Journal of the Institution of Water Engineers and Scientists, Vol. 40 (1986), No. 3, S. 229-248.

Green, Penning-Rowsell (1989): Colin H. Green, Edmund C. Penning-Rowsell: Flooding and the Quantification of 'Intangibles', in: Water and Environmental Management, Vol. 3 (1989), No. 1, S. 27-30.

Green et al. (1987): Colin H. Green, Edmund C. Penning-Rowsell, Dennis J. Parker: Estimating the Risk from Flooding and Evaluating Worry, in: Vincent T. Covello, Lester B. Lave, Alan Moghissi, V.R.R. Uppuluri (Eds.): Uncertainty in Risk Assessment, Risk Management, and Decision Making. New York 1987. S. 159-176.

Green et al. (1994): Colin Green, Anne van der Veen, Erik Wierstra, Edmund Penning-Rowsell: Vulnerability Refined: Analysing Full Flood Impacts, in: Edmund Penning-Rowsell, Maureen Fordham (Eds.): Floods Across Europe. Flood Hazard Assessment, Modelling and Management. London 1994. S. 32-68.

Greiving (2002): Stefan Greiving: Räumliche Planung und Risiko. München 2002.

Griffiths et al. (1993): Dummy Variables and Varying Coefficient Models, In: W. E. Griffiths, R. C. Hill, G. C. Judge: Learning and Practicing Econometrics. New York 1993. S. 411-430.

Granger (1999): Empirical Modeling in Economics: Specification and Evaluation. Cambridge 1999.

Groot (1992): Rudolf de Groot: Functions of Nature. Evaluation of Nature in Environmental Planning, Management and Decision Making. Groningen 1992.

Günther, Schmidtke (1988): Wolfgang Günther, Reinhard F. Schmidtke: Hochwasserschadensanalysen – Pilotuntersuchung über das Inn-Hochwasser im August 1985, in: Wasserwirtschaft, Vol. 78 (1988), Nr. 2, S. 61-68.

Guimaraes et al. (1993): Paulo Guimaraes, Frank L. Hefner, Douglas P. Woodward: Wealth and Income Effects of Natural Disasters: An Econometric Analysis of Hurricane Hugo, in: The Review of Regional Studies, Vol. 23 (1993), No. 2, S. 97-114.

Hackl, Pruckner (1994): Franz Hackl, Gerald J. Pruckner: Die Kosten/Nutzen-Analyse als Bewertungsinstrument der Umweltpolitik, in: Rainer Bartel, Franz Hackl (Hrsg.): Einführung in die Umweltpolitik. München 1994. S. 81-100.

Hamann (1998): Matthias Hamann: Sturmflutgefährdete Gebiete und potentielle Wertverluste an den Küsten Schleswig-Holsteins. Planungsgrundlagen für zukünftige Küstenschutzstrategien, in: Bodo Higelke (Hrsg.): Beiträge zur Küsten- und Meeresgeographie. Kieler Geographische Schriften, Band 97. Kiel 1998. S. 163-177.

Hamann, Hofstede (1998): Matthias Hamann, Jacobus Hofstede: GIS-Application for Integrated Coastal Defence Management in the Federal State of Schleswig-Holstein, Germany, in: Dieter H. Kelletat (Ed.): German Geographical Coastal Research. The Last Decade. Tübingen 1998. S. 169-182.

Hamann, Reese (2000): Matthias Hamann, Stefan Reese: Wertermittlung und Schadensanalyse als Instrumente für die Küstenschutzplanung in Schleswig-Holstein, in: Jörg-Friedhelm Venzke (Hg.): Beiträge der 17. Jahrestagung des Arbeitskreises "Geographie der Meere und Küsten". Bremer Beiträge zur Geographie und Raumplanung, Nr. 36. Bremen 2000. S. 139-147.

Hampicke (1998): Ulrich Hampicke: Ökonomische Bewertungsgrundlagen und die Grenzen einer "Monetarisierung" der Natur, in: Werner Theobald (Hrsg.): Integrative Umweltbewertung. Theorie und Beispiele aus der Praxis. Berlin 1998. S. 95-117.

Hanley, Spash (1993): Nick Hanley, Clive L. Spash: Cost-Benefit Analysis and the Environment. Aldershot 1993.

Hanusch (1994): Horst Hanusch: Nutzen-Kosten-Analyse. München 1994.

Hartje et al. (2002): Volkmar Hartje, Ina Meyer, Jürgen Meyerhoff: Kosten einer möglichen Klimaänderung auf Sylt, in: Achim Daschkeit, Peter Schottes (Hrsg.): Klimafolgen für Mensch und Küste am Beispiel der Nordseeinsel Sylt. Berlin 2002. S. 181-218.

Hauptmanns et al. (1987): Ulrich Hauptmanns, M. Herttrich, W. Werner: Technische Risiken. Ermittlung und Beurteilung. Berlin 1987.

Hauptmanns (1997): Ulrich Hauptmanns: Risk Assessment in the Federal Republic of Germany. Akademie für Technikfolgenabschätzung in Baden Württemberg. Arbeitsbericht Nr. 94. Stuttgart 1997.

Hecht, Karl (2002): Dieter Hecht, Helmut Karl: Volkswirtschaftliche Auswirkungen einer Revitalisierung der Unstrutaue, in: Alexandra Dehnhardt, Jürgen Meyerhoff (Hrsg.): Nachhaltige Entwicklung der Stromlandschaft Elbe. Nutzen und Kosten der Wiedergewinnung und Renaturierung von Überschwemmungsauen. Kiel 2002. S. 219-241. (Langfassung des Abschlussberichtes siehe Karl, Hecht (2000)).

Heinz (2000): The H. John Heinz III Center for Science, Economics and the Environment (Ed.): The Hidden Costs of Coastal Hazards. Implications for Risk Assessment and Mitigation. Washington 2000.

Heinz (2002): The H. John Heinz III Center for Science, Economics and the Environment (Ed.): Human Links to Coastal Disasters. Washington 2002.

Hesse (1988): Helmut Hesse: Nutzen-Kosten-Analyse. Teil I: Theorie, in: Willy Albers et al. (Hrsg): Handwörterbuch der Wirtschaftswissenschaft. Stuttgart 1988. S. 361-382.

Hoevenagel (1994): Ruud Hoevenagel: A Comparison of Economic Valuation Methods, in: Rüdiger Pethig (Ed.): Valuing the Environment: Methodological and Measurement Issues. Dordrecht 1994. S. 251-270.

Hofstede, Hamann (2000): Jacobus Hofstede, Matthias Hamann: Wertermittlung sturmgefährdeter Gebiete in Schleswig-Holstein, in: Risikomanagement im Küstenraum. Mitteilungen des Franzius-Instituts für Wasserbau und Küstenschutzingenieurwesen, Nr. 85/2000. Universität Hannover. S. 105-112.

Holland, Cox (1992): Allan Holland, Jeremy Roxbee Cox: The valuing of environmental goods: a modest proposal, in: Annabel Coker, Cathy Richards (Eds.): Valuing the Environment. Economic Approaches to Environmental Evaluation. London 1992. S. 12-24.

Holm-Müller, Muthke (2001): Karin Holm-Müller, Thilo Muthke: Aktueller Einsatz und Perspektiven der Nutzen-Kosten-Untersuchung zur Vorbereitung von Investitionsentscheidungen in der Wasserwirtschaft, in: Zeitschrift für Umweltpolitik und Umweltrecht, Vol. 24 (2001), Nr. 3, S. 455-473.

Hoozemans, Hulsbergen (1995): Frank M.J. Hoozemans, Cornelis H. Hulsbergen: Sea Level Rise: A Worldwide Assessment of Risk and Protection Costs, in: Doeke Eisma (Ed.): Climate Change. Impact on Coastal Habitation. Boca Raton 1995. S. 137-161.

Hupfer et al. (2003): Peter Hupfer, Jan Harff, Horst Sterr, Hans-Joachim Stigge: Die Wasserstände an der Ostseeküste. Entwicklung – Sturmfluten – Klimawandel. Die Küste, Sonderheft, Nr. 66, 2003.

IERM/SAC (1999): Institute of Ecology and Resource Management University of Edinburgh, Scottish Agricultural College Edinburgh: Estimating the Value of Environmental Features. Final Report to MAFF. Edinburgh 1999.

IKSR (2000): Internationale Kommission zum Schutz des Rheins (Hrsg.): Kriterien für die Bestimmung und Darstellung der Überschwemmungsgefährdung und Schadensrisiken. Koblenz 2000. Online: www.iksr.org/pdf/Kriterien%20%20Bericht-d.pdf

Karl (2002): Helmut Karl: Rationales raumorientiertes Risikomanagement und Vorsorge gegenüber extremen Naturereignissen, in: G. Tetzlaff, T. Trautmann, K.S. Radtke (Hrsg.): Extreme Naturereignisse – Folgen, Vorsorge, Werkzeuge. Zweites Forum Katastrophenvorsorge. Bonn, Leipzig 2002. S. 58-64. Online: http://www.dkkv.org/ .

Karl, Hecht (2000): Helmut Karl, Dieter Hecht: BMBF-Forschungsprojekt Unstrutrevitalisierung. Teilprojekt 5: Kosten-Nutzen-Analyse. Abschlußbericht. Jena, Bochum 2000. Online: http://elise.bafg.de/servlet/is/3747/Endb_TLU_TP5.pdf .

Kelman (2003): Ilan Kelman: UK Drownings. Cambridge 2003. Online: http://www.cfspress.com/KelmanUKDrownings.pdf .

Ketteridge, Green (1994): Anne-Michelle Ketteridge, Colin Green (Eds.): The Technical Annex for the Full Flood Impacts Module. EUROflood – The Europe-wide project for flood hazard research and policy making. London 1994.

Kiese, Leineweber (2000): Matthias Kiese, Britta Leineweber: Risiko einer Küstenregion bei Klimaänderung. Ökonomische Bewertung und räumliche Modellierung des Schadenspotenzials in der Unterweserregion. Hannover 2000.

King, Lester (1995): Susanna E. King, John N. Lester: The Value of Salt Marsh as a Sea Defence, in: Marine Pollution Bulletin, Vol. 30 (1995), No. 3, S. 180-189.

Klaus, Schmidtke (1990): Joachim Klaus, Reinhard F. Schmidtke: Bewertungsgutachten für Deichbauvorhaben an der Festlandküste. Modellgebiet Wesermarsch. Gutachten im Auftrag des Bundesministers für Ernährung, Landwirtschaft und Forsten. Bonn 1990.

Klein (2002): Richard J.T. Klein: Coastal Vulnerability, Resilience and Adaptation to Climate Change. An Interdisciplinary Perspective. Kiel 2002. Online: http://www.uni-kiel.de/Geographie/Sterr/pages/downloads.htm.

Klein, Nicholls (1998): Richard J.T. Klein, Robert J. Nicholls: Coastal Zones, in: Jan F. Feenstra, Ian Burton, Joel B. Smith, Richard S.J. Tol (Eds.): Handbook on Methods for Climate Change Impact Assessment and Adaptation Strategies. Version 2.0. Amsterdam, Oktober 1998. S. 7-1-7-36. Online: http://130.37.129.100/english/o_o/instituten/IVM/research/climatechange/Handbook.htm .

Klein, Nicholls (1999): Richard J.T. Klein, Robert J. Nicholls: Assessment of Coastal Vulnerability to Climate Change, in: Ambio, Vol. 28 (1999), No. 2, S. 182-187.

Klein et al. (2002): Richard J.T. Klein, Robert J. Nicholls, Frank Thomalla: The Resilience of Coastal Megacities to Weather-Related Hazards: A Review, in: ProVention Consortium, World Bank Disaster Management Facility (Eds.): Workshop "The Future of Disaster Risk: Building Safer Cities". Washington 2002. S. 111-137. Online: http://www.proventionconsortium.org/files /conference_papers/klein.pdf .

Knogge, Wrobel (2000): Thomas Knogge, Martin Wrobel: Klimasensitive Wirtschaftsbereiche: Ergebnisse eines Verfahrens zur Identifikation eines regionalen Clusters am Beispiel der Unterweserregion. Bremer Diskussionspapiere zur ökonomischen Klimafolgenforschung, Nr. 7. Bremen 2000.

Knottnerus (2003): Otto S. Knottnerus: Sea level rise as a threat to cultural heritage, in: Wim J. Wolff, Karel Essink, Adi Kellermann, Maria A. van Leeuwe (Eds.): Challenges to the Wadden Sea Area. Proceedings of the 10th International Scientific Wadden Sea Symposium. Groningen 2003. S. 31-38.

Kortenhaus, Oumeraci (2002): Andreas Kortenhaus, Hocine Oumeraci: Risk-based Design of Coastal Flood Defences: Concept, Problems and Challenges, in: G. Tetzlaff, T. Trautmann, K.S. Radtke (Hrsg.): Extreme Naturereignisse – Folgen, Vorsorge, Werkzeuge. Zweites Forum Katastrophenvorsorge. Bonn, Leipzig 2002. S. 93-102. Online: http://www.dkkv.org/ .

Kortenhaus, Oumeraci (2002a): Andreas Kortenhaus, Hocine Oumeraci: Probabilistische Bemessungsmethoden für Seedeiche (ProDeich). Leichtweiss-Institut für Wasserbau. Bericht Nr. 877. Technische Universität Braunschweig. 2002. Online: http://www.lwi.tu-bs.de/hyku/german/Berichte /LWI_877.pdf .

Kraft, Steinecke (1999): Dietmar Kraft, Karin Steinecke: Klima und naturräumliche Situation in der Unterweserregion, in: Michael Schirmer, Bastian Schuchardt (Hrsg.): Die Unterweserregion als Natur-, Lebens- und Wirtschaftsraum. Eine querschnittsorientierte Zustandserfassung. Bremer Beiträge zur Geographie und Raumplanung, Nr. 35. Bremen 1999. S. 17-42.

Kraft et al. (1999): Dietmar Kraft, Susanne Osterkamp, Michael Schirmer: Die ökologische Situation der Unterweser und ihrer Marsch als Ausdruck der naturräumlichen Situation und der Nutzung, in: Michael Schirmer, Bastian Schuchardt (Hrsg.): Die Unterweserregion als Natur-, Lebens- und Wirtschaftsraum. Eine querschnittsorientierte Zustandserfassung. Bremer Beiträge zur Geographie und Raumplanung, Nr. 35. Bremen 1999. S. 129-152.

Krutilla (1967): John V. Krutilla: Conservation Reconsidered, in: The American Economic Review, Vol. 57 (1967), No. 4, S. 777-786.

LAWA (1979): Länderarbeitsgemeinschaft Wasser (Hrsg.): Leitlinien zur Durchführung von Kosten-Nutzen-Analysen in der Wasserwirtschaft. Stuttgart 1979.

LAWA (1981): Länderarbeitsgemeinschaft Wasser (Hrsg.): Grundzüge der Nutzen-Kosten-Untersuchungen. Bremen 1981.

LAWA (1994): Länderarbeitsgemeinschaft Wasser (Hrsg.): Leitlinien zur Durchführung von Kostenvergleichsrechnungen. München 1994.

Ledoux, Turner (2002): L. Ledoux, R.K. Turner: Valuing ocean and coastal resources: a review of practical examples and issues for further action, in: Ocean & Coastal Management, Vol. 45 (2002), S. 583-616.

Lefebvre (2000): Ch. Lefebvre: Orkantief "ANATOL" vom 3./4. Dezember 1999, in: Deutscher Wetterdienst (Hrsg.): Klimastatusbericht 1999. Online: http://www.dwd.de/de/FundE/Klima/KLIS/prod/KSB/ksb99/index.htm .

Ludwig, Brautzsch (2002): Udo Ludwig, Hans-Ulrich Brautzsch: Die Hochwasserkatastrophe und das Sozialprodukt in Deutschland, in: Wirtschaft im Wandel, Vol. 8 (2002), Nr. 12, S. 353-356.

Mai, v. Lieberman (1999): Stephan Mai, Nicole von Lieberman: Untersuchungen zum Risikopotential einer Küstenregion, in: Mitteilungen des Franzius-Instituts für Wasserbau und Küstenschutzingenieurwesen, Nr. 83/1999. Universität Hannover. S. 292-320.

Mai, v. Lieberman (2002): Stephan Mai, Nicole von Lieberman: A Decision Support System for an Optimal Design of Sea Dikes with Respect to Risk. Proceedings of the 5th International Conference on Hydroinformatics. Cardiff 2002. Online: www.fi.uni-hannover.de .

Mai, Zimmermann (2003): Stephan Mai, Claus Zimmermann: Risk Analysis – Tool for Integrated Coastal Planning. Proceedings of the 6th International Conference on Coastal and Port Engineering in Developing Countries. Paper No. 172. Colombo 2003.

Maniak (2001): Ulrich Maniak: Wasserwirtschaft. Einführung in die Bewertung wasserwirtschaftlicher Vorhaben. Berlin 2001.

Marggraf, Streb (1997): Rainer Marggraf, Sabine Streb: Ökonomische Bewertung der natürlichen Umwelt. Theorie, politische Bedeutung, ethische Diskussion. Heidelberg 1997.

Markau, Reese (2002): Hans-Jörg Markau, Stefan Reese: Naturgefahr und Risikobetrachtung: Sturmflutgefährdung in den Küstenniederungen Schleswig-Holsteins, in: G. Tetzlaff, T. Trautmann, K.S. Radtke (Hrsg.): Extreme Naturereignisse – Folgen, Vorsorge, Werkzeuge. Zweites Forum Katastrophenvorsorge. Bonn, Leipzig 2002. S. 78-84. Online: http://www.dkkv.org/

Markau, Reese (2003): Hans-Jörg Markau, Stefan Reese: Vulnerabilitätsanalysen in sturmflutgefährdeten Küstenniederungen, in: Achim Daschkeit, Horst Sterr (Hrsg.): Aktuelle Ergebnisse der Küstenforschung. Berichte des Forschungs- und Technologiezentrums Westküste der Universität Kiel, Nr. 28. Büsum 2003. S. 65-74.

McLean, Tsyban (2001): Roger F. McLean, Alla Tsyban: Coastal Zones and Marine Ecosystems, in: James J. McCarthy, Osvaldo F. Canziani, Neil A. Leary, David J. Dokken, Kasey S. White (Eds.): Climate Change 2001: Impacts, Adaption, and Vulnerability. Contribution of Working Group II to the Third Assessment Report of the Intergovernmental Panel on Climate Change. Cambridge 2001. Chapter 6. S. 343-379.

Meyer, Mai (2003): Volker Meyer, Stephan Mai: Verfahren zur Berechnung der Schäden nach Deichbruch an der deutschen Nordseeküste, in: Dieter Kelletat (Hrsg.): Neue Ergebnisse der Küsten- und Meeresforschung. 21. Jahrestagung des Arbeitskreises "Geographie der Meere und Küsten", 1./2. Mai 2003, Essen. Essener Geographische Arbeiten, Nr. 35. S. 169-178.

Meyerhoff (1999): Jürgen Meyerhoff: Ökonomische Bewertung ökologischer Leistungen. Studie im Auftrag der Bundesanstalt für Gewässerkunde. Berlin 1999. Online: http://elise.bafg.de/servlet/is/3192/ .

Meyerhoff (2001): Jürgen Meyerhoff: Nicht-nutzungsabhängige Wertschätzungen und ihre Aufnahme in die Kosten-Nutzen-Analyse, in: Zeitschrift für Umweltpolitik und Umweltrecht, Vol. 24 (2001), Nr. 3, S. 393-416.

Meyerhoff et al. (1995): Jürgen Meyerhoff, Ulrich Petschow, Birgit Soete: Die Wirtschaftlichkeit des Verkehrsprojektes Deutsche Einheit Nr. 17. Eine Untersuchung unter besonderer Berücksichtigung der Kosten-Nutzen-Analyse der Bundesverkehrswegeplanung und ökologischer Folgekosten. Schriftenreihe des Institut für ökologische Wirtschaftsforschung, Nr. 91. Berlin 1995.

Münchener Rück (1999): Münchener Rückversicherungsgesellschaft (Hrsg.): Naturkatastrophen in Deutschland. Schadenerfahrungen und Schadenpotenziale. München 1999.

Münchener Rück (2003): Münchener Rückversicherungsgesellschaft (Hrsg.): Topics. Jahresrückblick Naturkatastrophen 2002. München 2003.

MURL (2000): Ministerium für Umwelt, Raumordnung und Landwirtschaft des Landes Nordrhein-Westfalen (Hrsg.): Potentielle Hochwasserschäden am Rhein in NRW. Düsseldorf 2000.

Muthke (2001): Thilo Muthke: Benefit Transfer: Eine Alternative zur primären Bewertung von Umweltgütern?, in: Peter Elsasser, Jürgen Meyerhoff (Hrsg.): Ökonomische Bewertung von Umweltgütern. Methodenfragen zur Kontingenten Bewertung und praktische Erfahrungen im deutschsprachigen Raum. Marburg 2001. S. 269-290.

Nakicenovic, Swart (2000): Nebosja Nakicenovic, Rob Swart (Eds.): Emissions Scenarios. A Special Report of Working Group III of the Intergovernmental Panel on Climate Change. Cambridge 2000.

Navrud, Vagnes (2000): Stale Navrud, Mette Vagnes: Assessment of Environmental Valuation Reference Inventory (EVRI) and the Expansion of its Coverage to the EU. Report to the European Commission, DG XI. Lysaker 2000. Online: http://europa.eu.int/comm/environment/enveco/studies2.htm#24 .

Navrud, Ready (2002): Ståle Navrud, Richard C. Ready (Eds.): Valuing Cultural Heritage. Applying Environmental Valuation Techniques to Historic Buildings, Monuments and Artifacts. Cheltenham 2002.

NDR (2001): National Disasters Roundtable (Ed.): Sea Level Rise and Coastal Disasters. Summary of a Forum. October 25, 2001. Washington, DC. National Research Council of the National Academies.

Neumann et al. (2000): James E. Neumann, Gary Yohe, Robert Nicholls, Michelle Manion: Sea-level rise & Global climate change. A Review of Impacts to U.S. Coasts. Pew Center on Global Climate Change. Arlington 2000. Online: http://www.pewclimate.org/global-warming-in-depth/all_reports/sea_level_rise/.

Newell, Pizer (2001): Richard Newell, William Pizer: Discounting the benefits of climate change mitigation. How much do uncertain rates increase valuations? Washington 2001. Online: http://www.pewclimate.org/docUploads/econ_discounting.pdf

Nicholls (2004): Robert J. Nicholls: Coastal flooding and wetland loss in the 21st century: changes under the SRES climate and socio-economic scenarios, in: Global Environmental Change, Vol. 14 (2004), S. 69-86.

Nicholls, Mimura (1998): Robert J. Nicholls, Nobuo Mimura: Regional issues raised by sea-level rise and their policy implications, in: Climate Research, Vol. 11 (1998), S. 5-18.

Niekamp (2001): Olaf Niekamp: Hochwasserschäden, in: Heinz Patt (Hrsg.): Hochwasser-Handbuch. Auswirkungen und Schutz. Berlin 2001. S. 441-459.

N'Jai et al. (1990): Antu N'Jai, Susan M. Tapsell, Dawn Taylor, Paul M. Thompson, Roger C. Witts: FLAIR: Flood Loss Assessment Information Report. London 1990.

Nordhaus (1991): William D. Nordhaus: To Slow or Not to Slow: The Economics of the Greenhouse Effect, in: The Economic Journal, Vol. 101 (1992), No. 6, S. 920-937.

Parkser et al. (1987): Dennis J. Parker, Colin H. Green, Paul M. Thompson: Urban Flood Protection Benefits. A Projekt Appraisal Guide. Aldershot 1987.

Pearce, Turner (1990): David W. Pearce, R. Kerry Turner: Economics of Natural Resources and the Environment. New York 1990.

Peerbolte et al. (1991): E.B. Peerbolte, J.G. de Ronde, L.P.M. de Vrees, M. Mann, G. Baarse: Impact of Sea Level Rise on Society: A Case Study for The Netherlands. Delft 1991.

Penning-Rowsell, Parker (1987): Edmund C. Penning-Rowsell, Dennis Parker: The indirect effects of floods and benefits of flood allevation: evaluating the Chesil Sea Defence Scheme, in: Applied Geography, Vol. 7 (1987), No. 4, S. 263-288.

Penning-Rowsell et al. (1992): Edmund C. Penning-Rowsell, Colin H. Green, Paul M. Thompson, Annabel M. Coker, Sylvia M. Tunstall, Cathy Richard, Dennis J. Parker: The Economics of Coastal Management. A Manual of Benefit Assessment Techniques. London 1992.

Penning-Rowsell, Green (2000): Edmund C. Penning-Rowsell, Colin H. Green: New Insights into the Appraisal of Flood-Allevation Benefits: Flood Damage and Flood Loss Information, in: Water and Environmental Mangement, Vol. 14 (2000), S. 347-353.

Pindyck, Rubinfeld (1998): Econometric Models and Economic Forecasts. 4. Auflage. Boston; Massachusetts 1998.

Philibert (2003): Cedric Philibert: Discounting the future. International Society for Ecological Economics. Internet Encyclopaedia of Ecological Economics. 2003. Online:
http://www.ecologicaleconomics.org/publica/encyc_entries/philibert.pdf

Planco (2003): Planco Consulting GmbH: Inventory and Evaluation of Socio-Economic and Socio-Cultural Data in the German Waddensea Region. Bericht für das Waden Sea Forum, Wilhelmshaven 2003.
Online:http://www.waddensea-forum.org/Download/ExternalStudies/PlancoReport.pdf

Plapp (2003): Susanne Tina Plapp: Wahrnehmung von Risiken aus Naturkatastrophen. Eine empirische Untersuchung in sechs gefährdeten Gebieten Süd- und Westdeutschlands. Karlsruhe 2003.

Plate (1999): Erich Plate: Risiko und Hochwasserwahrscheinlichkeit, in: Bayerisches Landesamt für Wasserwirtschaft (Hrsg.): Extreme Naturereignisse und Wasserwirtschaft – Niederschlag und Abfluss. Informationsberichte 5/99. München 1999. S. 115-126.

Probst (2002): Bernd Probst: Leitbild und Ziele des Küstenschutzes in Schleswig-Holstein. Ministerium für ländliche Räume, Landesplanung, Landwirtschaft und Tourismus des Landes Schleswig-Holstein. Kiel 2002. Online: http://landesregierung.schleswig-holstein.de/coremedia/generator /Aktueller_20Bestand/IM/Information/K_C3_BCstenschutz/PDF/K_C3_BCstenschutz_20Leitbild,property=pdf.pdf.

Prognos (1998): Deutschland Report Nr.2: Die Bundesrepublik Deutschland 2005-2010-2020-Wirtschaftlichle Perspektiven für Deutschland, Basel.

Prognos (2000): Prognos AG: Szenarien der wirtschaftlichen Entwicklung in den alten Bundesländern und in der Unterweserregion im Rahmen des Gesamtprojektes "Klimaänderung und Unterweserregion" im Auftrag der Universität Bremen, Fachbereich Wirtschaftswissenschaft. Basel/Bremen 2000.

Reese, Markau (2002): Stefan Reese, Hans-Jörg Markau: Risk Handling & Natural Hazards. New Strategies in Coastal Defence – A Case Study from Schleswig-Holstein, Germany, in: American Society of Civil Engineers (Ed.): Solutions to Coastal Disasters '02. Conference Proceedings. Reston 2002. S. 498-510.

Reese et al. (2001): Stefan Reese, Hans-Jörg Markau, Horst Sterr: Wertermittlung hochwassergefährdeter Gebiete in den Gemeinden Scharbeutz und Timmendorfer Strand. Untersuchung im Auftrag der Gemeinden Scharbeutz und Timmendorfer Strand. Forschungs- und Technologiezentrum Westküste. Büsum 2001.

Reese et al. (2003): Stefan Reese, Hans-Jörg Markau, Horst Sterr: MERK. Mikroskalige Evaluation der Risiken in überflutungsgefährdeten Küstenniederungen. Forschungsprojekt im Auftrag des Bundesministeriums für Bildung und Forschung und des Ministeriums für ländliche Räume, Landesplanung, Landwirtschaft und Tourismus des Landes Schleswig-Holstein. Abschlußbericht. Kiel 2003.

Röttcher, Tönsmann (1999): Klaus Röttcher, Frank Tönsmann: Kosten-Nutzen-Untersuchung für Hochwasserschutzmaßnahmen am Beispiel der Losse (Nordhessen), in: Wasser & Boden, Vol. 51 (1999), Nr. 3, S. 34-39.

Rollins, Ivy (1998): Kimberly Rollins, Michael Ivy: The Use of the Environmental Valuation Reference Inventory (EVRI) in the Environmental Assessment Process. o.O. 1998. Online: http://www.evri.ca/english/e_library.htm

Roschewitz (1999): Anna Roschewitz: Der monetäre Wert der Kulturlandschaft. Eine Contingent Valuation Studie. Kiel 1999.

Ruiz Rodriguez + Zeisler et al. (2001): Ruiz Rodriguez + Zeisler, geomer GmbH, PlanEVAL, Haskoning: Übersichtskarten der Überschwemmungsgefährdung und der möglichen Vermögensschäden am Rhein. Abschlußbericht für die Internationale Kommission zum Schutz des Rheines (IKSR): Vorgehensweise zur Ermittlung der hochwassergefährdeten Flächen und Vorgehensweise zur Ermittlung der möglichen Vermögensschäden. Wiesbaden 2001.

Sande (2001): Corné van der Sande: River Flood Damage Assessment using Ikonos Imagery. Institute for Environment and Sustainability, Land Management Unit, Natural Hazards Project. Ispra 2001. Online: http://natural-hazards.jrc.it/

Sayers et al. (2002): P.B. Sayers, B.P. Gouldby, J.D. Simm, I. Meadowcroft, J. Hall: Risk, Performance and Uncertainty in Flood and Coastal Defence – A Review. DEFRA/Environment Agency Flood and Coastal Defence R&D Programme. London 2002.
Online: www.environment-agency.gov.uk/subjects/flood/351291/?version=1

Schätzl, Hoffmann (2003): Robert Schätzl, Helmut Hoffmann: Ermittlung wirtschaftlicher Nachteile für die Landwirtschaft durch die Schaffung von Retentionsraum, in: Hydrologie und Wasserbewirtschaftung, Vol. 47 (2003), Nr. 2, S. 52-58.

Schanze (2003): Jochen Schanze: Societal Flood Risk Management – Findings and Challenges after the Elbe Flodding 2002. MITCH – Mitigation of Climate Induced Natural Hazards, Workshop 4: Central European Flooding and the Conclusion of MITCH, Rotterdam, 06.03.2003, Poceedings. Online: http://www.mitch-ec.net/workshop4/ws4-programme.htm .

Schirmer (1998): Michael Schirmer: Herausforderungen an der Küsten- und Inselschutz, in: José L. Lozán, Hartmut Graßl, Peter Hupfer (Hrsg.): Warnsignal Klima. Hamburg 1998. S. 394-399.

Schirmer, Schuchardt (1999): Michael Schirmer, Bastian Schuchardt (Hrsg.): Die Unterweserregion als Natur-, Lebens- und Wirtschaftsraum. Eine querschnittsorientierte Zustandserfassung. Bremer Beiträge zur Geographie und Raumplanung, Heft 35. Bremen 1999.

Schleswig-Holstein (2001): Ministerium für ländliche Räume, Landesplanung, Landwirtschaft und Tourismus des Landes Schleswig-Holstein (Hrsg.): Generalplan Küstenschutz. Integriertes Küstenschutzmanagement in Schleswig-Holstein. Kiel 2001.

Schmidtke (1995): Reinhard F. Schmidtke: Sozio-ökonomische Schäden von Hochwasserkatastrophen, in: Wasserbau-Mitteilungen der Technischen Hochschule Darmstadt, Nr. 40/1995, S. 143-156.

Schmidtke (1999): Reinhard F. Schmidtke: Hochwasserschadenspotenziale, in: Bayerisches Landesamt für Wasserwirtschaft (Hrsg.): Extreme Naturereignisse und Wasserwirtschaft – Niederschlag und Abfluss. Informationsberichte, Nr. 5/99. München 1999. S. 127-138.

Schmidtke (2001): Reinhard F. Schmidtke: Klimaveränderung – sozioökonomische Konsequenzen, in: Arbeitskreis KLIWA (Hrsg.): Klimaveränderung und Konsequenzen für die Wasserwirtschaft. Fachvorträge beim KLIWA-Symposium am 29. und 30.11.2000 in Karlsruhe. Mannheim 2001. S. 269-276.

Schönbäck et al. (1997): Wilfried Schönbäck, Michael Kosz, Thomas Madreiter: Nationalpark Donauauen: Kosten-Nutzen-Analyse. Wien 1997.

Schreyer, Koechlin (2002): Paul Schreyer, Francette Koechlin: Purchasing power parities – measurement and uses. Organisation for Economic Co-operation and Development (OECD), The Statistics Brief, No. 3, March 2002.

Schuchardt, Schirmer (Hg.) (2005): Bastian Schuchardt, Michael Schirmer (Hg.), Klimawandel und Küste. Die Zukunft der Unterweserregion, Berlin, Heidelberg, New York, Springer.

Shechter, Freeman (1994): Mordechai Shechter, Shirra Freeman: Nonuse Value: Reflections on the Definitiom and Measurement, in: Rüdiger Pethig (Ed.): Valuing the Environment: Methodological and Measurement Issues. Dordrecht 1994. S. 171-194.

Smith, Ward (1998): Keith Smith, Roy Ward: Floods. Physical Processes and Human Impacts. Chichester 1998.

Stapel, Pasanen (2003): Silke Stapel, Jarko Pasanen: Kaufkraftparitäten und abgeleitete Wirtschaftsindikatoren für EU, beitretende Länder, Beitrittskandidaten und EFTA. Revidierte Ergebnisse für 1995-2000, endgültige Ergebnisse für 2001 und vorläufige Ergebnisse für 2002. Eurostat, Statistik kurz gefasst, Wirtschaft und Finanzen, Thema 2, Nr. 64/2003.

Statistisches Bundesamt (1998): Statistisches Bundesamt (Hrsg.): Klassifikation der Wirtschaftszweige mit Erläuterungen. Ausgabe 1993. Wiesbaden 1998. Kurzfassung online: http://www.destatis.de/allg/d/klassif/wz93.htm .

Sterr (1997): Horst Sterr: Die Problematik des Klimawandels für das integrierte Küstenzonen-Management (IKZM), in: Dieter Boedeker, Henning von Nordheim (Hrsg.): Naturschutz und Küstenschutz an der deutschen Ostseeküste.

Schriftenreihe für Landschaftspflege und Naturschutz des Bundesamtes für Naturschutz. Heft 52. Bonn-Bad Godesberg 1997. S. 87-98.

Sterr, Simmering (1996): Horst Sterr, Frank Simmering: Die Küstenregionen im 21. Jahrhundert. Einschätzungen der Folgen des Klimawandels aus der Sicht des IPCC, in: Horst Sterr, Christoph Preu (Hrsg.): Beiträge zur aktuellen Küstenforschung. Aspekte – Methoden – Perspektiven. Vechtaer Studien zur Angewandten Geographie und Regionalwissenschaft. Band 18. Vechta 1996. S. 181-188.

Sterr et al. (2000): Horst Sterr, Richard Klein, Stefan Reese: Climate Change and Coastal Zones: An Overview of the State-of-the-Art on Regional and Local Vulnerability Assessment. Fondazione Eni Enrico Mattei, Nota di Lavoro, Nr 38.2000. Mailand 2000.

Storch et al. (1998): H. von Storch, R. Schnur, E. Zorita: Szenarien und Beratung. Anwenderorientierte Szenarien für den deutschen Küstenbereich. Abschlußbericht. BMBF-Förderkennzeichen 01 LK9510/0.

Swiss Re (1994): Schweizerische Rückversicherungs-Gesellschaft (Hrsg.): Global Warming: Element of Risk. Zürich 1994.

Swiss Re (2003): Schweizerische Rückversicherungs-Gesellschaft (Hrsg.): Natur- und Man-made-Katastrophen im Jahr 2002: Belastung durch hohe Flutschäden. Sigma, Nr. 2/2003. Zürich 2003

Tapsell (1999): Sue Tapsell: The Health Effects of Floods: The Easter 1998 Floods in England. Flood Hazard Research Centre Article Series, No. 3/99. Middlesex University. London 1999. Online: www.fhrc.mdx.ac.uk

Thiele, Wronka (2002): Holger D. Thiele, Tobias C. Wronka: Umweltgüter und ihre Bewertung: Möglichkeiten und Grenzen des Benefit Transfer, in: Zeitschrift für Umweltpolitik und Umweltrecht, 2002, Nr. 3, S. 383-404.

Tietenberg (1997): Tom Tietenberg: The Economics of Global Warming. Cheltenham 1997.

Titus et al. (1991): James G. Titus, Richard A. Park, Stephen P. Leatherman, J. Richard Weggel, Michael S. Greene, Paul W. Mausel, Scott Brown, Cary Gaunt, Manjit Trehan, Gary Yohe: Greenhouse Effect and Seal Level Rise: The Cost of Holding Back the Sea, in: Coastal Management, Vol. 19 (1991), S. 171-204.

Tol (1998): Richard S.J. Tol: Socio-Economic Scenarios, in: Jan F. Feenstra, Ian Burton, Joel B. Smith, Richard S.J. Tol (Eds.): Handbook on Methods for Climate Change Impact Assessment and Adaptation Strategies. Version 2.0. Amsterdam, Oktober 1998. S. 2-1-2-19. Online: http://130.37.129.100 /english/ o_o/instituten/IVM/research/climatechange/ Handbook.htm

Tooley, Turner (1995): Michael Tooley, Kerry Turner: The Effects of Sea-Level Rise, in: Martin Parry, Rachel Duncan (Eds.): The Economic Implications of Climate Change in Britain. London 1995. S. 8-27.

Tsyban et al. (1990): A.V. Tsyban, J.T. Everett, J.G. Titus: World oceans and coastal zones, in: W.J.McG. Tegart, G.W. Sheldon, D.C. Griffiths (Eds.): Climate Change. The IPCC Impacts Assessment. Final Report of Workinggroup II. Canberra 1990. Chapter 6.

Turner, Adger (1996): R.K. Turner, W.N. Adger: Coastal Zone Resources Assessment Guidelines. LOICZ Reports & Studies No. 4. Texel 1996.

Turner et al. (1995): R.K. Turner, N. Adger, P. Doktor: Assessing the economic costs of sea level rise, in: Environment and Planning A, Vol. 27 (1995), S. 1777-1796.

Turner et al. (2001): R.K. Turner, I.J. Bateman, W.N. Adger: Ecological Economics and Coastal Zone Ecosystems' Values: An Overview, in: R.K. Turner, I.J. Bateman, W.N. Adger (Ed.): Economics of Coastal and Water Resources: Valuing Environmental Functions. Dordrecht 2001. S. 1-43.

UN (2002): United Nations Population Division: World Urbanization Prospects. The 2001 Revision. Data Tables and Highlights. New York 2002. Online: http://www.un.org/esa/population/unpop.htm.

UNESCO (2003): World Heritage Center der United Nations Educational, Scientific and Cultural Organization: Convention Concerning the Protection of the World Cultural and Natural Heritage (World Heritage Convention). Online: http://whc.unesco.org/nwhc/pages/doc/main.htm

UNISDR (2002): United Nations Inter-Agency Secretariat International Strategy for Disaster Reduction: Living with Risk. A global review of disaster reduction initiatives. Preliminary version. Genf 2002. Online: www.unisdr.org.

USACE (2003): US Army Corps of Engineers, Directorate of Civil Works, Planning and Policy Division: Economic Guidance Memorandum 04-01: Generic Depth-Damage Relationships for Residential Structures with Basements. 2003. Online:
http://www.usace.army.mil/inet/functions/cw/cecwp/General_guidance/egm04-01.doc .

Vollmer et al. (2001): Manfred Vollmer, Mette Guldberg, Matthias Maluck, Dré van Marrewijk, Gregor Schlicksbier: Landscape and Cultural Heritage in the Wadden Sea Region. Wadden Sea Ecosystem No. 12. Common Wadden Sea Secretariat. Wilhelmshaven 2001.

Watson et al. (2001): Robert T. Watson and the Core Writing Team (Eds.): Climate Change 2001: Synthesis Report. Cambridge 2001.

WBGU (1998): Wissenschaftlicher Beirat der Bundesregierung Globale Umweltveränderungen: Welt im Wandel: Strategien zur Bewältigung globaler Umweltrisiken. Jahresgutachten 1998. Berlin 1999.

WBGU (1999): Wissenschaftlicher Beirat der Bundesregierung Globale Umweltveränderungen: Welt im Wandel: Umwelt und Ethik. Sondergutachten 1999. Marburg 1999.

West, Dowlatabadi (1999): J. Jason West, Hadi Dowlatabadi: On Assessing the Economic Impacts of Sea-Level Rise on Developed Coasts, in : Thomas E. Downing, Alexander A. Olsthoorn, Richard S.J. Tol (Ed.): Climate, Change and Risk. London 1999. S. 205-220.

West, Lenze (1994): Carol T. West, David G. Lenze: Modeling the Regional Impact of Natural Disaster and Recovery: A General Framework and an Application to Hurricane Andrew, in: International Regional Science Review, Vol. 17 (1994), No. 2, S. 121-150.

Willis, Garrod (1993): K.G. Willis, G.D. Garrod: Valuing Landscape: A Contingent Valuation Approach, in: Journal of Environmental Management, Vol. 37 (1993), Nr. 1, S. 1-22.

Willis et al. (1999): Kenneth G. Willis, Kenneth Button, Peter Nijkamp (Eds.): Environmental Valuation. Volume I: Methods and Anomalies. Cheltenham 1999.

Woodward, Wui (2001): Richard T. Woodward, Yong-Suhk Wui: The economic value of wetland services: a meta-analysis, in: Ecological Economics, Vol. 37 (2001), S. 257-170 (Details zu den untersuchten Primärstudien finden sich online: http://ageco.tamu.edu/faculty/woodward/paps/).

WRI (2000): World Resources Institute (Ed.): World Resources 2000-2001. People and Ecosystems. The Fraying Web of Life. Washington 2000.

Yohe (1990): Gary Yohe: The Cost of Not Holding back the Sea: Toward a National Sample of Economic Vulnerability, in: Coastal Management, Vol. 18 (1990), S. 403-431.

Yohe (1991): Gary W. Yohe: The Cost of Not Holding Back the Sea – Economic Vulnerability, in: Ocean & Shoreline Management, Vol. 15 (1991), S. 233-255.

Yohe et al. (1996): Gary Yohe, James Neumann, Patrick Marshall, Holly Ameden: The Economic Cost of Greenhouse-Induced Sea-Level Rise for Developed Property in the United States, in: Climatic Change, Vol. 32 (1996), S. 387-410.

Yohe, Schlesinger (1998): Gary W. Yohe, Michael E. Schlesinger: Sea-Level Change: The Expected Economic Cost of Protection or Abandonment in the United States, in: Climatic Change, Vol. 38 (1998), S. 447-472.

Zeidler (1997): Ryszard B. Zeidler: Climate Change Vulnerability and Response Strategies for the Coastal Zone of Poland, in: Climatic Change, Vol. 36 (1997), S. 151-173.

Internet-Quellen

Forschungsprojekte

KRIM – Klimawandel und präventives Risiko- und Küstenschutzmanagement an der deutschen Nordseeküste
http://www.krim.uni-bremen.de/
KLIMU – Klimaänderung und Unterweserregion
http://www.klimu.uni-bremen.de/
Fallstudie Sylt im Rahmen des Forschungsprogramms "Klimaänderung und Küste" des BMBF
http://sylt.geographie.uni-kiel.de/sylt/Welcome.htm
Kurzfassung des Endberichts des Teilprojektes "Kosten möglicher Klimaänderungen auf Sylt"
http://www.tu-berlin.de/fb7/imup/fg-hartje/sylt_kurz.pdf
Wertermittlung für die potentiell sturmflutgefährdeten Gebiete an den Küsten Schleswig-Holsteins
http://www.uni-kiel.de/ftzwest/ag4/PROJEKT/Txtlinks/test.htm
Wertermittlung hochwassergefährdeter Gebiete in den Gemeinden Scharbeutz und Timmendorfer Strand
http://www.uni-kiel.de/ftzwest/ag4/Timdorf/timcov.html
Ökonomische Bewertung der Biodiversität von Salzgrasland
http://www.uni-greifswald.de/%7Elaoekon/projekte/projekt_salzgrasland.htm
COMRISK – Common Strategies to Reduce the Risk of Storm Floods in Coastal Lowlands
http://www.comrisk.org/
RASP – Risk Assessment of Flood & Coastal Defence for Strategic Planning
http://www.rasp-project.net/default.htm
SURVAS – Synthesis and Upscaling of Sea-Level Rise Vulnerability Assessment Studies
http://www.survas.mdx.ac.uk/
ELOISE – European Land Ocean Interaction Studies
http://www.nilu.no/projects/ELOISE/
Coastal Settlements at Risk: A Study of England's East Coast (CURBE – Cambridge University Centre for Risk in the Built Environment)
http://www.arct.cam.ac.uk/curbe/floods.html#csar
DINAS-COAST – Dynamic and Interactive Assessment of National, Regional and Global Vulnerability of Coastal Zones to Climate Change and Sea-Level Rise
http://www.dinas-coast.net

EcoFlood – Towards natural flood reduction strategies
http://levis.sggw.waw.pl/ecoflood/
EUROTAS – European River Flood Occurrence and Total Risk Assessment System
http://www.hrwallingford.co.uk/projects/EUROTAS/index.html
UK Foresight Programme: Flood and Coastal Defence
http://www.foresight.gov.uk/fcd.html
SEAREG – Sea Level Change Affecting the Spatial Development in the Baltic Sea Region
http://www.gsf.fi/projects/seareg/index.html
KLIWA – Klimaveränderung und Wasserwirtschaft
http://www.kliwa.de/de/

Forschungsinstitutionen

Intergovermental Panel on Climate Change
http://www.ipcc.ch
IPCC Data Distribution Centre
http://ipcc-ddc.cru.uea.ac.uk/index.html
World Meteorological Organization
http://www.wmo.ch/index-en.html
Hadley Centre for Climate Prediction and Research
http://www.met-office.gov.uk/research/hadleycentre/index.html
Tyndall Centre for Climate Change Research (u.a. mit den Forschungsbereichen "Adapting to Climate Change" und "Sustaining the Coastal Zone")
http://www.tyndall.ac.uk/
Pew Center on Global Climate Change
http://www.pewclimate.org/
Flood Hazard Research Center (Middlesex University)
http://www.fhrc.mdx.ac.uk/
The Heinz Center: Sustainable Oceans, Coasts and Waterways Program
http://www.heinzctr.org/Programs/SOCW/overview.htm
International Institute for Applied Systems Analysis (IIASA): Risk, Modeling and Society
http://www.iiasa.ac.at/Research/RMS/index.html?sb=1
UK Climate Impacts Programme (u.a. mit einer Reihe regionaler Klimafolgenabschätzungen für Großbritannien)
http://www.ukcip.org.uk
Disasters Roundtable der US National Academy of Sciences
http://dels.nas.edu/dr/index.html

US Army Corps of Engineers: Institute for Water Resources
http://www.iwr.usace.army.mil/
Land Management Unit des JRC Institute for Environment and Sustainability: Natural Hazards
http://natural-hazards.jrc.it/
Deutsches Komitee für Katastrophenvorsorge e.V.
http://www.dkkv.org/
Forschungs- und Technologiezentrum Westküste der Universität Kiel
http://www.uni-kiel.de/ftzwest/
Dresden Flood Research Center
http://www.ioer.de/frc/

Einrichtungen des Küstenschutzes

Bundesamt für Seeschifffahrt und Hydrographie (u.a. mit Gezeitenvorausberechnung für das Untersuchungsgebiet)
http://www.bsh.de/de/index.jsp
Deutscher Wetterdienst: Klima an Nord- und Ostsee
http://www.dwd.de/de/FundE/Klima/KLIS/prod/monitoring/Kueste/Kueste.htm
Gemeinschaftsaufgabe "Verbesserung der Agrarstruktur und des Küstenschutzes (GAK)"
http://bmvel.zadi.de/gak/
Niedersächsischer Landesbetrieb für Wasserwirtschaft und Küstenschutz
http://www.nlwk.de/
Trilateral Cooperation on the Protection of the Wadden Sea
http://www.waddensea-secretariat.org/index.html
Department for Environment, Food and Rural Affairs (UK): Flood Management and Coastal Defence
http://www.defra.gov.uk/environ/fcd/default.htm
Europäische Kommission: Integrated Coastal Zone Management
http://europa.eu.int/comm/environment/iczm/home.htm
LOICZ – Land-Ocean Interactions in the Coastal Zone
http://www.loicz.org/
Technical Advisory Committee on Flood Defence (NL)
http://www.tawinfo.nl/engels/index_en.htm
EUCC - The Coastal Union
http://www.eucc.nl/en/home/index.htm
EUCC-D Die Küsten Union Deutschland
http://www.eucc-d.de/

EUCC Coastal Guide
http://www.coastalguide.org/index.html

Ökologische Bewertungen

RAMSAR Convention on Wetlands
http://www.ramsar.org
UNESCO "Man and the Biosphere Programme"
http://www.unesco.org/mab/
NATURA 2000 Netzwerk der EU (FFH- und Vogelschutzrichtlinie)
http://europa.eu.int/comm/environment/nature/natura.htm
Bundesamt für Naturschutz
http://www.bfn.de/
Ecosystem Valuation
http://www.ecosystemvaluation.org/default.htm
Coastal Environmental Economics Extension Network (mit "Economic Valuation of Natural Resources – A Handbook für Coastal Resources Policymakers")
http://www.mdsg.umd.edu/Extension/valuation/index.htm
NOAA's Coastal and Ocean Resource Economics
http://www.marineeconomics.noaa.gov/
Environmental Valuation Reference Inventory (EVRI)
http://www.evri.ca/
Department for Environment, Food and Rural Affairs (UK): Environmental Valuation Source List
http://www.defra.gov.uk/environment/economics/evslist/index.htm
ENVALUE-Datenbank der australischen New South Wales Environment Protection Authority
http://www.epa.nsw.gov.au/envalue
New Zealand Non-Market Valuation Database
http://learn.lincoln.ac.nz/markval/Default.htm
OECD: Purchasing Power Parities (PPPs)
http://www.oecd.org/department/0,2688,en_2649_34357_1_1_1_1_1,00.html

Informationen zum Untersuchungsgebiet

Niedersächsisches Landesamt für Statistik (mit der regionalstatistischen Datenbank NLS-Online)
http://www.nls.niedersachsen.de/index.html
Statistisches Landesamt Bremen
http://www.bremen.de/info/statistik/

BAW-Institut für Wirtschaftsforschung (Bremen)
http://www.baw.uni-bremen.de/
Statistik regional online der Statistischen Ämter des Bundes und der Länder
http://www.brandenburg.de/statreg/
Volkswirtschaftliche Gesamtrechnungen der Länder
http://www.statistik-bw.de/VolkswPreise/ArbeitskreisVGR/
Regionale Arbeitsgemeinschaft Bremen/Niedersachsen (hervorgegangen aus der Gemeinsamen Landesplanung Bremen/Niedersachsen)
http://www.bremen-niedersachsen.de/
Gemeinde Wangerooge
http://www.wangerooge.de/index_norm.html
Wangerland
http://www.wangerland.de/corvoweb/index.asp
Stadt Wilhelmshaven
http://www.wilhelmshaven.de
Gemeinde Butjadingen
http://www.butjadingen.de
Stadt Brake
http://www.brake.de
Stadt Bremen
http://www.bremen.de/haupt.html
Stadt Bremerhaven
http://www.bremerhaven.de/
Samtgemeinde Land Wursten
http://www.sglandwursten.de/

Lehrstuhl für Wirtschaftsstrukturforschung und Wirtschaftspolitik, Fachbereich Wirtschaftswissenschaft, Universität Bremen: Arbeitspapiere und Veröffentlichungen zur regionalökonomischen Klimafolgenforschung

Bartsch, Klaus: Das regionalökonometrische Modell für die Unterweserregion brecomod estuary Version 3.1. Überblick. Bremer Diskussionspapiere zur ökonomischen Klimafolgenforschung, Nr. 4. Bremen 1999.

Elsner, Wolfram: Regional Industry Clusters and Environmental Impacts. Long-Run Regional Economic Effects of Climate Change: The Case of the Coastal and Estuary Zone of the German Northwest. Journal of Environmental Planning and Management (forthcoming, 2005).

Elsner, Wolfram und Thomas Knogge: Das Projekt "Analyse der ökonomischen Folgen eines Klimawandels in der Unterweserregion" (Berichtszeitraum 1.6.1997-31.3.1998). Bremer Diskussionspapiere zur ökonomischen Klimafolgenforschung, Nr. 3. Bremen 1998.

Elsner, Wolfram und Thomas Knogge: Die Wirtschaftsstruktur der Unterweserregion und ihre Bezüge zum Naturraum, in: Michael Schirmer und Bastian Schuchardt (Hrsg.): Die Unterweserregion als Natur-, Lebens- und Wirtschaftsraum. Eine querschnittsorientierte Zustandserfassung. Bremer Beiträge zur Geographie und Raumplanung, Nr. 35. Bremen 1999. S. 179-192.

Elsner, Wolfram und Thomas Knogge: Regionale ökonomische Folgen eines Klimawandels: Vermögensschäden und Wertschöpfungsverluste in den Klimasensitiven Sektoren: Bastian Schuchardt und Michael Schirmer (Hrsg.): Klimawandel und Küste. Die Zukunft der Unterweserregion. Berlin, Heidelberg, New York: Springer, 2005, 209-221.

Elsner, Wolfram und Thomas Knogge: Zur Anwendung regionaler ökonometrischer Modelle im interdisziplinären Kontext. Das Beispiel der Analyse regionalökonomischer Klimawirkungen, in: Detlev Ehrig, Ralf Himmelreicher und Heinz Schäfer (Hrsg.): Finanzmarktarchitektur, ökonomische Dynamik und regionale Strukturforschung. Bremen 2000. S. 269-295.

Elsner, Wolfram und Thomas Knogge: Endbericht des Teilprojektes "Analyse der ökonomischen Folgen eines Klimawandels in der Unterweserregion. Projekt "Klimaänderung und Unterweserregion (KLIMU)". Bremen 2001.

Elsner, Wolfram, Thomas Knogge und Inhi Yu: Auswirkungen eines Klimawandels auf Einkommen und Beschäftigung in der Unterweserregion bei Annahme verschiedener wirtschaftlicher Langfristprognosen, in: Bastian Schuchardt und Michael Schirmer (Hrsg.): Klimawandel und Küste: die Zukunft der Unterweserregion. Springer Verlag. Berlin, Heidelberg, New York 2005, 267-280.

Elsner, Wolfram, Christoph Otte und Inhi Yu: Regional Economic Risk and Response Analysis of Climate Change Impacts (RECOACT), in: DLR Projektträger Umweltforschung und Technik (Hrsg.): German Climate Research Programme. Status Seminar, October 6-8, 2003, Bad Münstereifel. Proceedings. S. 283-284. Bonn 2003.

Elsner, Wolfram, Christoph Otte und Inhi Yu: Regional Economic Climate Impact Research: Storm Surge Risk Management at the German North Sea Coast. Poster, German Climate Research Programme. Status Seminar, October 6-8, 2003, Bad Münstereifel.

Gunawan, Bambang Indratno: Analysing Regional Economic Climate Change Impacts: Prospects Toward Strategic Research Development. The Case of East Kalimantan Coast, Indonesia. Bremer Diskussionspapiere zur Institutionellen Ökonomie und Sozialökonomie, Nr. 56. Bremen 2004.

Knogge, Thomas: Kommentierte Literatur zum Thema Ökonomische Klimafolgenforschung. Bremer Diskussionspapiere zur ökonomischen Klimafolgenforschung, Nr. 1. Bremen 1998.

Knogge, Thomas: Methoden der ökonomischen Klimafolgenforschung. Analyse des Methodenspektrums der ökonomischen Klimafolgenbewertung. Bremer Diskussionspapiere zur ökonomischen Klimafolgenforschung, Nr. 2. Bremen 1998.

Knogge, Thomas: Ein integratives Verfahren zur Identifikation eines regionalen Clusters klimasensitiver Wirtschaftsbereiche. Das Beispiel der Unterweserregion. Bremer Diskussionspapiere zur ökonomischen Klimafolgenforschung, Nr. 6. Bremen 1999.

Knogge, Thomas: Welchen "Wert" hat ökonomische Klimafolgenforschung? Die Entmystifizierung magischer Zahlen, in: Wolfram Elsner, Adelheid Biesecker und Klaus Grenzdörffer (Hrsg.): Ökonomische Be-Wertungen in gesellschaftlichen Prozessen: Markt – Macht – Diskurs. Herbolzheim 2001. S. 217-240.

Knogge, Thomas: Umweltschocks und langfristige regionale Wirtschaftsentwicklung. Eine integrative Analyse regionalökonomischer Folgen des globalen Klimawandels mit dem Fallbeispiel der nordwestdeutschen Küstenregion. Frankfurt 2002.

Knogge, Thomas: Regionalökonomische Folgen eines Deichversagens an der Unterweser, in: Wasser & Boden, Vol. 55 (2003), Nr. 7-8, S. 30-35.

Knogge, Thomas: Regional economic impacts of global climate change on the North-West German coastal zone, in: Wim J. Wolff, Karel Essink, Adi Kellermann und Maria A. van Leeuwe (Eds.): Challenges to the Wadden Sea Area. Proceedings of the 10th International Scientific Wadden Sea Symposium. Groningen 2003. S. 55-65.

Knogge, Thomas und Martin Wrobel: Klimasensitive Wirtschaftsbereiche: Ergebnisse eines Verfahrens zur Identifikation eines regionalen Clusters am Beispiel der Unterweserregion. Bremer Diskussionspapiere zur ökonomischen Klimafolgenforschung, Nr. 7. Bremen 2000.

Knogge, Thomas und Wolfram Elsner: Regionale ökonomische Folgen eines Klimawandels: Vermögensschäden und Wertschöpfungsverluste in den klimasensitiven Sektoren, in: Bastian Schuchardt und Michael Schirmer (Hrsg.): Klimawandel und Küste. Die Zukunft der Unterweserregion. Springer Verlag, Berlin, Heidelberg, New York 2005, 209-221.

Otte, Christoph: The Economic Contribution to an Integrated Valuation of a Cultural Landscape. Vortrag auf der 33. Jahrestagung der Gesellschaft für Ökologie in Halle/Saale vom 08.-12.09.2003. Kurzfassung abgedruckt in: Jutta Stadler, Isabell Hensen, Stefan Klotz und Hilde Feldmann (Hrsg.): Biodiversity - from Patterns to Processes. Verhandlungen der Gesellschaft für Ökologie, Band 33. Göttingen 2003. S. 486.

Otte, Christoph: Küsten als Objekt regionalökonomischer Risikoforschung - am Beispiel des Projektes RECOACT. Bremer Diskussionsbeiträge zur Institutionellen Ökonomie und Sozialökonomie. Nr. 52. Bremen 2003.

Otte, Christoph: Regional Economic Climate Impact and Risk Research at the German North Sea Coast. Vortrag im Kolloquium des Centers for Environmental Modelling an der Carl von Ossietzky Universität Oldenburg am 27.01.2004.

Schulz, Markus: Internationale Zukunftsstudien zur langfristigen sozialen Entwicklung. Bericht für das Forschungsprojekt "Klimaänderung und Unterweserregion (KLIMU)". Bremer Diskussionspapiere zur ökonomischen Klimafolgenforschung, Nr. 5. Bremen 1999.

Schulz, Markus: Der langfristige soziale Wandel und seine Integration in ökonometrische Langfristprognosen. Bremer Diskussionspapiere zur ökonomischen Klimafolgenforschung, Nr. 8. Bremen 2000.

Anhänge

Anhang 1: Spezifizierung von Schadensfunktionen

Schadensfunktion Kapitalstock Verarbeitendes Gewerbe

Ausgangsdaten:

Überflutungshöhe (m)	relativer Kapitalstockverlust (%)	
	Klaus, Schmidtke (1990)	Maniak (2001)
0,25	5,5	-
0,50	10,5	11,3
0,75	15,3	-
1,00	20,0	15,7
1,25	24,0	-
1,50	-	18,4
1,75	30,5	-
2,00	-	21,1
2,25	35,0	-
2,50	-	25,4
3,00	-	27,0
3,50	-	32,4
4,00	-	35,7
4,50	-	38,3
5,00	-	41,6

Tabelle A 1: Ausgangsdatenpaare Kapitalstock Verarbeitendes Gewerbe.

Schadensfunktion:

$$Y = 0{,}02476 \cdot X - 0{,}0737 \cdot X^2 + 0{,}0082 \cdot X^3$$

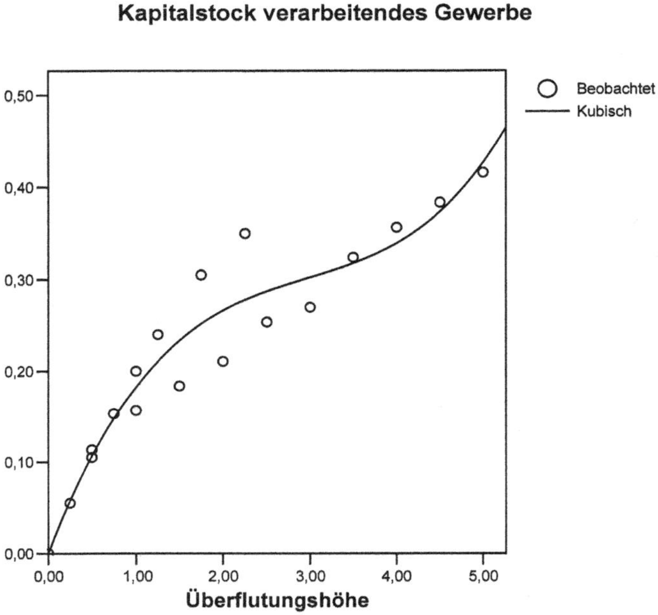

Abbildung A 1: Schadensfunktion Kapitalstock Verarbeitendes Gewerbe.

Anpassungsqualität:

Prüfmaß	**Wert**
Bestimmtheitsmaß	$r^2 = 0{,}9842$
bereinigtes Bestimmtheitsmaß	$r^2_{adj.} = 0{,}9810$
F-Test	F-Wert = 311,36 > $\text{F-Wert}_{\alpha=0{,}005}$ = 6,48

Schadensfunktion Kapitalstock Landwirtschaft

Ausgangsdaten:

Überflutungshöhe (m)	**relativer Kapitalstockverlust (%)**		
	Klaus, Schmidtke (1990)	**Maniak (2001)**	**MURL (2000)**
0,25	8,0	-	-
0,50	15,0	10,3	9,6
0,75	20,6	-	-
1,00	25,0	13,0	13,0
1,25	28,1	-	-
1,50	-	17,3	16,4
1,75	32,4	-	-
2,00	-	21,1	18,7
2,25	35,0	-	-
2,50	-	25,4	20,9
3,00	-	28,1	23,2
3,50	-	32,4	24,9
4,00	-	36,7	26,6
4,50		38,3	27,7
5,00		41,6	29,4

Tabelle A 2: Ausgangsdatenpaare Kapitalstock Landwirtschaft.

Schadensfunktion:

$$Y = 0{,}2514 \cdot X - 0{,}0808 \cdot X^2 + 0{,}0091 \cdot X^3$$

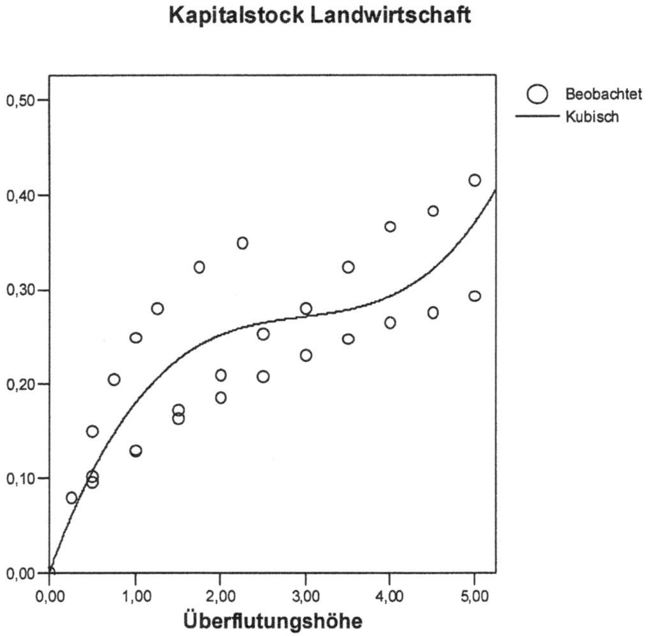

Abbildung A 2: Schadensfunktion Kapitalstock Landwirtschaft

Anpassungsqualität:

Prüfmaß	**Wert**
Bestimmtheitsmaß	$r^2 = 0{,}9552$
bereinigtes Bestimmtheitsmaß	$r^2_{adj.} = 0{,}9499$
F-Test	F-Wert = 177,84 > F-Wert$_{\alpha=0{,}005}$ = 5,46

Schadensfunktion Kapitalstock Handel und Verkehr

Ausgangsdaten:

Überflutungshöhe (m)	**relativer Kapitalstockverlust (%)**		
	Klaus, Schmidtke (1990)	**Maniak (2001)**	**MURL (2000)**
	1,1	-	-
0,50	2,2	8,1	6,8
0,75	3,3	-	-
1,00	4,4	12,4	10,2
1,25	5,6	-	-
1,50	-	15,7	12,4
1,75	7,8	-	-
2,00	-	19,4	14,1
2,25	10,0	-	-
2,50	-	23,2	16,4
3,00	-	25,9	17,5
3,50	-	29,2	19,2
4,00	-	32,4	20,3
4,50	-	35,6	21,5
5,00	-	38,3	22,6

Tabelle A 3: Ausgangsdatenpaare Kapitalstock Handel und Verkehr

Schadensfunktion:

$$Y = 0{,}0667 \cdot X$$

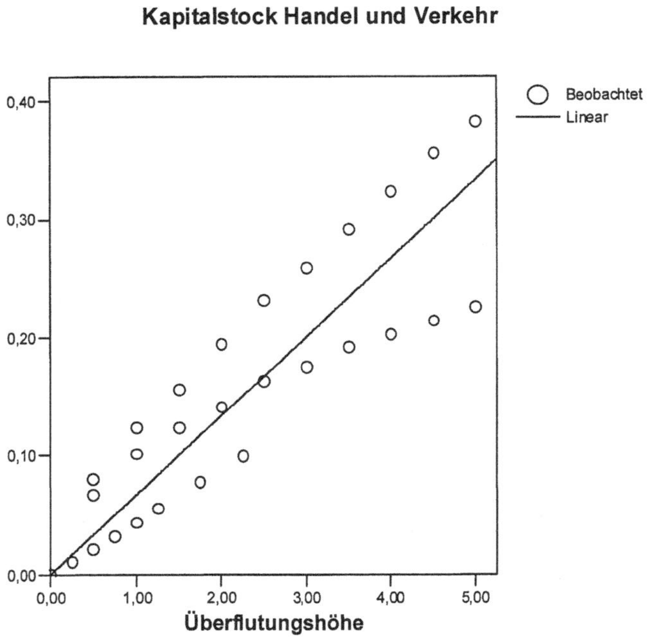

Abbildung A 3: Schadensfunktion Kapitalstock Handel und Verkehr

Anpassungsqualität:

Prüfmaß	**Wert**
Bestimmtheitsmaß	$r^2 = 0{,}9318$
bereinigtes Bestimmtheitsmaß	$r^2_{adj.} = 0{,}9292$
F-Test	F-Wert = 368,62 > $\text{F-Wert}_{\alpha=0{,}005}$ = 9,34

Schadensfunktion Kapitalstock Dienstleistungen

Ausgangsdaten:

Überflutungshöhe (m)	relativer Kapitalstockverlust (%)	
	Klaus, Schmidtke (1990)	Maniak (2001)
0,25	5,0	-
0,50	7,3	8,10
0,75	9,5	-
1,00	12,0	12,4
1,25	15,5	-
1,50	-	15,7
1,75	23,5	-
2,00	-	19,4
2,25	25,0	-
2,50	-	23,2
3,00	-	25,9
3,50	-	29,2
4,00	-	32,4
4,50	-	35,6
5,00	-	38,3

Tabelle A 4: Ausgangsdatenpaare Kapitalstock Dienstleistungen

Schadensfunktion:

$$Y = 0{,}1599 \cdot X - 0{,}0337 \cdot X^2 + 0{,}0034 \cdot X^3$$

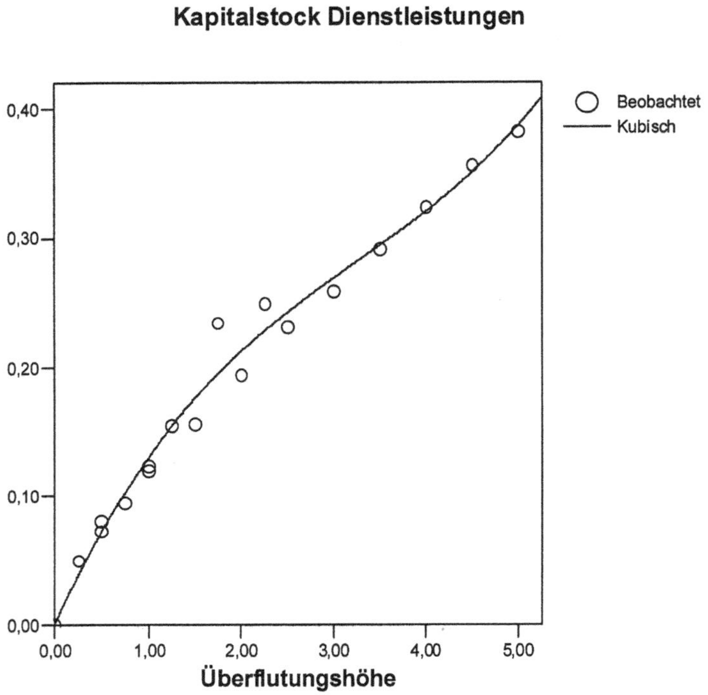

Abbildung A 4: Schadensfunktion Kapitalstock Dienstleistungen

Anpassungsqualität:

Prüfmaß	**Wert**
Bestimmtheitsmaß	$r^2 = 0,9959$
bereinigtes Bestimmtheitsmaß	$r^2_{adj.} = 0,9951$
F-Test	F-Wert = 1218,13 > $\text{F-Wert}_{\alpha=0,005} = 6,48$

Schadensfunktion Kapitalstock Staat

Ausgangsdaten:

Überflutungshöhe (m)	relativer Kapitalstockverlust (%)		
	Klaus, Schmidtke (1990)	Maniak (2001)	MURL (2000)
0,25	5,0	-	-
0,50	7,3	8,1	14,7
0,75	9,5	-	-
1,00	12,0	10,3	20,3
1,25	15,5	-	-
1,50	-	14,0	24,9
1,75	23,5	-	-
2,00	-	17,3	28,3
2,25	25,0	-	-
2,50	-	19,4	32,2
3,00	-	22,1	35,0
3,50	-	25,4	37,9
4,00	-	27,0	40,1
4,50	-	29,2	42,9
5,00	-	31,9	45,2

Tabelle A 5: Ausgangsdatenpaare Kapitalstock Staat

Schadensfunktion:

$$Y = 0{,}1433 \cdot X - 0{,}0141 \cdot X^2$$

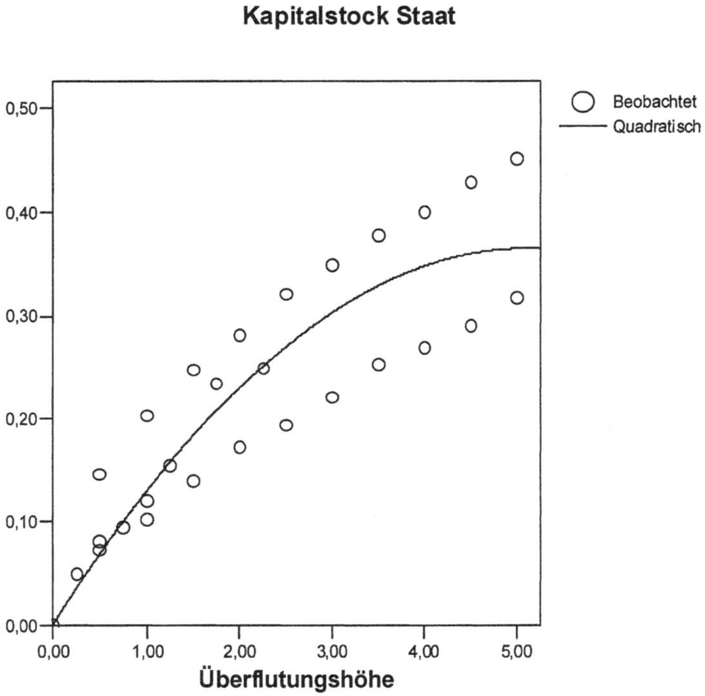

Abbildung A 5: Schadensfunktion Kapitalstock Staat

Anpassungsqualität:

Prüfmaß	**Wert**
Bestimmtheitsmaß	$r^2 = 0,9552$
bereinigtes Bestimmtheitsmaß	$r^2_{adj.} = 0,9518$
F-Test	F-Wert = 277,31 > $\text{F-Wert}_{\alpha=0,005} = 6,54$

Schadensfunktion Vorratsvermögen

Ausgangsdaten:

Überflutungshöhe (m)	relativer Wertverlust (%) Maniak (2001)
0,00	9,8
0,50	18,8
1,00	25,0
1,50	31,3
2,00	37,5
2,50	43,8
3,00	50,0
3,50	56,3
4,00	62,5
4,50	68,8
5,00	75,0

Tabelle A 6: Ausgangsdatenpaare Vorratsvermögen

Schadensfunktion:

$$Y = 0{,}1165 + 0{,}1274 \cdot X$$

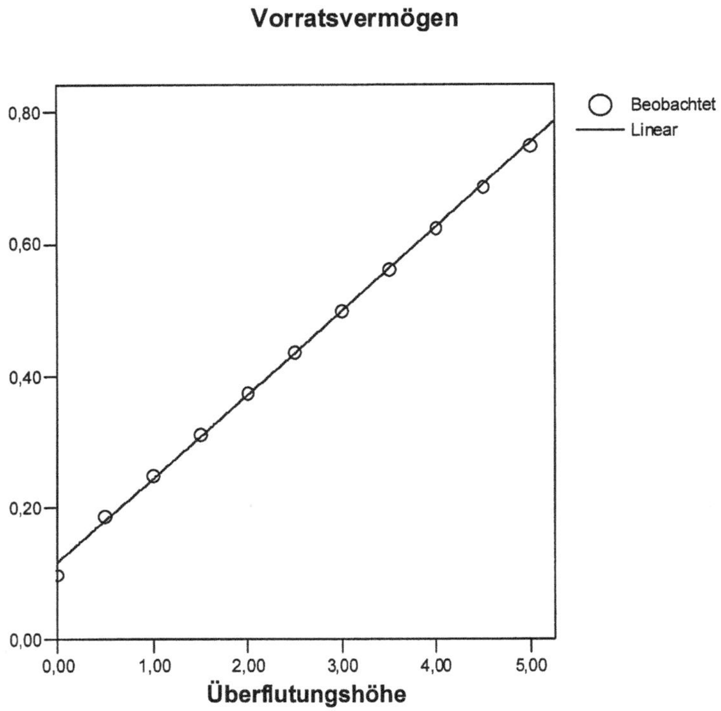

Abbildung A 6: Schadensfunktion Vorratsvermögen

Anpassungsqualität:

Prüfmaß	**Wert**
Bestimmtheitsmaß	$r^2 = 0{,}9989$
bereinigtes Bestimmtheitsmaß	$r^2_{adj.} = 0{,}9988$
F-Test	F-Wert = 8216,16 > $\text{F-Wert}_{\alpha=0{,}005} = 13{,}61$

Schadensfunktion Wohnkapitalstock

Ausgangsdaten:

Überflutungshöhe (m)	relativer Kapitalstockverlust (%)		
	Klaus, Schmidtke (1990)	Maniak (2001) städtisch	Maniak (2001) ländlich
0,00	-	5,4	3,6
0,25	9,0	-	-
0,50	13,8	7,1	8,9
0,75	17,4	-	-
1,00	20,0	8,9	14,3
1,25	22,6	-	-
1,50	-	10,7	17,9
1,75	26,8	-	-
2,00	-	14,3	22,3
2,25	30,0	-	-
2,50	-	16,1	26,8
3,00	-	16,7	30,4
3,50	-	18,8	33,0
4,00	-	20,5	35,7
4,50	-	22,3	39,3
5,00	-	24,1	42,0

Tabelle A 7: Ausgangsdatenpaare Wohnkapitalstock

Schadensfunktion:

$$Y = 0{,}2114 \cdot X - 0{,}0653 \cdot X^2 + 0{,}0073 \cdot X^3$$

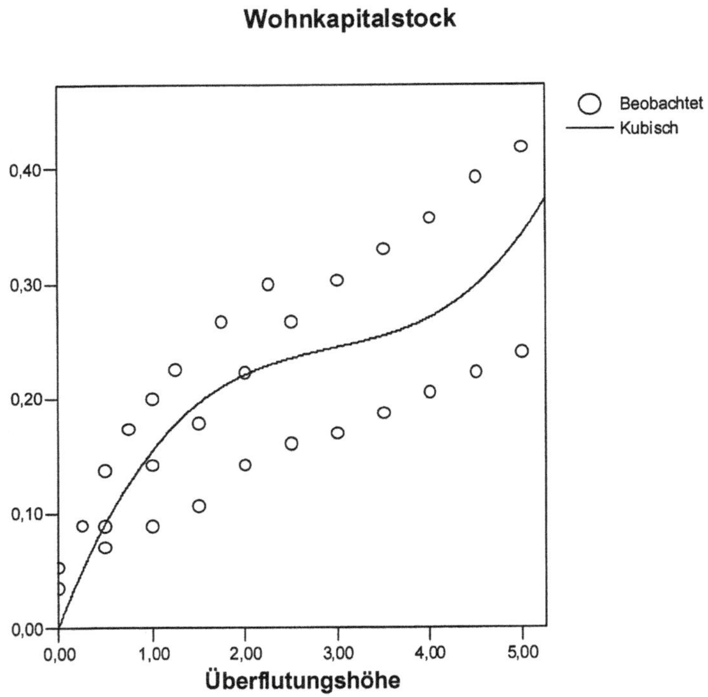

Abbildung A 7: Schadensfunktion Wohnkapitalstock

Anpassungsqualität:

Prüfmaß	**Wert**
Bestimmtheitsmaß	$r^2 = 0{,}9231$
bereinigtes Bestimmtheitsmaß	$r^2_{adj.} = 0{,}9143$
F-Test	F-Wert = 104,06 > $\text{F-Wert}_{\alpha=0{,}005}$ = 5,41

Schadensfunktion Hausrat

Ausgangsdaten:

Überflutungshöhe (m)	**relativer Wertverlust (%)**			
	Maniak (2001) städtisch	**Maniak (2001) ländlich**	**MURL (2000) EFH**	**MURL (2000) ZFH/MFH**
0,00	7,1	8,0	20,0	20,0
0,50	14,3	20,5	28,4	25,0
1,00	20,5	33,4	35,2	30,7
1,50	26,8	45,5	43,2	35,2
2,00	32,1	55,4	51,1	40,9
2,50	32,1	55,4	58,0	45,5
3,00	38,4	68,8	65,9	50,0
3,50	45,5	81,3	72,7	55,7
4,00	50,9	93,8	80,7	60,2
4,50	54,5	100,0	88,6	65,9
5,00	54,5	100,0	95,5	70,5

Tabelle A 8: Ausgangsdatenpaare Hausrat

Schadensfunktion:

$$Y = 0{,}2641 \cdot X - 0{,}0214 \cdot X^2$$

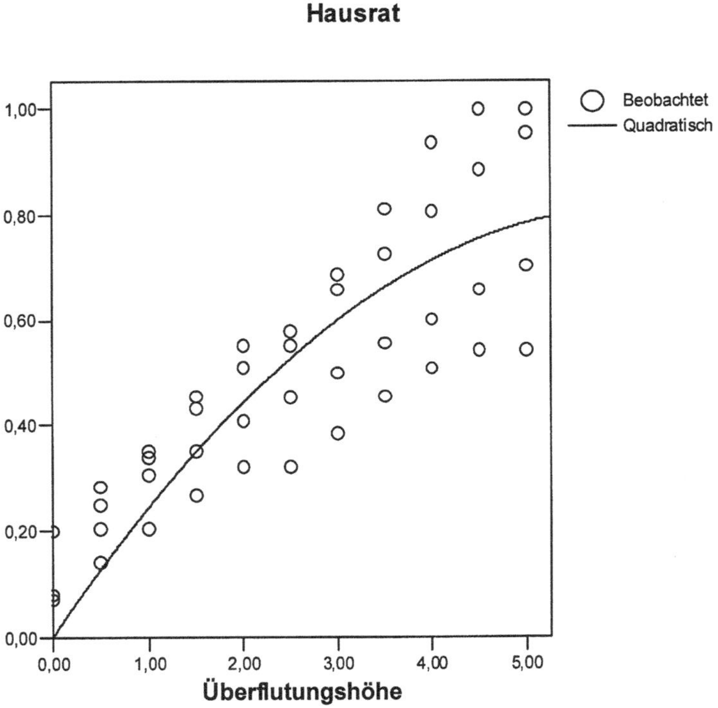

Abbildung A 8: Schadensfunktion Hausrat

Anpassungsqualität:

Prüfmaß	**Wert**
Bestimmtheitsmaß	$r^2 = 0{,}9401$
bereinigtes Bestimmtheitsmaß	$r^2_{adj.} = 0{,}9373$
F-Test	F-Wert = 329,59 > $\text{F-Wert}_{\alpha=0{,}005}$ = 6,03

Schadensfunktion KFZ

Ausgangsdaten:

Überflutungshöhe (m)	relativer Wertverlust (%)	
	Klaus, Schmidtke (1990)	Maniak (2001)
0,25	0,0	-
0,50	10,0	25,0
0,75	22,5	-
1,00	35,0	48,2
1,25	47,5	-
1,50	-	60,0
ab 1,50	konstant 60, 0	

Tabelle A 9: Ausgangsdatenpaare KFZ

Schadensfunktion:

$0 \leq X < 1{,}5$: $Y = 0{,}3848 \cdot X$

$X \geq 1{,}5$: $Y = 0{,}60$

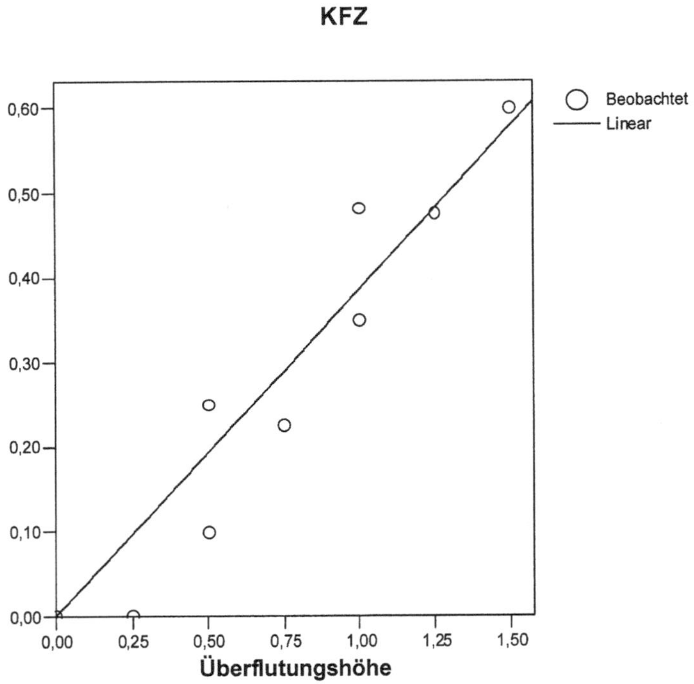

Abbildung A 9: Schadensfunktion KFZ für Überflutungshöhen bis 1,50 m

Anpassungsqualität:

Prüfmaß	**Wert**
Bestimmtheitsmaß	$r^2 = 0{,}9658$
bereinigtes Bestimmtheitsmaß	$r^2_{adj.} = 0{,}9615$
F-Test	F-Wert = 225,80 > $\text{F-Wert}_{\alpha=0{,}005}$ = 14,69

Schadensfunktion Infrastruktur

Ausgangsdaten:

Überflutungshöhe (m)	**relativer Wertverlust (%)**
	MURL (2000)
0,00	5,0
0,50	7,5
1,00	10,0
ab 1,00	konstant 10.0

Tabelle A 10: Ausgangsdatenpaare Infrastruktur

Schadensfunktion:

$$0 \leq X < 1{,}0: \; Y = 0{,}05 + 0{,}05 \cdot X$$
$$X \geq 1{,}0: \; Y = 0{,}10$$

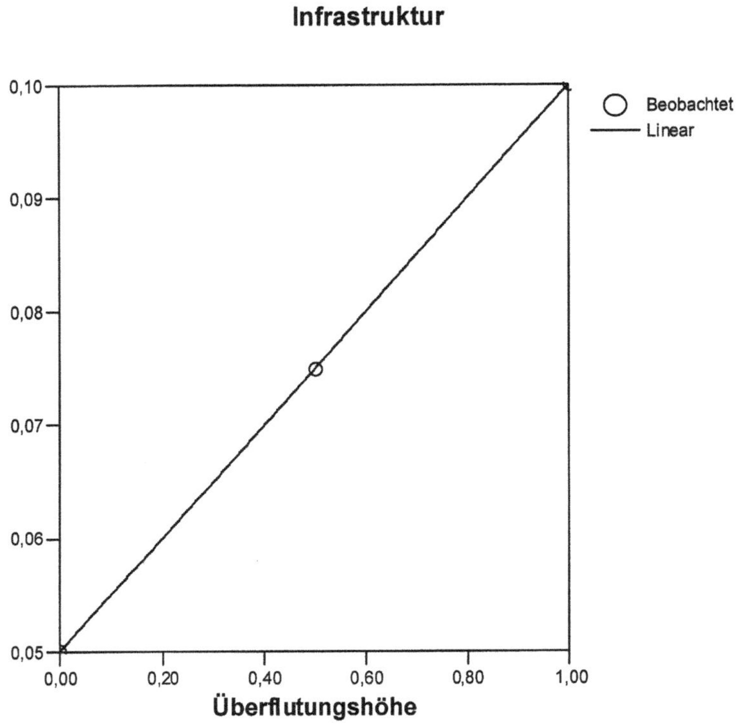

Abbildung A 10: Schadensfunktion Infrastruktur für Überflutungshöhen bis 1,00 m

Anhang 2: Simulationsergebnisse - Klimawandelbedingtes Küstenschutzversagen mit Überflutungen in den Fokusflächen

<table>
<tr><th rowspan="2">Klima-szenario</th><th colspan="5">Impulse</th><th colspan="2">Folgen der Impulse</th></tr>
<tr><th colspan="2">Schaden am Nettoanlagevermögen (nominal) in 2000, Mill. Euro</th><th colspan="3">Kapitalstockverlust (real) in 2015, Mill. Euro</th><th>Jahres-durchschnittlicher Verlust an Bruttoinlandsprodukt, Mill. Euro</th><th>Jahres-durchschnittli-cher Verlust an Erwerbstätigen</th></tr>
<tr><td rowspan="4">Schaden bei Deichversagen unter Klima Status quo</td><td colspan="2">81,950</td><td rowspan="2">Basis</td><td colspan="2">262,946 (0,014 %)[*1]</td><td rowspan="2">36,480
(0,0102 %)[*2]</td><td rowspan="2">152
(0,005 %)[*3]</td></tr>
<tr><td rowspan="3">77,911
(Unternehmens-sektor)</td><td rowspan="3">4,039
(öffentlicher Sektor)</td><td>249,986</td><td>12,960</td></tr>
<tr><td rowspan="2">Kontrast</td><td colspan="2">258,518</td><td rowspan="2">35,480</td><td rowspan="2">150</td></tr>
<tr><td>245,777</td><td>12,741</td></tr>
<tr><td rowspan="4">Schaden bei Deichversagen unter KRIM-Klimaszenario</td><td colspan="2">109,812</td><td rowspan="2">Basis</td><td colspan="2">352,342 (0,019 %)</td><td rowspan="2">48,662
(0,014 %)</td><td rowspan="2">206
(0,007 %)</td></tr>
<tr><td rowspan="3">105,127</td><td rowspan="3">4,685</td><td>337,310</td><td>15,032</td></tr>
<tr><td rowspan="2">Kontrast</td><td colspan="2">346,409</td><td rowspan="2">47,517</td><td rowspan="2">202</td></tr>
<tr><td>331,630</td><td>14,779</td></tr>
<tr><td rowspan="4">Schäden bei Deichversagen bei einem Ereignis der ANATOL-Klasse</td><td colspan="2">767,539</td><td rowspan="2">Basis</td><td colspan="2">2462,741 (0,134 %)</td><td rowspan="2">348,540
(0,098 %)</td><td rowspan="2">1456
(0,047 %)</td></tr>
<tr><td rowspan="3">650,838</td><td rowspan="3">116,701</td><td>2.088,292</td><td>374,449</td></tr>
<tr><td rowspan="2">Kontrast</td><td colspan="2">2421,275</td><td rowspan="2">340,000</td><td rowspan="2">1441</td></tr>
<tr><td>2.053,131</td><td>368,144</td></tr>
</table>

[*1] : Antail des Kapitalstockverlustes am Kapitalstock in Niedersachsen;

[*2] : Antail des BIP-Verlustes am BIP in Niedersachsen;

[*3]: Antail des Verlustes der Erwebstätigen am Erwebstätigenin Niedersachsen.

Tabelle A 11: Brake - Die Werte der Impulse und deren Folgen für das reale Bruttoinlandsprodukt sowie für die Beschäftigung.

Klimaszenario	Impulse					Folgen der Impulse	
	Schaden am Nettoanlagevermögen (nominal) in 2000, Mill. Euro		Kapitalstockverlust (real) in 2015, Mill. Euro			Jahresdurchschnittlicher Verlust an Bruttoinlandsprodukt, Mill. Euro	Jahresdurchschnittlicher Verlust an Erwerbstätigen
Schaden bei Deichversagen unter Klima Status quo	50,736		Basis	162,792		22,429	94
	47,879 (Unternehmenssektor)	2,857 (öffentlicher Sektor)		153,625	9,167		
			Kontrast	160,051		21,975	93
				151,038	9,013		
Schaden bei Deichversagen unter KRIM-Klimaszenario	68,143		Basis	218,644		30,221	127
	64,271	3,872		206,220	12,424		
			Kontrast	214,964		29,562	126
				202,748	12,216		
Schäden bei Deichversagen bei einem Ereignis der ANATOL-Klasse	568,244		Basis	1.823,273		260,140	1088
	492,982	75,262		1.581,787	241,486		

Tabelle A 12: Butjadingen - Die Werte der Impulse und deren Folgen für das reale Bruttoinlandsprodukt sowie für die Beschäftigung.

Klimaszenario	Impulse: Schaden am Nettoanlagevermögen (nominal) in 2000, Mill. Euro			Impulse: Kapitalstockverlust (real) in 2015, Mill. Euro				Folgen der Impulse: Jahresdurchschnittlicher Verlust an Bruttoinlandsprodukt, Mill. Euro	Folgen der Impulse: Jahresdurchschnittlicher Verlust an Erwerbstätigen
Schaden bei Deichversagen unter Klima Status quo	31,530	24,113 (Unternehmens-sektor)	7,417 (öffentlicher Sektor)	Basis	101,167	77,369	23,798	14,622	61
				Kontrast	99,465	76,067	23,398	14,195	59
Schaden bei Deichversagen unter KRIM-Klimaszenario	40,922	29,543	11,379	Basis	131,303	94,792	36,511	19,197	80
				Kontrast	129,092	93,196	35,896	18,587	77
Schäden bei Deichversagen bei einem Ereignis der ANATOL-Klasse	160,170	132,132	28,038	Basis	513,923	423,960	89,963	73,141	305
				Kontrast	505,270	416,822	88,448	71,361	301

Tabelle A 13: Wangerland - Die Werte der Impulse und deren Folgen für das reale Bruttoinlandsprodukt sowie für die Beschäftigung.

<table>
<tr><th rowspan="2">Klima-szenario</th><th colspan="5">Impulse</th><th colspan="2">Folgen der Impulse</th></tr>
<tr><th colspan="2">Schaden am Nettoanlagevermögen (nominal) in 2000, Mill. Euro</th><th colspan="3">Kapitalstockverlust (real) in 2015, Mill. Euro</th><th>Jahres-durchschnittlicher Verlust an Bruttoinlandsprodukt, Mill. Euro</th><th>Jahres-durchschnittli-cher Verlust an Erwerbstätigen</th></tr>
<tr><td rowspan="4">Schaden bei Deichversagen unter Klima Status quo</td><td colspan="2">4,357</td><td rowspan="2">Basis</td><td colspan="2">13,980</td><td rowspan="2">2,150</td><td rowspan="2">9</td></tr>
<tr><td rowspan="3">2,711 (Unternehmens-sektor)</td><td rowspan="3">1,646 (öffentlicher Sektor)</td><td>8,699</td><td>5,281</td></tr>
<tr><td rowspan="2">Kontrast</td><td colspan="2">13,744</td><td rowspan="2">1,941</td><td rowspan="2">7</td></tr>
<tr><td>8,552</td><td>5,192</td></tr>
<tr><td rowspan="4">Schaden bei Deichversagen unter KRIM-Klimaszenario</td><td colspan="2">6,752</td><td rowspan="2">Basis</td><td colspan="2">21,664</td><td rowspan="2">3,144</td><td rowspan="2">13</td></tr>
<tr><td rowspan="3">4,580</td><td rowspan="3">2,172</td><td>14,695</td><td>6,969</td></tr>
<tr><td rowspan="2">Kontrast</td><td colspan="2">21,300</td><td rowspan="2">3,047</td><td rowspan="2">12</td></tr>
<tr><td>14,448</td><td>6,852</td></tr>
<tr><td rowspan="4">Schäden bei Deichversagen bei einem Ereignis der ANATOL-Klasse</td><td colspan="2">7,316</td><td rowspan="2">Basis</td><td colspan="2">23,474</td><td rowspan="2">3,516</td><td rowspan="2">15</td></tr>
<tr><td rowspan="3">4,943</td><td rowspan="3">2,373</td><td>15,860</td><td>7,614</td></tr>
<tr><td rowspan="2">Kontrast</td><td colspan="2">23,075</td><td rowspan="2">3,237</td><td rowspan="2">13</td></tr>
<tr><td>15,593</td><td>7,486</td></tr>
</table>

Tabelle A 14: Wangerooge - Die Werte der Impulse und deren Folgen für das reale Bruttoinlandsprodukt sowie für die Beschäftigung.

<table>
<tr><th rowspan="2">Klima-szenario</th><th colspan="5">Impulse</th><th colspan="2">Folgen der Impulse</th></tr>
<tr><th colspan="2">Schaden am Nettoanlagevermögen (nominal) in 2000, Mill. Euro</th><th colspan="3">Kapitalstockverlust (real) in 2015, Mill. Euro</th><th>Jahres-durchschnittlicher Verlust an Bruttoinlandsprodukt, Mill. Euro</th><th>Jahres-durchschnittlicher Verlust an Erwerbstätigen</th></tr>
<tr><td rowspan="4">Schaden bei Deichversagen unter Klima Status quo</td><td colspan="2">1.011,897</td><td rowspan="2">Basis</td><td colspan="2">3.246,781</td><td rowspan="2">471,34</td><td rowspan="2">1.952</td></tr>
<tr><td rowspan="3">748,036 (Unternehmens-sektor)</td><td rowspan="3">263,861 (öffentlicher Sektor)</td><td>2.400,148</td><td>846,633</td></tr>
<tr><td rowspan="2">Kontrast</td><td colspan="2">3183,114</td><td rowspan="2">459,87</td><td rowspan="2">1.930</td></tr>
<tr><td>2.359,736</td><td>832,378</td></tr>
<tr><td rowspan="4">Schaden bei Deichversagen unter KRIM-Klimaszenario</td><td colspan="2">1.091,498</td><td rowspan="2">Basis</td><td colspan="2">3.502,125</td><td rowspan="2">508,67</td><td rowspan="2">2.106</td></tr>
<tr><td rowspan="3">804,456</td><td rowspan="3">287,042</td><td>2.581,119</td><td>921,006</td></tr>
<tr><td rowspan="2">Kontrast</td><td colspan="2">3.443,218</td><td rowspan="2">496,15</td><td rowspan="2">2.081</td></tr>
<tr><td>2.537,730</td><td>905,488</td></tr>
<tr><td rowspan="4">Schäden bei Deichversagen bei einem Ereignis der ANATOL-Klasse</td><td colspan="2">1.631,233</td><td rowspan="2">Basis</td><td colspan="2">5.233,990</td><td rowspan="2">761,75</td><td rowspan="2">3.150</td></tr>
<tr><td rowspan="3">1.185,26</td><td rowspan="3">445,973</td><td>3.803,030</td><td>1.430,960</td></tr>
<tr><td rowspan="2">Kontrast</td><td colspan="2">5.145,864</td><td rowspan="2">742,89</td><td rowspan="2">3.112</td></tr>
<tr><td>3.738,997</td><td>1.406,867</td></tr>
</table>

Tabelle A 15: WHV - Die Werte der Impulse und deren Folgen für das reale Bruttoinlandsprodukt sowie für die Beschäftigung.

<table>
<tr><th rowspan="2">Klima-
szenario</th><th colspan="5">Impulse</th><th colspan="2">Folgen der Impulse</th></tr>
<tr><th colspan="2">Schaden am Nettoanlagevermögen (nominal) in 2000, Mill. Euro</th><th colspan="3">Kapitalstockverlust (real) in 2015, Mill. Euro</th><th>Jahres-durchschnittlicher Verlust an Bruttoinlandsprodukt, Mill. Euro</th><th>Jahres-durchschnittli-cher Verlust an Erwerbstätigen</th></tr>
<tr><td rowspan="4">Schaden bei Deichversagen unter Klima Status quo</td><td colspan="2">17,026</td><td rowspan="2">Basis</td><td colspan="2">54,630</td><td rowspan="2">7,674</td><td rowspan="2">33</td></tr>
<tr><td rowspan="3">15,586
(Unternehmens-sektor)</td><td rowspan="3">1,440
(öffentlicher Sektor)</td><td>50,010</td><td>4,620</td></tr>
<tr><td rowspan="2">Kontrast</td><td colspan="2">53,713</td><td rowspan="2">7,364</td><td rowspan="2">31</td></tr>
<tr><td>49,167</td><td>4,546</td></tr>
<tr><td rowspan="4">Schaden bei Deichversagen unter KRIM-Klimaszenario</td><td colspan="2">23,022</td><td rowspan="2">Basis</td><td colspan="2">73,869</td><td rowspan="2">10,225</td><td rowspan="2">43</td></tr>
<tr><td rowspan="3">20,728</td><td rowspan="3">2,294</td><td>66,508</td><td>7,361</td></tr>
<tr><td rowspan="2">Kontrast</td><td colspan="2">72,625</td><td rowspan="2">9,972</td><td rowspan="2">42</td></tr>
<tr><td>65,388</td><td>7,237</td></tr>
<tr><td rowspan="4">Schäden bei Deichversagen bei einem Ereignis der ANATOL-Klasse</td><td colspan="2">117,797</td><td rowspan="2">Basis</td><td colspan="2">377,515</td><td rowspan="2">52,665</td><td rowspan="2">221</td></tr>
<tr><td rowspan="3">106,628</td><td rowspan="3">11,169</td><td>342,128</td><td>35,387</td></tr>
<tr><td rowspan="2">Kontrast</td><td colspan="2">371,601</td><td rowspan="2">51,558</td><td rowspan="2">219</td></tr>
<tr><td>336,367</td><td>35,234</td></tr>
</table>

Tabelle A 16: Wursten - Die Werte der Impulse und deren Folgen für das reale Bruttoinlandsprodukt sowie für die Beschäftigung.

<table>
<tr><th rowspan="2">Klima-szenario</th><th colspan="5">Impulse</th><th colspan="2">Folgen der Impulse</th></tr>
<tr><th colspan="2">Schaden am Nettoanlagevermögen (nominal) in 2000, Mill. Euro</th><th colspan="3">Kapitalstockverlust (real) in 2015, Mill. Euro</th><th>Jahres-durchschnittlicher Verlust an Bruttoinlandsprodukt, Mill. Euro</th><th>Jahres-durchschnittlicher Verlust an Erwerbstätigen</th></tr>
<tr><td rowspan="5">Schaden bei Deichversagen unter Klima Status quo</td><td colspan="2">238,805</td><td rowspan="2">Basis</td><td colspan="2">777,070 (0,467 %)[*1]</td><td rowspan="2">107,340
(0,538 %)[*2]</td><td rowspan="2">1.732
(0,581 %)[*3]</td></tr>
<tr><td rowspan="4">238,539
(Unternehmens-sektor)</td><td rowspan="4">0,266
(öffentlicher Sektor)</td><td>776,204</td><td>0,866</td></tr>
<tr><td rowspan="3">Kontrast</td><td colspan="2">768,454 (0,419 %)</td><td rowspan="3">95,109
(0,535 %)</td><td rowspan="3">1.549
(0,547 %)</td></tr>
<tr><td>767,598</td><td>0,856</td></tr>
<tr></tr>
<tr><td rowspan="5">Schaden bei Deichversagen unter KRIM-Klimaszenario</td><td colspan="2">282,734</td><td rowspan="2">Basis</td><td colspan="2">920,013 (0,554 %)</td><td rowspan="2">126,930
(0,636 %)</td><td rowspan="2">2.048
(0,687 %)</td></tr>
<tr><td rowspan="3">282,202</td><td rowspan="3">0,532</td><td>918,282</td><td>1,731</td></tr>
<tr><td rowspan="2">Kontrast</td><td colspan="2">919,813 (0,496 %)</td><td rowspan="2">112,410
(0,633 %)</td><td rowspan="2">1.831
(0,646 %)</td></tr>
<tr><td>908,101</td><td>1,712</td></tr>
<tr></tr>
<tr><td rowspan="4">Schäden bei Deichversagen bei einem Ereignis der ANATOL-Klasse</td><td colspan="2">3.601,35</td><td rowspan="2">Basis</td><td colspan="2">11.718,757 (7,061 %)</td><td rowspan="2">1.652,300
(8,283 %)</td><td rowspan="2">26.178
(8,786 %)</td></tr>
<tr><td rowspan="3">2.970,269</td><td rowspan="3">631,081</td><td>9.665,226</td><td>2.053,531</td></tr>
<tr><td rowspan="2">Kontrast</td><td colspan="2">11.588,831 (6,329 %)</td><td rowspan="2">1.464,200
(8,241 %)</td><td rowspan="2">23.388
(8,252 %)</td></tr>
<tr><td>9.558,067</td><td>2.030,764</td></tr>
</table>

[*1] : Antail des Kapitalstockverlustes am Kapitalstock in Bremen;

[*2] : Antail des BIP-Verlustes am BIP in Bremen;

[*3]: Antail des Verlustes der Erwebstätigen am Erwebstätigen in Bremen.

Tabelle A 17: Bremen - Die Werte der Impulse und deren Folgen für das reale Bruttoinlandsprodukt sowie für die Beschäftigung.

Klima-Szenario	Impulse: Schaden am Nettoanlagevermögen (nominal) in 2000, Mill. Euro		Impulse: Kapitalstockverlust (real) in 2015, Mill. Euro			Folgen der Impulse: Jahres-durchschnittlicher Verlust an Bruttoinlandsprodukt, Mill. Euro	Folgen der Impulse: Jahres-durchschnittlicher Verlust an Erwerbstätigen
Schaden bei Deichversagen unter Klima Status quo	25,946		Basis	84,432		12,767	203
	24,992 (Unternehmens-sektor)	0,954 (öffentlicher Sektor)		81,328	3,104		
			Kontrast	83,492		11,256	181
				80,422	3,070		
Schäden bei Deichversagen bei einem Ereignis der ANATOL-Klasse	1.209,049		Basis	3.898,234		610,920	9.607
	975,139	233,910		3.137,093	761,141		
			Kontrast	3.890,614		537,460	8.517
				3.137,912	752,702		

Tabelle A 18: Bremerhaven - Die Werte der Impulse und deren Folgen für das reale Bruttoinlandsprodukt sowie für die Beschäftigung.

Anhang 3: Simulationsergebnisse - Investitionsimpulse durch präventive Küstenschutzmaßnahmen

	Investitions-kosten, nominal, 2000	Investitionskosten, real, 2010		Zunahme des BIP, real, Mill. Euro	Zunah-me an ET
Kosten einer Deicherhö-hung Mill. Euro	17,3	Basis	14,850	20,594	143
		Kontrast	14,831	19,875	138

Tabelle A 19: Brake - Deicherhöhung und ihre Folgen für das reale Bruttoinlandsprodukt sowie für die Beschäftigung[210].

	Investitionskosten, nominal, 2000	Investitionskosten, real, 2010		Zunahme des BIP, real, Mill. Euro	Zunahme an ET
Kosten einer Deicherhö-hung Mill. Euro	10,609	Basis	9,106	12,859	90
		Kontrast	9,095	11,797	82
Kosten der Errichtung einer 2. Deichlinie	28,400	Basis	24,377	33,406	232
		Kontrast	24,347	32,042	222

Tabelle A 20: Butjadingen - Deicherhöhung und die Einrichtung einer zweiten Deich-linie und deren Folgen für das reale Bruttoinlandsprodukt sowie für die Beschäftigung.

[210] Die Zunahmen von BIP und Erwerbstätigen sind Effekte, die durch die Investitionen im Jahr 2010 im gleichen Jahr und in den nachfolgenden Jahren verursacht werden.

	Investitionskosten, nominal, 2000	Investitionskosten, real, 2010		Zunahme des BIP, real, Mill. Euro	Zunahme an ET
Kosten einer Deicherhöhung Mill. Euro	10,5	Basis	9,012	12,719	89
		Kontrast	9,002	11,781	81
Kosten der Errichtung einer 2. Deichlinie	20,6	Basis	17,682	24,219	167
		Kontrast	17,660	23,112	158

Tabelle A 21: Wangerland - Deicherhöhung und die Einrichtung einer zweiten Deich-linie und deren Folgen für das reale Bruttoinlandsprodukt sowie für die Beschäftigung.

	Investitionskosten, nominal, 2000	Investitionskosten, real, 2010		Zunahme des BIP, real, Mill. Euro	Zunahme an ET
Kosten einer Deicherhöhung Mill. Euro	Nord 1,8 / Süd 1,65	Basis	Nord 1,545 / Süd 1,418	4,5	32
		Kontrast	Nord 1,543 / Süd 1,414	3,75	26

Tabelle A 22: Wangerooge - Deicherhöhung und ihre Folgen für das reale Bruttoinlandsprodukt sowie für die Beschäftigung.

	Investitionskosten, nominal, 2000	Investitionskosten, real, 2010		Zunahme des BIP, real, Mill. Euro	Zunahme an ET
Kosten einer Deicherhöhung Mill. Euro	6,5	Basis	6,156	8,391	65
		Kontrast	6,138	7,938	56

Tabelle A 23: WHV - Deicherhöhung und ihre Folgen für das reale Bruttoinlandsprodukt sowie für die Beschäftigung.

	Investitionskosten, nominal, 2000	Investitionskosten, real, 2010		Zunahme des BIP, real, Mill. Euro	Zunahme an ET
Kosten einer Deicherhöhung Mill. Euro	10,749	Basis	9,226	13,016	91
		Kontrast	9,215	11,938	82
Kosten der Errichtung einer 2. Deichlinie	33,800	Basis	29,011	39,672	276
		Kontrast	28,971	38,688	268

Tabelle A 24: Wursten - Deicherhöhung und die Einrichtung einer zweiten Deichlinie und deren Folgen für das reale Bruttoinlandsprodukt sowie für die Beschäftigung.

	Investitionskosten, nominal, 2000	Investitionskosten, real, 2010		Zunahme des BIP, real, Mill. Euro	Zunahme an ET
Kosten einer Deicherhöhung Mill. Euro	13,86	Basis	12,067	13,61	96
		Kontrast	12,152	13,86	93

Tabelle A 25: Bremerhaven - Deicherhöhung und ihre Folgen für das reale Bruttoinlandsprodukt sowie für die Beschäftigung.

Anhang 4: Ökonometrisches Modell für das Land Bremen

Privater Verbrauch

EQUATION # 1 HB.PVRPOP: Realer privater Konsum pro Kopf der Bevölkerung

HB.PVRPOP=.26513*HB.VEPHR/HB.POP-.12916*GER.KONZS+.85221*(HB.PVRPOP(-1))-
(5.21) (-2.54) (12.45)
1.85559
(-2.21)

SEE= .24347810 R-BAR-SQ= .9916 DW= 2.050
ORDINARY LEAST SQUARES
SAMPLE PERIOD= 1971- 1995

EQUATION # 2 HB.PVR: Realer privater Konsum (BSP-Konzept)

HB.PVR=HB.POP*HB.PVRPOP

EQUATION # 3 HB.PV: Nominaler privater Konsum (BSP-Konzept)

HB.PV=100 * HB.PVR / HB.PPV

Bruttoanlageinvestition

EQUATION # 4 HB.NAIOWUR : Reale Nettoanlageinvestitionen des privaten Unternehmenssektors ohne Wohnungsvermietung

HB.NAIOWUR=759.39851*D91+664014.45339*(HB.POP/GER.POP)+.21664*(DIF(HB.ENFR))+
(3.94) (5.23) (3.04)
4.03888*(DIF(GER.EXR(-1)))-134.24335*(GER.LZSR(-5))-6076.75724*(DIF(HB.ILSKU(-5)))-
(2.17) (-2.21) (-2.30)
5557.98798
(-3.57)

SEE= 172.11680000 R-BAR-SQ= .8752 DW= 1.494
ORDINARY LEAST SQUARES
SAMPLE PERIOD= 1976- 1996

EQUATION # 5 HB.BAIOWUR : Reale Bruttoanlageinvestitionen des privaten Unternehmenssektors ohne Wohnungsvermietung

HB.BAIOWUR=HB.NAIOWUR+HB.ABKSR

EQUATION # 6 HB.BIWVR : Reale Wohnungsbauinvestitionen

HB.BIWVR=283.91922*D81+6.16958*(HB.POP(-1))-111.72474*DIF(GER.LZSR)-
(2.10) (4.30) (-3.53)
110.09573*(GER.LZSR(-1))-3175.08341
(-3.06) (-2.87)

SEE= 119.10540000 R-BAR-SQ= .8094 DW= 1.967
ORDINARY LEAST SQUARES
SAMPLE PERIOD= 1971- 1995

EQUATION # 7 HB.BAISTR: Reale Staatliche Investitionen

HB.BAISTR=100 * HB.BAIST / HB.PBAIST

EQUATION # 8 HB.BAIR: Reale Bruttoanlageinvestitionen (BIP-Konzept)

HB.BAIR=HB.BAIOWUR+HB.BIWVR+HB.BAISTR

EQUATION # 9 HB.BAISPR: Reale Bruttoanlageinvestitionen (BSP-Konzept)

HB.BAISPR=70.00326*D91+.98264*(HB.BAIR)+39.69936
(4.24) (97.04) (.51)

SEE= 22.00211000 R-BAR-SQ= .9984 DW= 1.001
ORDINARY LEAST SQUARES
SAMPLE PERIOD= 1970- 1995
RHO(1)= .92980

EQUATION # 10 HB.BAISP : nominale Bruttoanlageinvestitionen (BSP-Konzept)

HB.BAISP=HB.BAISPR * HB.PBAI / 100

Staatsverbrauch

EQUATION # 11 HB.STVLR: Realer Staatsverbrauch (Löhne)

HB.STVLR=-33.39663*VD+32.41871*HB.ANST+.39798*(HB.STVLR(-1))-144.37790
(-2.73) (9.11) (7.37) (-1.66)

SEE= 24.35095000 R-BAR-SQ= .9940 DW= 1.793
ORDINARY LEAST SQUARES
SAMPLE PERIOD= 1971- 1996

EQUATION # 12 HB.STVOLR: Realer Staatsverbrauch (sonstiger Verbrauch)

HB.STVOLR=-179.26883*D91+147.99765*D96+11.37750*HB.PPV+.40313*(HB.STVOLR(-1))+
(-2.76) (2.20) (3.70) (2.60)
301.03167
(3.73)

SEE= 61.91375000 R-BAR-SQ= .9750 DW= 2.006
ORDINARY LEAST SQUARES
SAMPLE PERIOD= 1971- 1996

EQUATION # 13 HB.STVR : Realer Staatsverbrauch (BSP-Konzept)

HB.STVR=HB.STVLR+HB.STVOLR

EQUATION # 14 HB.STV: nominaler Staatsverbrauch (BSP-Konzept)

HB.STV=HB.STVR * HB.PPV /100

Endnachfrage

EQUATION # 15 HB.ENFR : Reale Endnachfrage, Inland

HB.ENFR=HB.PVR+HB.STVR+HB.BAISPR

EQUATION # 16 HB .ENF: Nominale Endnachfrage, Inland

HB.ENF= HB.PV+HB.STV+HB.BAISP

Export und Import

EQUATION # 17 HB.EXGDLR: Realer Export, Güter und Dienstleistungen

HB.EXGDLR=22.24343*(GER.EXR)+918.61833*(MAVG(5,HB.BAIOWUR)*5/HB.KSUR/10)-
(7.15) (3.86)
6831.53257*(Y.PE)-12964.65106
(-4.04) (-2.23)

SEE= 882.53310000 R-BAR-SQ= .8615 DW= 2.274
ORDINARY LEAST SQUARES
SAMPLE PERIOD= 1974- 1996

EQUATION # 18 HB.EXGR: Realer Export, Güter

HB.EXGR=21.98683*(GER.EXR)+590.55806*(MAVG(5,HB.BAIOWUR)*5/HB.KSUR/10)-
(6.98) (2.45)
5586.30118*(Y.PE)-11473.01341
(-3.27) (-1.95)

SEE= 893.25370000 R-BAR-SQ= .8848 DW= 2.022
ORDINARY LEAST SQUARES
SAMPLE PERIOD= 1974- 1996

EQUATION # 19 HB.EXDLR: Realer Export, Dienstleistungen

HB.EXDLR= HB.EXGDLR- HB.EXGR

EQUATION # 20 HB.IMGDL: Nominaler Import, Güter und Dienstleistungen

HB.IMGDL=1271.79335*D91-1481.20923*D93+.41483*((HB.ENF+HB.EXGDL))-
(2.44) (-2.89) (7.50)
2775.40854*(DIF(Y.PE))+3646.21580
(-1.61) (1.89)

SEE= 795.36740000 R-BAR-SQ= .9669 DW= 1.887

ORDINARY LEAST SQUARES
SAMPLE PERIOD= 1971- 1996
RHO(1)=1.19102
RHO(2)=-.49030

EQUATION # 21 HB.IMG: Nominaler Import, Güter

HB.IMG=-1526.08669*D93+.39501*((HB.ENF+HB.EXGDL))-4217.90470*(DIF(Y.PE))+
(-2.37) (4.74) (-2.05)
1067.36683
(.36)

SEE= 994.36720000 R-BAR-SQ= .9525 DW= 2.017
ORDINARY LEAST SQUARES
SAMPLE PERIOD= 1971- 1996
RHO(1)=1.20554
RHO(2)=-.44267

EQUATION # 22 HB.IMDL: Nominaler Import, Dienstleistungen

HB.IMDL=HB.IMGDL- HB.IMG

EQUATION # 23 HB.EXGDL: Nominaler Export, Güter und Dienstleistungen

HB.EXGDL=HB.EXGDLR * GER.PEX / 100

EQUATION # 24 HB.EXG: Nominaler Export, Güter

HB.EXG=HB.EXGR * GER.PEX / 100

EQUATION # 25 HB.EXDL: Nominaler Export, Dienstleistungen

HB.EXDL=HB.EXDLR * GER.PEX / 100

EQUATION # 26 HB.IMGDLR: Realer Import, Güter und Dienstleistungen

HB.IMGDLR=100* HB.IMGDL / GER.PIM

EQUATION # 27 HB.IMGR: Realer Import, Güter

HB.IMGR=100 * HB.IMG / GER.PIM

EQUATION # 28 HB.IMGR: Realer Import, Dienstleistungen

HB.IMDLR=100 * HB.IMDL / GER.PIM

Bruttoinlandsprodukt und Bruttosozialprodukt

EQUATION # 29 HB.RESTPR : Realer Restposten

HB.RESTPR=12.00485*(GER.LIR)+22486.40736*(HB.NEVRWR/HB.BIPR)+.07038*(HB.EXGR-
(1.74) (15.37) (1.92)
HB.IMGR)+5209.02269
(13.95)

SEE= 443.55270000 R-BAR-SQ= .9046 DW= 1.607
ORDINARY LEAST SQUARES
SAMPLE PERIOD= 1970- 1996

EQUATION # 30 HB.NEVRWR: Realer Saldo der Erwerbs- und Vermögenseinkommen

HB.NEVRWR=-972.83759*D80+719.67627*D85-59.33933*HB.NPEND+
(-2.70) (2.00) (-2.64)
.76084* (HB.NEVRWR(-1))+2477.10913
(7.55) (2.44)

SEE= 350.99690000 R-BAR-SQ= .9775 DW= 1.676
ORDINARY LEAST SQUARES
SAMPLE PERIOD= 1971- 1996

EQUATION # 31 HB.BSPR: Reales Bruttosozialprodukt

HB.BSPR=HB.ENFR+HB.RESTPR

EQUATION # 32 HB.BSP: Nominales Bruttosozialprodukt

HB.BSP=HB.BSPR * HB.PBSP / 100

EQUATION # 33 HB.BIPR: Realer Bruttoinlandsprodukt

HB.BIPR=HB.BSPR-HB.NEVRWR

EQUATION # 34 HB.BIP: Nominaler Bruttoinlandsprodukt

HB.BIP=HB.BIPR * HB.PBIP /100

EQUATION # 35 HB.BWR: Reale Bruttowertschöpfung

HB.BWR=HB.BIPR-HB.NAUMSTR-HB.EABGR

EQUATION # 36 HB.BW: Nominale Bruttowertschöpfung

HB.BW=HB.BIP-HB.NAUMST-HB.EABG

EQUATION # 37 HB.BWRUNB: Reale Bruttowertschöpfung, unbereinigt

HB.BWRUNB=HB.BWR+HB.UEBDLR

Kapitalstock

EQUATION # 38 HB.KSSTR: Realer staatlicher Kapitalstock

HB.KSSTR=.97833*(HB.KSSTR(-1))+.48581*(HB.BAISTR(-1)/1000)+.13289
(22.78) (1.54) (.19)

SEE= .23851500 R-BAR-SQ= .9770 DW= 2.355
ORDINARY LEAST SQUARES
SAMPLE PERIOD= 1971- 1995

EQUATION # 39 HB.KSWVR: Realer Kapitalstock der Wohnungsvermietung

HB.KSWVR=.99088*(HB.KSWVR(-1))+.97397*(HB.BIWVR(-1)/1000)+.26940
(845.43) (55.36) (4.49)

SEE= .01563301 R-BAR-SQ= 1.0000 DW= .148
ORDINARY LEAST SQUARES
SAMPLE PERIOD= 1971- 1995

EQUATION # 40 HB.KSUOWVR: Realer Kapitalstock des privaten Unternehmenssektors ohne Wohnungsvermietung

HB.KSUOWVR=HB.KSUOWVR(-1)+HB.NAIOWUR(-1)/1000

EQUATION # 41 HB.KSUR: Realer Kapitalstock des privaten Unternehmenssektors

HB.KSUR=HB.KSUOWVR+HB.KSWVR

EQUATION # 42 HB.KSR: Realer Kapitalstock

HB.KSR= HB.KSUR +HB.KSSTR

EQUATION # 43 HB.ABKSR: Reale Abgänge vom Kapitalstock des privaten Unternehmenssektors ohne Wohnungsvermietung

HB.ABKSR=51.72734*(HB.KSUOWVR)-841.00527
(31.00) (-8.30)

SEE= 47.02131000 R-BAR-SQ= .9912 DW= 1.971
ORDINARY LEAST SQUARES
SAMPLE PERIOD= 1970- 1995
RHO(1)= .40028

EQUATION # 44 HB.ABKS: nominale Abgänge vom Kapitalstock des privaten Unternehmenssektors ohne Wohnungsvermietung

HB.ABKS=HB.ABKSR*HB.PBAI/100

Produktionspotential und Kapazitätsauslastung

EQUATION # 45 HB.PPG: Produktionspotential

HB.PPG=HS*(200.09*HB.KSR+9605.5)+SM*(404.21*T+26797)

EQUATION # 46 HB.PP: Produktionspotential des privaten Unternehmenssektors

HB.PP=HB.PPG-HB.BWSTPHR

EQUATION # 47 HB.KAPAU: Kapazitätsauslastung des privaten Unternehmenssektors

HB.KAPAU=(100*(HB.BIP-HB.BEUAST)/HB.PBIP)/HB.PP

Produktion (Entstehung)

EQUATION # 48 HB.BWSTPHR: Reale staatliche Wertschöpfung

HB.BWSTPHR=90.88326*(HB.KSSTR)+.55782*(100*HB.BEUAST/HB.PPV)+793.16663
(3.75) (7.31) (8.37)

SEE= 65.27618000 R-BAR-SQ= .9800 DW= .528
ORDINARY LEAST SQUARES
SAMPLE PERIOD= 1970- 1996

EQUATION # 49 HB.BWWVR: Reale Wertschöpfung der Wohnungsvermietung

HB.BWWVR=63.11412*(HB.KSWVR)+5.89042*(HB.PHHZ*Y.DUM.6081)+5.88773*(HB.PHHZ*
(12.16) (4.55) (4.49)
Y.DUM.8200)-2815.18863
(-10.32)

SEE= 36.63377000 R-BAR-SQ= .9889 DW= .685
ORDINARY LEAST SQUARES
SAMPLE PERIOD= 1970- 1996

EQUATION # 50 HB.BWUOWR: Reale Wertschöpfung des privaten Unternehmenssektors ohne Wohnungsvermietung

LN(HB.BWUOWR)=1.23056*(LN(HB.KSR*1000))+1.33080*(LN(HB.ET))-12.16024
(4.60) (4.86) (-3.11)

SEE= .02165993 R-BAR-SQ= .9551 DW= 1.644
ORDINARY LEAST SQUARES
SAMPLE PERIOD= 1970- 1996
RHO(1)= .81723

EQUATION # 51 HB.BWENTR: Reale Wertschöpfung (Entstehung)

HB.BWENTR=HB.BWUOWR+HB.BWSTPHR+HB.BWWVR

EQUATION # 52 HB.BIP1: Nominales Bruttoinlandsprodukt (Entstehung)

HB.BIP1=HB.BIPENTR*HB.PBIP/100

EQUATION # 53 HB.BIPENTR: Reales Bruttoinlandsprodukt (Entstehung)

HB.BIPENTR=HB.BWENTR-HB.UEBDLR+HB.NAUMSTR+HB.EABGR

EQUATION # 54 HB.ANPF: Anpassungsfaktor für BWS-Rohdaten

HB.ANPF= HB.BWENTR/HB.BWRUNB

EQUATION # 55 HB.BWSTPHRA: Reale staatliche Wertschöpfung, angepasst

HB.BWSTPHRA= HB.BWSTPHR*HB.AF

EQUATION # 56 HB.BWWVRA: Reale Wertschöpfung der Wohnungsvermietung, angepasst

HB.BWWVRA= HB.BWWVR**HB.AF

EQUATION # 57 HB.BWUOWRA: Reale Wertschöpfung des privaten Unternehmenssektors ohne Wohnungsvermietung, angepasst

HB.BWUOWR= HB.BWUOWRA*HB.AF

Arbeitsmarkt

1. Arbeitsnachfrage

EQUATION # 58 HB.ANU: Lohnabhängige des privaten Unternehmenssektors

```
HB.ANU=.00341*HB.ENFR-95.35933*(HB.ILSKU(-1))+7.60303*((HB.EP/HB.KSR)*
                  (4.62)                (-3.22)                    (3.89)
LN(HB.KSUR))-.13432*(DIF(GER.MAZJA(-1)))-.16282*(GER.MAZJA(-2))+
                             (-3.12)                (-2.36)
.31990* (HB.ANU(-1))+356.78357
    (4.05)              (2.47)

          SEE=  2.37433000  R-BAR-SQ= .9649  DW=  1.904
          ORDINARY LEAST SQUARES
          SAMPLE PERIOD= 1972- 1995
```

EQUATION # 59 HB.AN: Lohnabhängige, Inlandskonzept

HB.AN=HB.ANU+HB.ANST

EQUATION # 60 HB.ANI: Lohnabhängige, Inländerkonzept

```
HB.ANI=-6.37276*D92+1.02744*(HB.AN)+14547.46424*(HB.POP/GER.POP)-
                (-5.01)         (19.87)                       (10.55)
240.85008
 (-13.71)

          SEE=  1.43863400  R-BAR-SQ= .9932  DW=  1.592
          ORDINARY LEAST SQUARES
          SAMPLE PERIOD= 1970- 1996
          RHO(1)= .64812
```

EQUATION # 61 HB.SELBS: Selbständige, Inlandskonzept

HB.SELBS=.94122*(HB.SELBSI)+3.47626

(25.94) (4.33)

SEE= .46891860 R-BAR-SQ= .9627 DW= 2.029
ORDINARY LEAST SQUARES
SAMPLE PERIOD= 1970- 1996

EQUATION # 62 HB.ET: Erwerbstätige, Inlandskonzept

HB.ET=HB.AN+HB.SELBS

EQUATION # 63 HB.ETI: Erwerbstätige, Inländerkonzept

HB.ETI=HB.ANI+HB.SELBSI

EQUATION # 64 HB.NPEND: Saldo der Pendler

HB.NPEND=HB.ET-HB.ETI

2. Arbeitsangebot

EQUATION # 65 HB.EP: Erwerbspersonen

HB.EP=HB.EPP* HB.EPEPP

EQUATION # 66 HB.EPP: Erwerbspotential

HB.EPP=HB.POP*GER.EPP/GER.POP

EQUATION # 67 HB.EPEPP: Relation Erwerbspersonen zu Erwerbspotential

HB.EPEPP=-.02351*D92+.40884*GER.EP/GER.EPP+.68139*(HB.EPEPP(-1))-
(-2.54) (2.91) (5.70)
.09020
(-1.50)

SEE= .00828929 R-BAR-SQ= .9397 DW= 1.625
ORDINARY LEAST SQUARES
SAMPLE PERIOD= 1971- 1996

EQUATION # 68 HB.AL: Arbeitslose

HB.AL=HB.EP-HB.ETI

EQUATION # 69 HB.ALQ: Arbeitslosenquote

HB.ALQ=100 *(HB.AL / HB.EP)

EQUATION # 70 HB.AP: Arbeitsproduktivität

HB.AP=HB.BIPR/HB.ET

EQUATION # 71 HB.ILSKU: Lohnstückkosten

HB.ILSKU=HB.BEUAU/(100*(HB.BIP-HB.BEUAST)/HB.PBIP)/0.47531

EQUATION # 72 HB.SKR: Bruttosachkapitalrendite des Unternehmenssektors

HB.SKR=HB.BCFU/((HB.KSUR)*HB.PBAI/100)/10

EQUATION # 73 HB.SKFR: Relation Bruttosachkapitalrendite zu Finanzanlagenrendite

HB.SKFR=HB.SKR/(GER.LZS+PDIF(GER.KZS,GER.LZS))

Lohnsatz

EQUATION # 74 HB.BLSU: Bruttolohnsatz des privaten Unternehmenssektors

HB.BLSU=4.45089*D91+1.18352*GER.BLS-.44995*((HB.ALQ-GER.ALQ))-5.21398
(12.50) (23.44) (-2.28) (-2.92)

SEE= .52382610 R-BAR-SQ= .9982 DW= 1.988
ORDINARY LEAST SQUARES
SAMPLE PERIOD= 1970- 1995
RHO(1)=1.20155
RHO(2)=-.44292

EQUATION # 75 HB.BLSST: Bruttolohnsatz des Staates

HB.BLSST=3.88536*D91+1.06754*GER.BLS-.53786*((HB.ALQ-GER.ALQ))+2.24507
(5.80) (27.75) (-3.21) (1.85)

SEE= .74757550 R-BAR-SQ= .9961 DW= 1.495
ORDINARY LEAST SQUARES
SAMPLE PERIOD= 1970- 1995
RHO(1)= .51744

EQUATION # 76 HB.BLSNP: Bruttolohnsatz der Pendler

HB.BLSNP=5.09977*D91+4.96039*D95+1.54244*GER.BLS-.61526*((HB.ALQ-GER.ALQ))-
(8.05) (6.05) (21.15) (-2.79)
7.38014
(-2.40)

SEE= .73566900 R-BAR-SQ= .9981 DW= 1.615
ORDINARY LEAST SQUARES
SAMPLE PERIOD= 1970- 1995
RHO(1)= .79184

EQUATION # 77 HB.NLSI: Nettolohnsatz

HB.NLSI=HB.NEUAI / HB.ANI

EQUATION # 78 HB.BLS: Bruttolohnsatz

HB.BLS=HB.BEUA / HB.AN

Einkommensverteilung und -umverteilung

EQUATION # 79 HB.BEUAU: Nominales Bruttoeinkommen aus unselbständiger Arbeit, Unternehmenssektor

HB.BEUAU=HB.BLSU * HB.ANU

EQUATION # 80 HB.BEUAST: Nominales Bruttoeinkommen aus unselbständiger Arbeit, Staatssektor

HB.BEUAST=HB.ANST * HB.BLSST

EQUATION # 81 HB.BEUA: Nominales Bruttoeinkommen aus unselbständiger Arbeit, Inlandkonzept

HB.BEUA=HB.BEUAU+HB.BEUAST

EQUATION # 82 HB.BEUAI: Nominales Bruttoeinkommen aus unselbständiger Arbeit, Inländerkonzept

HB.BEUAI=HB.BEUA-HB.BENP

EQUATION # 83 HB.BENP: Saldo des nominalen Bruttoeinkommens, Pendler

HB.BENP=HB.BLSNP * HB.NPEND

EQUATION # 84 HB.BCFU: Nominales Brutto-Cash-Flow des Unternehmenssektors vor Steuern

HB.BCFU=(HB.BIP1-HB.BEUA)-HB.ABKS-(HB.NAUMST+HB.EABG)+HB.SUB

EQUATION # 85 HB.NEUAI: Nominales Nettoeinkommen aus unselbständiger Arbeit, Inländerkonzept

HB.NEUAI=1.09895*(HB.BEUAI*(1-GER.SVS/100-(1-0.5*GER.SVS/100)*GER.LSTS/100))-
(72.07)
369.16164
(-4.65)

SEE= 86.40795000 R-BAR-SQ= .9950 DW= .957
ORDINARY LEAST SQUARES
SAMPLE PERIOD= 1970- 1996

EQUATION # 86 HB.NEUTVI: Nominales Nettoeinkommen aus Unternehmenstätigkeit und Vermögen, Inländerkonzept

HB.NEUTVI=.28606*(DIF(HB.BCFU))+.29198*(MAVG(4,HB.BAIOWUR*HB.PBAI/100))+
(2.63) (2.15)
.98550*(HB.NEUTVI(-1))-643.19104
(16.24) (-2.61)

SEE= 229.55050000 R-BAR-SQ= .9827 DW= 1.586
ORDINARY LEAST SQUARES

SAMPLE PERIOD= 1973- 1996

EQUATION # 87 HB.NTR: Empfangene nominale Nettotransferzahlung der privaten Haus-halte

HB.NTR=-343.64658*D90+450.86306*D95+.24589*((HB.POP-HB.EP)*HB.NLSI)+
(-2.81) (3.20) (3.08)
1.56283*(HB.AL*HB.NLSI)+.38926*(HB.ANI*HB.NLSI)-1150.74355
(12.22) (3.64) (-7.80)

SEE= 111.83110000 R-BAR-SQ= .9943 DW= .802
ORDINARY LEAST SQUARES
SAMPLE PERIOD= 1970- 1995

EQUATION # 88 HB.NEUAIR: Reales Nettoeinkommen aus unselbständiger Arbeit, Inländer-konzept

HB.NEUAIR=100 * HB.NEUAI / HB.PPV

EQUATION # 89 HB.NEUTVIR: Reales Nettoeinkommen aus Unternehmenstätigkeit und Vermögen, Inländerkonzept

HB.NEUTVIR=100 * HB.NEUTVI / HB.PPV

EQUATION # 90 HB.NTRR: Empfange reale Nettotransferzahlung der privaten Haushalte

HB.NTRR=100 * HB.NTR / HB.PPV

EQUATION # 91 HB.VEPHR: Verfügbares reales Einkommen der privaten Haushalte

HB.VEPHR=HB.NEUAIR+HB.NEUTVIR+HB.NTRR

Steuern

EQUATION # 92 HB.EABGR: Reale Einfuhrabgabe

HB.EABGR=.05551*DIF(HB.IMGR*GER.MWSTS/100)+.92188*(HB.EABGR(-1))+ 25.63599

(3.32) (16.87) (1.79)

SEE= 18.01640000 R-BAR-SQ= .9289 DW= 1.942
ORDINARY LEAST SQUARES
SAMPLE PERIOD= 1971- 1995

EQUATION # 93 HB.NAUMSTR: Reale nichtabzugsfähige Umsatzsteuer

HB.NAUMSTR=-97.95281*D8689+.10970*DIF(HB.BIPR)+1.03858*(HB.NAUMSTR(-1))-
(-2.75) (6.44) (18.17)
71.61704
(-.62)

SEE= 63.18103000 R-BAR-SQ= .9414 DW= 1.518
ORDINARY LEAST SQUARES

SAMPLE PERIOD= 1971- 1995

EQUATION # 94 HB.UEBDLR: Reale unterstellte Entgelte für Bankdienstleistungen

HB.UEBDLR=-114.30687*D91+.03469*DIF(HB.BWR)+1.02197*(HB.UEBDLR(-1))+
(-4.31) (5.08) (52.93)
5.10749
(.24)

SEE= 23.39589000 R-BAR-SQ= .9920 DW= 2.037
ORDINARY LEAST SQUARES
SAMPLE PERIOD= 1971- 1995

EQUATION # 95 HB.EABG: Nominale Einfuhrabgabe

HB.EABG=HB.EABGR*GER.PIM/100

EQUATION # 96 HB.NAUMST: Nominale nichtabzugsfähige Umsatzsteuer

HB.NAUMST=HB.NAUMSTR*HB.PENF/100

EQUATION # 97 HB.INDSTR : Reale indirekte Steuern

HB.INDSTR=HB.NAUMSTR+HB.EABGR

Preisentwicklung

EQUATION # 98 HB.PPV: Preisindex, Privater Konsums

HB.PPV=1.00984*D91+.95854*(GER.PPV)+3.87732
(3.93) (69.77) (3.07)

SEE= .32239410 R-BAR-SQ= .9997 DW= 1.447
ORDINARY LEAST SQUARES
SAMPLE PERIOD= 1970- 1995
RHO(1)= .75826

EQUATION # 99 HB.PBAI: Preisindex, Bruttoanlageinvestitionen

HB.PBAI=.25981*(GER.PBAI)+.71951*(HB.PPV)+.27177
(2.46) (6.47) (.20)

SEE= 1.46124800 R-BAR-SQ= .9946 DW= .342
ORDINARY LEAST SQUARES
SAMPLE PERIOD= 1970- 1995

EQUATION # 100 HB.PBIP: Preisindex, Bruttoinlandsprodukt

HB.PBIP=.72295*(GER.PPV)+.25691*(GER.PBAI)+1.56648
(6.51) (2.40) (1.17)

SEE= 1.51451400 R-BAR-SQ= .9943 DW= .338

ORDINARY LEAST SQUARES
SAMPLE PERIOD= 1970- 1995

EQUATION # 101 HB.PBSP: Preisindex, Bruttosozialprodukt

HB.PBSP=.72829*(GER.PPV)+.25217*(GER.PBAI)+1.50752
(6.57) (2.36) (1.13)

SEE= 1.51242900 R-BAR-SQ= .9943 DW= .336
ORDINARY LEAST SQUARES
SAMPLE PERIOD= 1970- 1995

EQUATION # 102 HB.PENF: Preisindex, Endnachfrage

HB.PENF=.81559*(GER.PPV)+.17400*(GER.PBAI)+.51311
(13.13) (2.90) (.69)

SEE= .84715640 R-BAR-SQ= .9982 DW= .392
ORDINARY LEAST SQUARES
SAMPLE PERIOD= 1970- 1995

EQUATION # 103 HB.PBAIST: Preisindex, Staatliche Investitionen

HB.PBAIST=.92040*(GER.PBAI)+6.99470
(28.22) (1.97)

SEE= .41747280 R-BAR-SQ= .9995 DW= 1.744
ORDINARY LEAST SQUARES
SAMPLE PERIOD= 1970- 1995
RHO(1)= .90797

Anhang 5: Ökonometrisches Modell für das Land Niedersachsen

Privater Verbrauch

EQUATION # 1 NS.PVRPOP: Realer privater Konsum pro Kopf der Bevölkerung

```
NS.PVRPOP=.54340*NS.VEPHR/NS.POP-.07075*GER.KONZS+.45765*(NS.PVRPOP(-1))-
                              (6.29)                (-2.08)            (4.31)
.86729
(-1.88)

        SEE=   .16303150  R-BAR-SQ= .9968  DW=  1.181
        ORDINARY LEAST SQUARES
        SAMPLE PERIOD= 1971- 1996
```

EQUATION # 2 NS.PVR: Realer privater Konsum (BSP-Konzept)

NS.PVR=NS.POP*NS.PVRPOP

EQUATION # 3 NS.PV: Nominaler privater Konsum (BSP-Konzept)

NS.PV=NS.PVR*NS.PPV/100

Bruttoanlageinvestition

EQUATION # 4 NS.NAIOWUR: Reale Nettoanlageinvestitionen des privaten Unternehmenssektors ohne Wohnungsvermietung

```
NS.NAIOWUR=-2430.49723*D80+2181.82212*D88+3755.11052*D89+.37996*DIF(NS.ENFR)+
                  (-2.23)          (1.78)           (3.54)          (8.51)
36.39609*(DIF(GER.EXR(-1)))+349.33452*(DIF(NS.KSR))-959.75116*(DIF(GER.LZSR(-5)))-
          (3.80)                     (6.03)                (-3.68)
46579.81989*(DIF(NS.ILSKU(-4)))+1653.96212
          (-2.62)               (1.02)

        SEE= 973.87500000  R-BAR-SQ= .9078  DW=  2.006
        ORDINARY LEAST SQUARES
        SAMPLE PERIOD= 1976- 1995
```

EQUATION # 5 NS.BAIOWUR: Reale Bruttoanlageinvestitionen des privaten Unternehmenssektors ohne Wohnungsvermietung

NS.BAIOWUR=NS.NAIOWUR+NS.ABKSR

EQUATION # 6 NS.BIWVR: Reale Wohnungsbauinvestitionen

```
NS.BIWVR=4365.49749*D83-2708.72821*D93+21.99889*DIF(NS.POP)-464.91570*
                (4.22)          (-2.92)          (2.87)
(GER.LZSR(-1))-791.30461*(DIF(GER.LZSR(-2)))+.58268*(NS.BIWVR(-1))+ 6780.26783
```

(-2.10) (-3.97) (4.24) (3.34)

SEE= 903.49130000 R-BAR-SQ= .8385 DW= 1.785
ORDINARY LEAST SQUARES
SAMPLE PERIOD= 1973- 1995
RHO(1)= .54678

EQUATION # 7 NS.BAISTR: Reale Staatliche Investitionen

NS.BAISTR=100 * NS.BAIST / NS.PBAIST

EQUATION # 8 NS.BAIR: Reale Bruttoanlageinvestitionen (BIP-Konzept)

NS.BAIR=NS.BAIOWUR+NS.BIWVR+NS.BAISTR

EQUATION # 9 NS.BAISPR: : Reale Bruttoanlageinvestitionen (BSP-Konzept)

NS.BAISPR=631.46398*D91+1.00136*(NS.BAIR)-534.55362
(3.88) (70.54) (-.66)

SEE= 209.11610000 R-BAR-SQ= .9988 DW= 1.038
ORDINARY LEAST SQUARES
SAMPLE PERIOD= 1970- 1995
RHO(1)= .88320

EQUATION # 10 NS.BAISP: Nominale Bruttoanlageinvestitionen (BSP-Konzept)

NS.BAISP=NS.BAISPR * NS.PBAI / 100

Staatsverbrauch

EQUATION # 11 NS.STVLR: : Realer Staatsverbrauch (Löhne)

NS.STVLR=21.56121*NS.ANST+.56576*(NS.STVLR(-1))-344.10829
(5.24) (8.37) (-.49)

SEE= 195.56470000 R-BAR-SQ= .9971 DW= 1.759
ORDINARY LEAST SQUARES
SAMPLE PERIOD= 1971- 1996

EQUATION # 12 NS.STVOLR: Realer Staatsverbrauch (sonstiger Verbrauch)

NS.STVOLR=-997.82792*D91+1456.19650*D94+1623.71899*D96+97.74921*NS.PPV+
(-1.78) (2.56) (2.85) (3.37)
.43004*(NS.STVOLR(-1))+2716.46829
(2.80) (4.06)

SEE= 517.96500000 R-BAR-SQ= .9798 DW= 1.748
ORDINARY LEAST SQUARES
SAMPLE PERIOD= 1971- 1996

EQUATION # 13 NS.STVR: Realer Staatsverbrauch (BSP-Konzept)

NS.STVR=NS.STVLR+NS.STVOLR

EQUATION # 14 NS.STV: Nominaler Staatsverbrauch (BSP-Konzept)

NS.STV=NS.STVR * NS.PPV /100

Endnachfrage

EQUATION # 15 NS.ENFR: Reale Endnachfrage, Inland

NS.ENFR=NS.PVR+NS.STVR+NS.BAISPR

EQUATION # 16 NS.ENF: Nominale Endnachfrage, Inland

NS.ENF=NS.ENFR * NS.PENF /100

Bruttoinlandsprodukt und Bruttosozialprodukt

EQUATION # 17 NS.RESTPR: Realer Restposten

```
NS.RESTPR=4608.87211*D76-5473.31429*D86-5596.64052*D87+.66284*NS.NEVRWR+
                          (1.89)        (-2.20)          (-2.36)           (3.63)
.66333*(NS.RESTPR(-1))-9652.84458
       (5.28)          (-3.28)

          SEE= 2308.98000000  R-BAR-SQ= .8295  DW=  2.151
          ORDINARY LEAST SQUARES
          SAMPLE PERIOD= 1971- 1995
```

EQUATION # 18 NS.NEVRWR: Realer Saldo der Erwerbs- und Vermögenseinkommen

```
NS.NEVRWR=4317.74610*D90+3236.77854*D91+2926.34334*D95-3.19564*DIF(NS.NPEND*
                         (4.35)         (2.98)          (2.89)           (-3.31)
NS.BLSNP)+.74526*(NS.NEVRWR(-1))+1882.80559
                         (12.72)         (2.38)

          SEE= 969.16890000  R-BAR-SQ= .9280  DW=  1.541
          ORDINARY LEAST SQUARES
          SAMPLE PERIOD= 1971- 1995
```

EQUATION # 19 NS.BSPR: Reales Bruttosozialprodukt

NS.BSPR=NS.ENFR+NS.RESTPR

EQUATION # 20 NS.BSP: Nominales Bruttosozialprodukt

NS.BSP=NS.BSPR * NS.PBSP / 100

EQUATION # 21 NS.BIPR: Reales Bruttoinlandsprodukt

NS.BIPR=NS.BSPR-NS.NEVRWR

EQUATION # 22 NS.BIP: Nominales Bruttoinlandsprodukt

NS.BIP=NS.BIPR * NS.PBIP /100

EQUATION # 23 NS.BWR: Reale Bruttowertschöpfung

NS.BWR=NS.BIPR-NS.NAUMSTR-NS.EABGR

EQUATION # 24 NS.BWR: Nominale Bruttowertschöpfung

NS.BW=NS.BIP-NS.NAUMST-NS.EABG

EQUATION # 25 NS.BWRUNB: Reale Bruttowertschöpfung, unbereinigt

NS.BWRUNB=NS.BWR+NS.UEBDLR

Kapitalstock

EQUATION # 26 NS.KSSTR: Realer staatlicher Kapitalstock

NS.KSSTR=.98717*(NS.KSSTR(-1))+.33653*(NS.BAISTR(-1)/1000)+1.54805
(453.41) (8.10) (3.32)

SEE= .12053630 R-BAR-SQ= 1.0000 DW= 2.077
ORDINARY LEAST SQUARES
SAMPLE PERIOD= 1971- 1995
RHO(1)=.20681

EQUATION # 27 NS.KSWVR: Realer Kapitalstock der Wohnungsvermietung

NS.KSWVR=.99653*(NS.KSWVR(-1))+.88753*(NS.BIWVR(-1)/1000)+1.86895
(571.70) (13.18) (1.44)

SEE= .71934960 R-BAR-SQ= .9999 DW= 1.357
ORDINARY LEAST SQUARES
SAMPLE PERIOD= 1971- 1995

EQUATION # 28 NS.KSUOWVR: Realer Kapitalstock des privaten Unternehmenssektors ohne Wohnungsvermietung

NS.KSUOWVR=NS.KSUOWVR(-1)+NS.NAIOWUR(-1)/1000

EQUATION # 29 NS.KSUR: Realer Kapitalstock des privaten Unternehmenssektors

NS.KSUR=NS.KSUOWVR+NS.KSWVR

EQUATION # 30 NS.KSR: Realer Kapitalstock

NS.KSR= NS.KSUR +NS.KSSTR

EQUATION # 31 NS.ABKSR: Reale Abgänge vom Kapitalstock des privaten Unternehmens-sektors ohne Wohnungsvermietung

NS.ABKSR=2837.02741*D92+46.47992*(NS.KSUOWVR)-6579.10331

(3.73) (30.41) (-9.24)

SEE= 718.81900000 R-BAR-SQ= .9773 DW= 1.740
ORDINARY LEAST SQUARES
SAMPLE PERIOD= 1970- 1995

EQUATION # 32 NS.ABKS: nominale Abgänge vom Kapitalstock des privaten Unternehmens sektors ohne Wohnungsvermietung

NS.ABKS=NS.ABKSR*NS.PBAI/100

Produktionspotential und Kapazitätsauslastung

EQUATION # 33 NS.PP: Produktionspotential des privaten Unternehmenssektors

NS.PP=HS*(26070+152.88* NS.KSUR)+SM*(117663+3716.3*T)

EQUATION # 34 NS.KAPAU: Kapazitätsauslastung des privaten Unternehmenssektors

NS.KAPAU=(100*(NS.BIP-NS.BEUAST)/NS.PBIP)/NS.PP

Produktion (Entstehung)

EQUATION # 35 NS.BWSTPHR: Reale staatliche Wertschöpfung

NS.BWSTPHR=183.60876*(NS.KSSTR)+.18935*(100*NS.BEUAST/NS.PPV)+6160.90113
(13.68) (6.89) (16.06)

SEE= 310.33970000 R-BAR-SQ= .9968 DW= .593
ORDINARY LEAST SQUARES
SAMPLE PERIOD= 1970- 1995

EQUATION # 36 NS.BWWVR: Reale Wertschöpfung der Wohnungsvermietung

NS.BWWVR=23.23254*(NS.KSWVR)+6.92783*(NS.PHHZ*Y.DUM.6081)+6.98599*(NS.PHHZ*
(4.29) (4.82) (4.74)
Y.DUM.8200)-17839.81050
(-7.07)

SEE= 263.58800000 R-BAR-SQ= .9960 DW= .716
ORDINARY LEAST SQUARES
SAMPLE PERIOD= 1970- 1995

EQUATION # 37 NS.BWUOWR: Reale Wertschöpfung des privaten Unternehmenssektors ohne Wohnungsvermietung

LN(NS.BWUOWR)=.70270*(LN(NS.KSR*1000))+1.33340*(LN(NS.ET))-8.47834

(12.49) (5.36) (-4.88)

SEE= .02108312 R-BAR-SQ= .9832 DW= 1.546
ORDINARY LEAST SQUARES
SAMPLE PERIOD= 1970- 1995
RHO(1)= .52543

EQUATION # 38 NS.BWENTR: Reale Wertschöpfung (Entstehung)

NS.BWENTR=NS.BWUOWR+NS.BWSTPHR+NS.BWWVR

EQUATION # 39 NS.BIP1: Nominales Bruttoinlandsprodukt (Entstehung)

NS.BIP1=NS.BIPENTR*NS.PBIP/100

EQUATION # 40 NS.BIPENTR: Reales Bruttoinlandsprodukt (Entstehung)

NS.BIPENTR=NS.BWENTR-NS.UEBDLR+NS.NAUMSTR+NS.EABGR

EQUATION # 41 NS.ANPF: Anpassungsfaktor für BWS-Rohdaten

NS.ANPF= NS.BWENTR/NS.BWRUNB

EQUATION # 42 NS.BWSTPHRA: Reale staatliche Wertschöpfung, angepasst

NS.BWSTPHRA= NS.BWSTPHR*NS.AF

EQUATION # 43 NS.BWWVRA: Reale Wertschöpfung der Wohnungsvermietung, angepasst

NS.BWWVRA= NS.BWWVR**NS.AF

EQUATION # 44 NS.BWUOWRA: Reale Wertschöpfung des privaten Unternehmenssektors ohne Wohnungsvermietung, angepasst

NS.BWUOWR= NS.BWUOWRA*NS.AF

Arbeitsmarkt

1. Arbeitsnachfrage

EQUATION # 45 NS.ANU: Lohnabhängige des privaten Unternehmenssektors

NS.ANU=.00467*NS.BIPENTR-311.54908*(HB.ILSKU(-1))+23.18544*((NS.EP/NS.KSR)*
(7.31) (-2.19) (1.89)
LN(NS.KSUR))-.29710*(DIF(GER.MAZJA(-2)))+.30774*(NS.ANU(-1))+101.52494
(-1.09) (2.77) (.32)

SEE= 20.01890000 R-BAR-SQ= .9529 DW= 1.045
ORDINARY LEAST SQUARES
SAMPLE PERIOD= 1973- 1995

EQUATION # 46 NS.AN: Lohnabhängige, Inlandskonzept

NS.AN=NS.ANU+NS.ANST

EQUATION # 47 NS.ANI: Lohnabhängige, Inländerkonzept

NS.ANI=1.00132*(NS.AN)+6637.18842*(NS.POP/GER.POP)-619.09199
(44.08) (4.04) (-2.65)

SEE= 3.39306700 R-BAR-SQ= .9993 DW= .702
ORDINARY LEAST SQUARES
SAMPLE PERIOD= 1970- 1995
RHO(1)= .91629

EQUATION # 48 NS.SELBS: Selbständige, Inlandskonzept

NS.SELBS=1.00035*(NS.SELBSI)-4.14353
(559.68) (-5.62)

SEE= .64497260 R-BAR-SQ= .9999 DW= 2.203
ORDINARY LEAST SQUARES
SAMPLE PERIOD= 1970- 1995

EQUATION # 49 NS.ET: Erwerbstätige, Inlandskonzept

NS.ET=NS.AN+NS.SELBS

EQUATION # 50 NS.ETI: Erwerbstätige, Inländerkonzept

NS.ETI=NS.ANI+NS.SELBSI

EQUATION # 51 NS.NPEND: Saldo der Pendler

NS.NPEND=NS.ET-NS.ETI

2. Arbeitsangebot

EQUATION # 52 NS.EP: Erwerbspersonen

NS.EP=NS.EPP* NS.EPEPP

EQUATION # 53 NS.EPP: Erwerbspotential

NS.EPP=NS.POP*GER.EPP/GER.POP

EQUATION # 54 NS.EPEPP: Relation Erwerbspersonen zu Erwerbspotential

NS.EPEPP=.20217*GER.EP/GER.EPP+.68151*(NS.EPEPP(-1))+.10896
(3.42) (7.95) (2.58)

SEE= .00387737 R-BAR-SQ= .9559 DW= 1.630
ORDINARY LEAST SQUARES

SAMPLE PERIOD= 1971- 1996

EQUATION # 55 NS.AL: Arbeitslose

NS.AL=NS.EP-NS.ETI

EQUATION # 56 NS.ALQ: Arbeitslosenquote

NS.ALQ=100 *(NS.AL / NS.EP)

EQUATION # 57 NS.AP: Arbeitsproduktivität

NS.AP=NS.BIPR/NS.ETI

EQUATION # 58 NS.ILSKU: Lohnstückkosten

NS.ILSKU=NS.BEUAU/(100*(NS.BIP-NS.BEUAST)/NS.PBIP)/0.47531

EQUATION # 59 NS.SKR: Bruttosachkapitalrendite des Unternehmenssektors

NS.SKR=NS.BCFU/((NS.KSUR)*NS.PBAI/100)/10

EQUATION # 60 NS.SKFR: Relation Bruttosachkapitalrendite zu Finanzanlagenrendite

NS.SKFR=NS.SKR/(GER.LZS+PDIF(GER.KZS,GER.LZS))

Lohnsatz

EQUATION # 61 NS.BLSU: Bruttolohnsatz des privaten Unternehmenssektors

NS.BLSU=3.30669*D91+.68988*GER.BLS-.71590*((NS.ALQ-GER.ALQ))-1.35952
(10.38) (31.48) (-2.23) (-1.39)

SEE= .44845340 R-BAR-SQ= .9969 DW= 1.869
ORDINARY LEAST SQUARES
SAMPLE PERIOD= 1970- 1996
RHO(1)=1.00194
RHO(2)=-.34998

EQUATION # 62 NS.BLSST: Bruttolohnsatz des Staates

NS.BLSST=6.86229*D91+1.67283*GER.BLS-2.11291*((NS.ALQ-GER.ALQ))+
(6.34) (31.15) (-2.59)
9.93253
(4.10)

SEE= 1.25568600 R-BAR-SQ= .9965 DW= 1.273
ORDINARY LEAST SQUARES
SAMPLE PERIOD= 1970- 1996
RHO(1)= .62397

EQUATION # 63 NS.BLSNP: Bruttolohnsatz der Pendler

NS.BLSNP=11.62014*D91+4.76578*D95+2.25352*GER.BLS-4.24444*((NS.ALQ-GER.ALQ))-
(5.59) (2.24) (9.94) (-2.02)
29.83115
(-2.47)

SEE= 2.41460700 R-BAR-SQ= .9909 DW= 1.244
ORDINARY LEAST SQUARES
SAMPLE PERIOD= 1970- 1996
RHO(1)= .82673

EQUATION # 64 NS.BLS: Bruttolohnsatz

NS.BLS=NS.BEUA / NS.AN

EQUATION # 65 NS.NLSI: Nettolohnsatz

NS.NLSI=NS.NEUAI / NS.ANI

Einkommensverteilung und -umverteilung

EQUATION # 66 NS.BEUAU: Nominales Bruttoeinkommen aus unselbständiger Arbeit, Unternehmenssektor

NS.BEUAU=NS.BLSU * NS.ANU

EQUATION # 67 NS.BEUAST: Nominales Bruttoeinkommen aus unselbständiger Arbeit, Staatssektor

NS.BEUAST=NS.ANST * NS.BLSST

EQUATION # 68 NS.BEUA: Nominales Bruttoeinkommen aus unselbständiger Arbeit, Inlandskonzept

NS.BEUA=NS.BEUAU+NS.BEUAST

EQUATION # 69 NS.BEUAI: Nominales Bruttoeinkommen aus unselbständiger Arbeit, Inländerkonzept

NS.BEUAI=NS.BEUA-NS.BENP

EQUATION # 70 NS.BENP: Saldo des nominalen Bruttoeinkommens, Pendler

NS.BENP=NS.BLSNP * NS.NPEND

EQUATION # 71 NS.BCFU: Nominales Brutto-Cash-Flow des Unternehmenssektors vor Steuern

NS.BCFU=(NS.BIP1-NS.BEUA)-NS.ABKS-(NS.NAUMST+NS.EABG)+NS.SUB

EQUATION # 72 NS.NEUAI : Nominales Nettoeinkommen aus unselbständiger Arbeit, Inländerkonzept

NS.NEUAI=1.14008*(NS.BEUAI*(1-GER.SVS/100-(1-0.5*GER.SVS/100)*GER.LSTS/100))-
(175.80)
2131.55090
(-5.85)

SEE= 556.15730000 R-BAR-SQ= .9992 DW= .977
ORDINARY LEAST SQUARES
SAMPLE PERIOD= 1970- 1995

EQUATION # 73 NS.NEUTVI: Nominales Nettoeinkommen aus Unternehmenstätigkeit und Vermögen, Inländerkonzept

NS.NEUTVI=.44389*(DIF(NS.BCFU))+.33257*(MAVG(4,NS.BAIOWUR*NS.PBAI/100))+
(2.67) (1.72)
.89419*(NS.NEUTVI(-1))-2763.51673
(9.45) (-2.03)

SEE= 1803.16000000 R-BAR-SQ= .9910 DW= 1.895
ORDINARY LEAST SQUARES
SAMPLE PERIOD= 1973- 1995

EQUATION # 74 NS.NTR: Empfangene nominale Nettotransferzahlung der privaten Haushalte

NS.NTR=.45877*((NS.POP-NS.EP)*NS.NLSI)+.53433*(NS.AL*NS.NLSI)-12515.71913
(15.11) (2.63) (-7.20)

SEE= 866.48770000 R-BAR-SQ= .9937 DW= 1.977
ORDINARY LEAST SQUARES
SAMPLE PERIOD= 1970- 1995
RHO(1)= .59233
RHO(2)=-.27403

EQUATION # 75 NS.NEUAIR: Reales Nettoeinkommen aus unselbständiger Arbeit, Inländerkonzept

NS.NEUAIR=100 * NS.NEUAI / NS.PPV

EQUATION # 76 NS.NEUTVIR: Reales Nettoeinkommen aus Unternehmenstätigkeit und Vermögen, Inländerkonzept

NS.NEUTVIR=100 * NS.NEUTVI / NS.PPV

EQUATION # 77 NS.NTRR: Empfange reale Nettotransferzahlung der privaten Haushalte

NS.NTRR=100 * NS.NTR / NS.PPV

EQUATION # 78 NS.VEPHR: Verfügbares reales Einkommen der privaten Haushalte

NS.VEPHR=NS.NEUAIR+NS.NEUTVIR+NS.NTRR

Steuern

EQUATION # 79 NS.EABGR: Reale Einfuhrabgabe

NS.EABGR=24.63994*DIF(GER.IMR*GER.MWSTS/100)+.92410*(NS.EABGR(-1))+
(2.72) (18.58)
120.64796
(1.43)

SEE= 128.35610000 R-BAR-SQ= .9538 DW= 2.008
ORDINARY LEAST SQUARES
SAMPLE PERIOD= 1971- 1995

EQUATION # 80 NS.NAUMSTR: Reale nichtabzugsfähige Umsatzsteuer

NS.NAUMSTR=2312.89179*D91+.03912*DIF(NS.BIPR)+.98961*(NS.NAUMSTR(-1))+
(4.68) (1.95) (26.48)
175.63919
(.37)

SEE= 412.67860000 R-BAR-SQ= .9699 DW= 1.745
ORDINARY LEAST SQUARES
SAMPLE PERIOD= 1971- 1995

EQUATION # 81 NS.UEBDLR: Reale unterstellte Entgelte für Bankdienstleistungen

NS.UEBDLR=-623.35796*D91+.01680*DIF(NS.BWR)+1.02708*(NS.UEBDLR(-1))+
(-3.84) (2.40) (81.00)
75.43195
(.73)

SEE= 139.44000000 R-BAR-SQ= .9965 DW= 1.617
ORDINARY LEAST SQUARES
SAMPLE PERIOD= 1971- 1995

EQUATION # 82 NS.EABG: Nominale Einfuhrabgabe

NS.EABG=NS.EABGR*GER.PIM/100

EQUATION # 83 NS.NAUMST: Nominale nichtabzugsfähige Umsatzsteuer

NS.NAUMST=NS.NAUMSTR*NS.PENF/100

EQUATION # 84 NS.INDSTR: Reale indirekte Steuer

NS.INDSTR=NS.NAUMSTR+NS.EABGR

Preisentwicklung

EQUATION # 85 NS.PPV: Preisindex, Privater Konsum

NS.PPV=.79158*D91+.92740*(GER.PPV)+7.22660
(3.48) (52.00) (4.18)

SEE= .29497870 R-BAR-SQ= .9997 DW= 1.533
ORDINARY LEAST SQUARES
SAMPLE PERIOD= 1970- 1995
RHO(1)= .83477

EQUATION # 86 NS.PBAI: Preisindex, Bruttoanlageinvestitionen

NS.PBAI=.46737*(GER.PBAI)+.55613*(NS.PPV)-3.79778
(6.87) (7.66) (-3.85)

SEE= .96415410 R-BAR-SQ= .9978 DW= .298
ORDINARY LEAST SQUARES
SAMPLE PERIOD= 1970- 1995

EQUATION # 87 NS.PBIP: Preisindex, Bruttoinlandsprodukt

NS.PBIP=.69009*(GER.PPV)+.28660*(GER.PBAI)+1.84074
(7.09) (3.05) (1.57)

SEE= 1.32714900 R-BAR-SQ= .9956 DW= .406
ORDINARY LEAST SQUARES
SAMPLE PERIOD= 1970- 1995

EQUATION # 88 NS.PBSP: Preisindex, Bruttosozialprodukt

NS.PBSP=.69531*(GER.PPV)+.28200*(GER.PBAI)+1.78012
(7.17) (3.01) (1.53)

SEE= 1.32222600 R-BAR-SQ= .9956 DW= .401
ORDINARY LEAST SQUARES
SAMPLE PERIOD= 1970- 1995

EQUATION # 89 NS.PENF: Preisindex, Endnachfrage

NS.PENF=.83868*(GER.PPV)+.15810*(GER.PBAI)-.10728
(13.96) (2.73) (-.15)

SEE= .81942240 R-BAR-SQ= .9984 DW= .404
ORDINARY LEAST SQUARES
SAMPLE PERIOD= 1970- 1995

EQUATION # 90 NS.PBAIST: Preisindex, Staatliche Investitionen

NS.PBAIST=.97374*(GER.PBAI)+2.10177
(178.63) (4.84)

SEE= .57183000 R-BAR-SQ= .9992 DW= .180
ORDINARY LEAST SQUARES
SAMPLE PERIOD= 1970- 1995

Anhang 6: Ex-Post-Simulation, 1977-1995 – Prüfmaße

Prüfmaße / Variablen	Länder	RMSPE	AAPE	U1 (Bias)	U2 (Varianz)	U3 (Covarianz)
Privater Konsum, real	Bremen	2.04	1.41	0.00344	0.3415	0.6241
	Niedersachsen	2.33	1.53	0.4558	0.0279	0.5163
Nettoeink. aus unselbst. Beschäftg., Inländer, real	Bremen	1.85	1.29	0.0108	0.0295	0.9596
	Niedersachsen	3.36	2.23	0.0493	0.0251	0.9256
Nettoeink. aus Unternehmenstätigkeit und Vermögen, Inländer, real	Bremen	9.64	6.01	0.0341	0.3274	0.6386
	Niedersachsen	6.90	4.24	0.1587	0.0109	0.8304
Nettotransfereink. der priv. Haushalte, Inländer, real	Bremen	4.48	3.08	0.0293	0.0132	0.9575
	Niedersachsen	3.37	2.15	0.0645	0.0279	0.9335
Verfügbares Eink., Inländer, real	Bremen	3.10	2.09	0.0615	0.0068	0.9316
	Niedersachsen	2.45	1.52	0.2772	0.0153	0.7075
Staatsverbrauch, real	Bremen	0.91	0.56	0.0476	0.0011	0.9846
	Niedersachsen	1.04	0.71	0.0019	0.0002	0.9980
Bruttoanlagein-vestitionen, Unternehmenssektor, ohne Wohnungsbau, real	Bremen	5.78	3.88	0.0151	0.0003	0.9846
	Niedersachsen	9.32	6.35	0.0046	0.0331	0.9623
Wohnungsbau, real	Bremen	24.15	13.00	0.0009	0.0246	0.9746
	Niedersachsen	8.72	5.92	0.0014	0.2138	0.9623
Kapitalstock, Unternehmenssektor ohne Wohnungsbau, real	Bremen	0.19	0.14	0.0927	0.0103	0.8970
	Niedersachsen	1.16	0.87	0.2612	0.1811	0.5576

Abschreibung, real	Bremen	1.27	1.19	0.0241	0.0051	0.9708
	Niedersachsen	4.02	2.65	0.0977	0.0745	0.8278
Bruttowertschöpfung, real	Bremen	2.93	1.95	0.0032	0.0232	0.9736
	Niedersachsen	2.71	1.90	0.3174	0.0498	0.6329
Bruttoinlandsprodukt, real	Bremen	2.18	1.52	0.0125	0.0305	0.9571
	Niedersachsen	2.44	1.64	0.2300	0.0324	0.7375
Erwerbstätige, Inland	Bremen	0.88	0.52	0.0149	0.1449	0.8402
	Niedersachsen	1.10	0.80	0.000	0.0777	0.9223
Lohnabhängige, Inland	Bremen	0.95	0.56	0.0136	0.2257	0.7607
	Niedersachsen	1.25	0.91	0.000	0.0224	0.9776
Erwerbspersonen	Bremen	0.66	0.44	0.0443	0.1320	0.8237
	Niedersachsen	0.27	0.19	0.0539	0.0336	0.9125
Nettolohnsatz	Bremen	1.85	1.35	0.0033	0.0852	0.9115
	Niedersachsen	2.52	1.73	0.0473	0.0065	0.9462
Bruttolohnsatz, Unternehmenssektor	Bremen	1.66	1.22	0.2397	0.0050	0.7552
	Niedersachsen	3.01	2.07	0.0181	0.0100	0.9719
Export, Güter und Dienstleistungen, real[211]	Bremen	4.91	3.23	0.0002	0.0300	0.9698
	Niedersachsen	-	-	-	-	-
Import, Güter und	Bremen	4.27	2.92	0.1212	0.1869	0.6919

[211] Die Variablen Export und Import für Niedersachsen sind im Modell für Niedersachsen nicht erfasst, denn sie stehen nicht zur Verfügung.

Dienstleistungen, real	Niedersachsen	-	-	-	-	-
Indirekte Steuereinnahmen, real	Bremen	5.50	3.31	0.1750	0.0272	0.7978
	Niedersachsen	5.93	4.10	0.4581	0.0763	0.4657

Anhang 7: Endogene Variablen des Modells für das Land Bremen

Variablenname	Beschreibung
HB.ABKS Mill. DM	Nominale Abgänge vom Kapitalstock des privaten Unternehmenssektors ohne Wohnungsvermietung
HB.ABKSR Mill. DM v. 1991	Reale Abgange vom Kapitalstock des privaten Unternehmenssektors ohne Wohnungsvermietung = HB.BWUOWR - HB.NWUOWR
HB.AL 1000 Personen	Arbeitslose
HB.ALQ %	Arbeitslosenquote = HB.AL/(HB.ETI+HB.SELBI)
HB.AN 1000 Personen	Lohnabhangige, Inlandskonzept
HB.ANI 1000 Personen	Lohnabhängige, Inländerkonzept
HB.ANPF	Anpassungsfaktor
HB.ANU 1000 Personen	Lohnabhangige des privaten Unternehmenssektors
HB.AP	Arbeitsproduktivität = HB.BIPR/HB.ET
HB.BAIOWUR Mill. DM v. 1991	Reale Bruttoanlageinvestitionen des privaten Unternehmenssektors ohne Wohnungsvermietung
HB.BAIR Mill. DM v. 1991	Reale Bruttoanlageinvestitionen (BIP-Konzept)
HB.BAISP Mill. DM	Nominale Bruttoanlageinvestitionen (BSP-Konzept)
HB.BAISPR Mill. DM v. 1991	Reale Bruttoanlageinvestitionen (BSP-Konzept)
HB.BAISTR Mill. DM v. 1991	Reale Staatliche Investitionen
HB.BCFU Mill. DM	Nominales Brutto-Cash-Flow des Unternehmenssektors vor Steuern =(NS.BIP-NS.BEUA)-NS.ABKS-(NS.NAUMST+NS.EABG)+NS.SUB
HB.BENP Mill. DM	Saldo des nominalen Bruttoeinkommens, Pendler
HB.BEUA Mill. DM	Nominales Bruttoeinkommen aus unselbständiger Arbeit, Inlandskonzept
HB.BEUAI Mill. DM	Nominales Bruttoeinkommen aus unselbständiger Arbeit, Inländerkonzept
HB.BEUAST Mill. DM	Nominales Bruttoeinkommen aus unselbständiger Arbeit, Staatssektor
HB.BEUAU Mill. DM	Nominales Bruttoeinkommen aus unselbständiger Arbeit, Unternehmenssektor
HB.BIP Mill. DM	Nominales Bruttoinlandsprodukt
HB.BIPR	Reales Bruttoinlandsprodukt

Mill. DM v. 1991	
HB.BIWVR Mill. DM v. 1991	Reale Wohnungsbauinvestitionen
HB.BLS	Bruttolohnsatz = HB.BEUA / HB.AN
HB.BLSNP	Bruttolohnsatz der Pendler = HB.BENP / HB.NPEND
HB.BLSST	Bruttolohnsatz des Staates = HB.BEUAST / HB.ANST
HB.BLSU	Bruttolohnsatz des privaten Unternehmenssektors = HB.BEUAU / HB.ANU
HB.BSP Mill. DM	Nominales Bruttosozialprodukt
HB.BSPR Mill. DM v. 1991	Reales Bruttosozialprodukt
HB.BW Mill. DM	Nominale Bruttowertschöpfung
HB.BWENTR Mill. DM v. 1991	Reale Wertschöpfung (Entstehung) HB.BWENTR = HB.BWR
HB.BWR Mill. DM v. 1991	Reale Bruttowertschöpfung
HB.BWRUNB Mill. DM v. 1991	Reale Bruttowertschöpfung, unbereinigt
HB.BWSTPHR Mill. DM v. 1991	Reale staatliche Wertschöpfung
HB.BWUOWR Mill. DM v. 1991	Reale Wertschöpfung des privaten Unternehmenssektors ohne Wohnungsvermietung = HB.BWR-(HB.BWSTPHR+HB.BWWVR)
HB.BWWVR Mill. DM v. 1991	Reale Wertschöpfung der Wohnungsvermietung
HB.EABG Mill. DM	Nominale Einfuhrabgabe
HB.EABGR Mill. DM v. 1991	Reale Einfuhrabgabe
HB.ENF Mill. DM	Nominale Endnachfrage, Inland
HB.ENFR Mill. DM v. 1991	Reale Endnachfrage, Inland
HB.EP 1000 Personen	Erwerbspersonen
HB.EPEPP	Relation Erwerbspersonen zu Erwerbspotential = HB.EP/HB.EPP
HB.EPP 1000 Personen	Erwerbspotential
HB.ET 1000 Personen	Erwerbstätige, Inlandskonzept
HB.ETI 1000 Personen	Erwerbstätige, Inländerkonzept

HB.EXDL Mill. DM	Nominaler Export, Dienstleistungen
HB.EXDLR Mill. DM v. 1991	Realer Export, Dienstleistungen
HB.EXG Mill. DM	Nominaler Export, Güter
HB.EXGDL Mill. DM	Nominaler Export, Güter und Dienstleistungen
HB.EXGDLR Mill. DM v. 1991	Realer Export, Güter und Dienstleistungen
HB.EXGR Mill. DM v. 1991	Realer Export, Güter
HB.ILSKU	Lohnstückkosten = HB.BEUAU/(100*(HB.BIP-HB.BEUAST)/HB.PBIP)/0.47531
HB.IMDL Mill. DM	Nominaler Import, Dienstleistungen
HB.IMG Mill. DM	Nominaler Import, Güter
HB.IMGDL Mill. DM	Nominaler Import, Güter und Dienstleistungen
HB.IMGDLR Mill. DM v. 1991	Realer Import, Güter und Dienstleistungen
HB.IMGR Mill. DM v. 1991	Realer Import, Güter
HB.IMGR Mill. DM v. 1991	Realer Import, Dienstleistungen
HB.INDSTR Mill. DM v. 1991	Reale indirekte Steuern
HB.KAPAU	Kapazitatsauslastung des privaten Unternehmenssektors = (100*(HB.BIP-HB.BEUAST)/HB.PBIP)/HB.PP
HB.KSR Mrd.DM v. 1991	Realer Kapitalstock
HB.KSSTR Mrd.DM v. 1991	Realer staatlicher Kapitalstock
HB.KSUOWVR Mrd.DM v. 1991	Realer Kapitalstock des privaten Unternehmenssektors ohne Wohnungsvermietung
HB.KSUR Mrd.DM v. 1991	Realer Kapitalstock des privaten Unternehmenssektors
HB.KSWVR Mrd.DM v. 1991	Realer Kapitalstock der Wohnungsvermietung
HB.NAIOWUR Mill. DM v. 1991	Reale Nettoanlageinvestitionen des privaten Unternehmenssektors ohne Wohnungsvermietung
HB.NAUMST Mill. DM	Nominale nichtabzugsfähige Umsatzsteuer
HB.NAUMSTR Mill. DM v. 1991	Reale nichtabzugsfähige Umsatzsteuer
HB.NEUAI Mill. DM	Nominales Nettoeinkommen aus unselbständiger Arbeit, Inländerkonzept

HB.NEUAIR Mill. DM v. 1991	Reales Nettoeinkommen aus unselbständiger Arbeit, Inländerkonzept
HB.NEUTVI Mill. DM	Nominales Nettoeinkommen aus Unternehmenstätigkeit und Vermögen, Inländerkonzept
HB.NEUTVIR Mill. DM v. 1991	Reales Nettoeinkommen aus Unternehmenstätigkeit und Vermögen, Inländerkonzept
HB.NEVRWR Mill. DM v. 1991	Realer Saldo der Erwerbs- und Vermogenseinkommen
HB.NLSI	Nettolohnsatz = HB.NEUAI / HB.ANI
HB.NPEND 1000 Personen	Saldo der Pendler
HB.NTR Mill. DM	Empfänge nominale Nettotransferzahlungen der privaten Haushalte
HB.NTRR Mill. DM v. 1991	Empfänge reale Nettotransferzahlungen der privaten Haushalte
HB.PBAI Index, 1991=100	Preisindex, Bruttoanlageinvestitionen
HB.PBAIST Index, 1991=100	Preisindex, Staatliche Investitionen
HB.PBIP Index, 1991=100	Preisindex, Bruttoinlandsprodukt
HB.PBSP Index, 1991=100	Preisindex, Bruttosozialprodukt
HB.PENF Index, 1991=100	Preisindex, Endnachfrage
HB.PP	Produktionspotential des privaten Unternehmenssektors = HB.PPG-HB.BWSTPHR
HB.PPG	Produktionspotential
HB.PPV Index, 1991=100	Preisindex, Privater Konsum
HB.PV Mill. DM	Nominaler privater Konsum (BSP-Konzept)
HB.PVR Mill. DM v. 1991	Realer privater Konsum (BSP-Konzept)
HB.PVRPOP	Realer privater Konsum pro Kopf der Bevölkerung = HB.PVR/HB.POP
HB.RESTPR Mill. DM v. 1991	Realer Restposten
HB.SELBS 1000 Personen	Selbständige, Inlandskonzept
HB.STV Mill. DM	Nominaler Staatsverbrauch (BSP-Konzept)
HB.STVLR Mill. DM v. 1991	Realer Staatsverbrauch (Lohne)
HB.STVOLR Mill. DM v. 1991	Realer Staatsverbrauch (sonstiger Verbrauch)
HB.STVR	Realer Staatsverbrauch (BSP-Konzept)

Mill. DM v. 1991	
HB.UEBDLR Mill. DM v. 1991	Reale unterstellte Entgelte für Bankdienstleistungen
HB.VEPHR Mill. DM v. 1991	Verfügbares reales Einkommen der privaten Haushalte

Anhang 8: Endogene Variablen des Modells für das Land Niedersachsen

Variablenname	Beschreibung
NS.ABKS Mill. DM	Nominale Abgänge vom Kapitalstock des privaten Unternehmenssektors ohne Wohnungsvermietung
NS.ABKSR Mill. DM v. 1991	Reale Abgänge vom Kapitalstock des privaten Unternehmenssektors ohne Wohnungsvermietung = NS.BWUOWR- NS.NWUOWR
NS.AL 1000 Personen	Arbeitslose
NS.ALQ %	Arbeitslosenquote = NS.AL/(NS.ETI+NS.SELBI)
NS.AN 1000 Personen	Lohnabhangige, Inlandskonzept
NS.ANI 1000 Personen	Lohnabhangige, Inländerkonzept
NS.ANPF	Anpassungsfaktor
NS.ANU 1000 Personen	Lohnabhängige des privaten Unternehmenssektors
NS.AP	Arbeitsproduktivität = NS.BIPR/NS.ET
NS.BAIOWUR Mill. DM v. 1991	Reale Bruttoanlageinvestitionen des privaten Unternehmenssektors ohne Wohnungsvermietung
NS.BAIR Mill. DM v. 1991	Reale Bruttoanlageinvestitionen (BIP-Konzept)
NS.BAISP Mill. DM	Nominale Bruttoanlageinvestitionen (BSP-Konzept)
NS.BAISPR Mill. DM v. 1991	Reale Bruttoanlageinvestitionen (BSP-Konzept)
NS.BAISTR Mill. DM v. 1991	Reale Staatliche Investitionen
NS.BCFU Mill. DM	Nominales Brutto-Cash-Flow des Unternehmenssektors vor Steuern =(NS.BIP-NS.BEUA)-NS.ABKS-(NS.NAUMST+NS.EABG)+NS.SUB
NS.BENP Mill. DM	Saldo des nominalen Bruttoeinkommens, Pendler
NS.BEUA Mill. DM	Nominales Bruttoeinkommen aus unselbständiger Arbeit, Inlandskonzept
NS.BEUAI Mill. DM	Nominales Bruttoeinkommen aus unselbständiger Arbeit, Inländerkonzept
NS.BEUAST Mill. DM	Nominales Bruttoeinkommen aus unselbständiger Arbeit, Staatssektor
NS.BEUAU Mill. DM	Nominales Bruttoeinkommen aus unselbständiger Arbeit, Unternehmenssektor
NS.BIP Mill. DM	Nominaler Bruttoinlandsprodukt

NS.BIPR Mill. DM v. 1991	Reales Bruttoinlandsprodukt
NS.BIWVR Mill. DM v. 1991	Reale Wohnungsbauinvestitionen
NS.BLS	Bruttolohnsatz = NS.BEUA / NS.AN
NS.BLSNP	Bruttolohnsatz der Pendler = NS.BENP / NS.NPEND
NS.BLSST	Bruttolohnsatz des Staates = NS.BEUAST / NS.ANST
NS.BLSU	Bruttolohnsatz des privaten Unternehmenssektors = NS.BEUAU / NS.ANU
NS.BSP Mill. DM	Nominales Bruttosozialprodukt
NS.BSPR Mill. DM v. 1991	Reales Bruttosozialprodukt
NS.BW Mill. DM	Nominale Bruttowertschöpfung
NS.BWENTR Mill. DM v. 1991	Reale Wertschöpfung (Entstehung) NS.BWENTR = NS.BWR
NS.BWR Mill. DM v. 1991	Reale Bruttowertschöpfung
NS.BWRUNB Mill. DM v. 1991	Reale Bruttowertschöpfung, unbereinigt
NS.BWSTPHR Mill. DM v. 1991	Reale staatliche Wertschöpfung
NS.BWUOWR Mill. DM v. 1991	Reale Wertschöpfung des privaten Unternehmenssektors ohne Wohnungsvermietung = NS.BWR-(NS.BWSTPHR+NS.BWWVR)
NS.BWWVR Mill. DM v. 1991	Reale Wertschöpfung der Wohnungsvermietung
NS.EABG Mill. DM	Nominale Einfuhrabgabe
NS.EABGR Mill. DM v. 1991	Reale Einfuhrabgabe
NS.ENF Mill. DM	Nominale Endnachfrage, Inland
NS.ENFR Mill. DM v. 1991	Reale Endnachfrage, Inland
NS.EP 1000 Personen	Erwerbsperson
NS.EPEPP	Relation Erwerbspersonen zu Erwerbspotential = NS.EP/NS.EPP
NS.EPP 1000 Personen	Erwerbspotential
NS.ET 1000 Personen	Erwerbstätige, Inlandskonzept
NS.ETI	Erwerbstätige, Inländerkonzept

1000 Personen

NS.ILSKU	Lohnstückkosten = NS.BEUAU/(100*(NS.BIP-NS.BEUAST)/NS.PBIP)/0.47531
NS.INDSTR Mill. DM v. 1991	Reale indirekte Steuer
NS.KAPAU	Kapazitätsauslastung des privaten Unternehmenssektors = (100*(NS.BIP-NS.BEUAST)/NS.PBIP)/NS.PP
NS.KSR Mrd.DM v. 1991	Realer Kapitalstock
NS.KSSTR Mrd.DM v. 1991	Realer staatlicher Kapitalstock
NS.KSUOWVR Mrd.DM v. 1991	Realer Kapitalstock des privaten Unternehmenssektors ohne Wohnungsvermietung
NS.KSUR Mrd.DM v. 1991	Realer Kapitalstock des privaten Unternehmenssektors
NS.KSWVR Mrd.DM v. 1991	Realer Kapitalstock der Wohnungsvermietung
NS.NAIOWUR Mill. DM v. 1991	Reale Nettoanlageinvestitionen des privaten Unternehmenssektor ohne Wohnungsvermietung
NS.NAUMST Mill. DM	Nominale nichtabzugsfähige Umsatzsteuer
NS.NAUMSTR Mill. DM v. 1991	Reale nichtabzugsfähige Umsatzsteuer
NS.NEUAI Mill. DM	Nominales Nettoeinkommen aus unselbständiger Arbeit, Inländerkonzept
NS.NEUAIR Mill. DM v. 1991	Reales Nettoeinkommen aus unselbständiger Arbeit, Inländerkonzept
NS.NEUTVI Mill. DM	Nominales Nettoeinkommen aus Unternehmenstatigkeit und Vermögen, Inländerkonzept
NS.NEUTVIR Mill. DM v. 1991	Reales Nettoeinkommen aus Unternehmenstatigkeit und Vermögen, Inländerkonzept
NS.NEVRWR Mill. DM v. 1991	Realer Saldo der Erwerbs- und Vermogenseinkommen
NS.NLSI	Nettolohnsatz = NS.NEUAI / NS.ANI
NS.NPEND 1000 Personen	Saldo der Pendler
NS.NTR Mill. DM	Empfänge nominale Nettotransferzahlungen der privaten Haushalte
NS.NTRR Mill. DM v. 1991	Empfänge reale Nettotransferzahlungen der privaten Haushalte
NS.PBAI Index, 1991=100	Preisindex, Bruttoanlageinvestitionen
NS.PBAIST Index, 1991=100	Preisindex, Staatliche Investitionen
NS.PBIP Index, 1991=100	Preisindex, Bruttoinlandsprodukt

NS.PBSP Index, 1991=100	Preisindex, Bruttosozialprodukt
NS.PENF Index, 1991=100	Preisindex, Endnachfrage
NS.PP	Produktionspotential des privaten Unternehmenssektors = NS.PPG-NS.BWSTPHR
NS.PPG	Produktionspotential
NS.PPV Index, 1991=100	Preisindex, Privater Konsum
NS.PV Mill. DM	Nominaler privater Konsum (BSP-Konzept)
NS.PVR Mill. DM v. 1991	Realer privater Konsum (BSP-Konzept)
NS.PVRPOP	Realer privater Konsum pro Kopf der Bevölkerung = NS.PVR/NS.POP
NS.RESTPR Mill. DM v. 1991	Realer Restposten
NS.SELBS 1000 Personen	Selbstandige, Inlandskonzept
NS.STV Mill. DM	Nominaler Staatsverbrauch (BSP-Konzept)
NS.STVLR Mill. DM v. 1991	Realer Staatsverbrauch (Lohne)
NS.STVOLR Mill. DM v. 1991	Realer Staatsverbrauch (sonstiger Verbrauch)
NS.STVR Mill. DM v. 1991	Realer Staatsverbrauch (BSP-Konzept)
NS.UEBDLR Mill. DM v. 1991	Reale unterstellte Entgelte für Bankdienstleistungen
NS.VEPHR Mill. DM v. 1991	Verfügbares reales Einkommen der privaten Haushalte

Anhang 9: Exogene Variablen

Variablenname	Beschreibung
GER.ALQ Prozent	Arbeitslosenquote (Alte Bundesländer) = *AL/(Erwerbstätige+AL)*
GER.BLS Mill. DM	Bruttolohn-/-gehaltsumme je Arbeitnehmer Inländer
GER.EP 1000 Personen	Erwerbspersonen (Alte Bundesländer)
GER.EPP 1000 Personen	Erwerbspersonenpotential (Alte Bundesländer)
GER.EPPPOP	Erwerbspersonenpotentialquote (Alte Bundesländer) = *100*GER.EPP/GER.POP*
GER.EXR Mill. DM	Ausfuhr, real (Alte Bundesländer)
GER.KZS Prozent	Kurzfristiger Nominalzins
GER.LIR Mill. DM	Lagerinvestitionen, reale (Alte Bundesländer)
GER.LSTZ Prozent	Lohnsteuerquote (Alte Bundesländer)
GER.LZS Prozent	Langfristiger Nominalzins
GER.MWSTS Prozent	Mehrwertsteuersatz (Regelsatz)
GER.MAZJA Stunden	Mittlere Arbeitszeit je Arbeitnehmer
GER.PBAI Index, 1991=100	Preisindex Bruttoanlageinvestitionen (Alte Bundesländer)
GER.PBAIST Index, 1991=100	Preisindex Bruttoanlageinvestition, Staat (Alte Bundesländer)
GER.PBIP Index, 1991=100	Preisindex BIP (Alte Bundesländer)
GER.PEX Index, 1991=100	Preisindex Export (Alte Bundesländer)
GER.PIM Index, 1991=100	Preisindex Import (Alte Bundesländer)
GER.POP 1000 Personen	Einwohner (Alte Bundesländer)
GER.PPV Index, 1991=100	Preisindex Privater Verbrauch (Alte Bundesländer)
GER.SVS Prozent	Summe der Sozialversicherungssätze (Alte Bundesländer)
HB.ANST Prozent	Lohnabhängige (Staat) (Bremen)
HB.ANSTQ	Lohnabhängigenquote (Staat) (Bremen)

	= HB.ANST/HB.POP
HB.BAIST Mill. DM	Staatliche Investitionen, nominal (Bremen)
HB.PHHZ 1000 PHH	Private Haushallte (Bremen)
HB.POP 1000 Personen	Einwohner (Bremen)
HB.SUB Mill. DM	Subventionen, nominal (Bremen)
NS.ANST 1000 Personen	Lohnabhängige (Staat) (Niedersachsen)
NS.ANSTQ	Lohnabhängigenquote (Staat) (Niedersachsen) *= NS.ANST/NS.POP*
NS.BAIST Mill. Euro	Staatliche Investitionen, nominal (Niedersachsen)
NS.PHHZ 1000 PHH	Private Haushalte (Niedersachsen) *= (HB.PHHZ/HB.POP)*NS.POP*
NS.POP 1000 Personen	Einwohner (Niedersachsen)
NS.SUB Mill. DM	Subventionen, nominal (Niedersachsen)
Y.PE Index, 1975=0.25	Oelpreisindex reale $/barrel

Anhang 10: Entwicklung der exogenen Variablen von 1997-2040

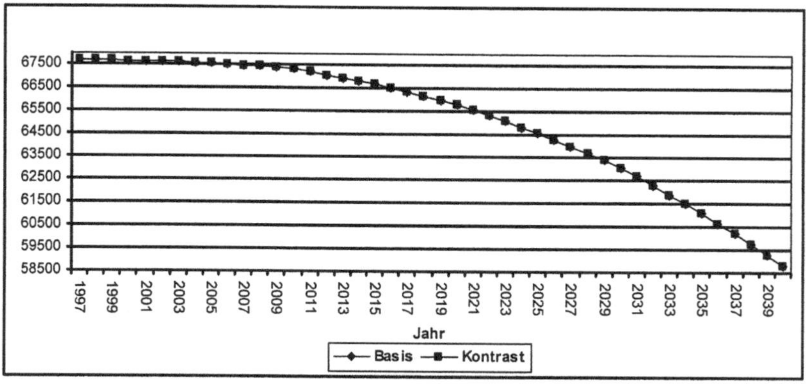

Abbildung A 11: Einwohner (Alte Bundesländer), 1000 Personen

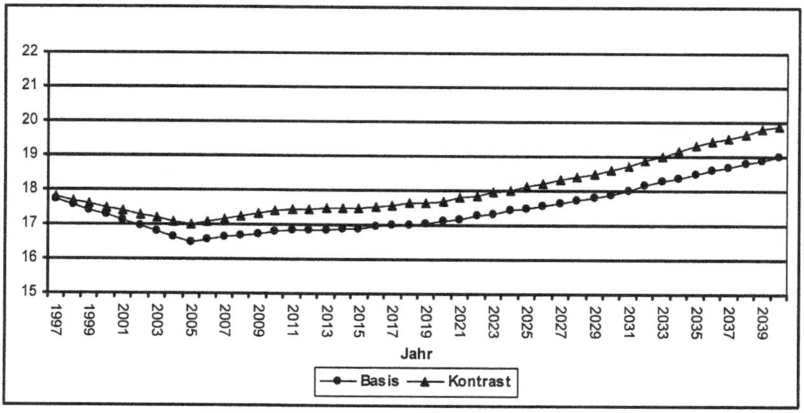

Abbildung A 12: Lohnsteuersatz (Alte Bundesländer), in Prozent

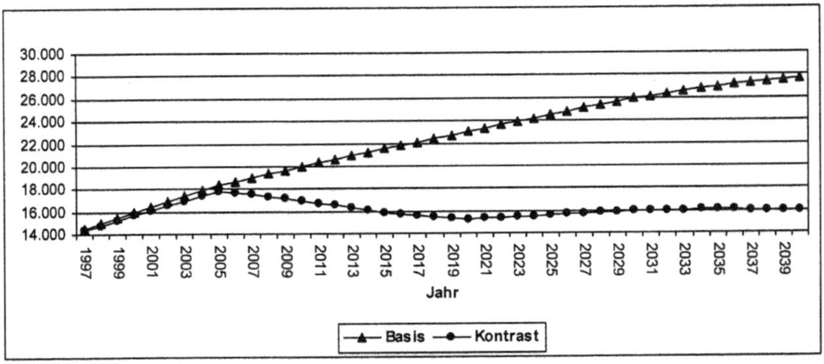

Abbildung A 13: Lagerinvestitionen, reale (Alte Bundesländer), Mill. Euro

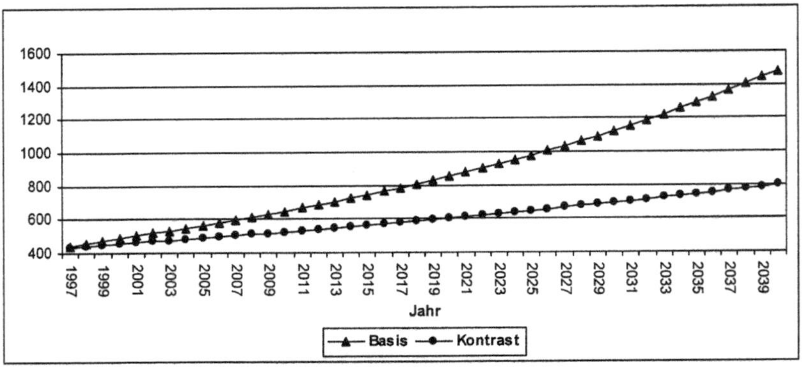

Abbildung A 14: Ausfuhr (Alte Bundesländer), Mill. Euro

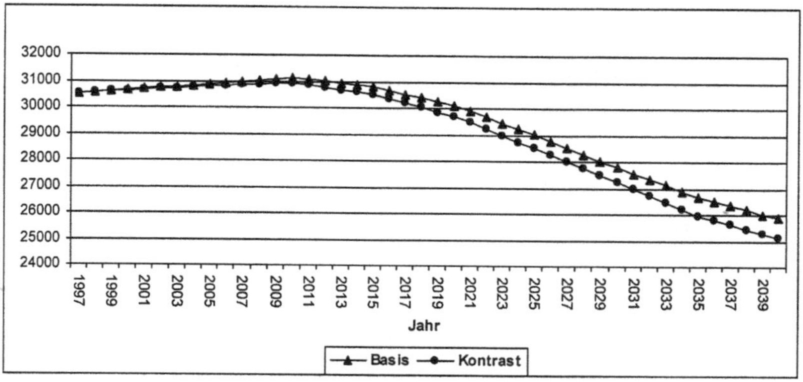

Abbildung A 15: Erwerbspersonen (Alte Bundesländer), 1000 Personen

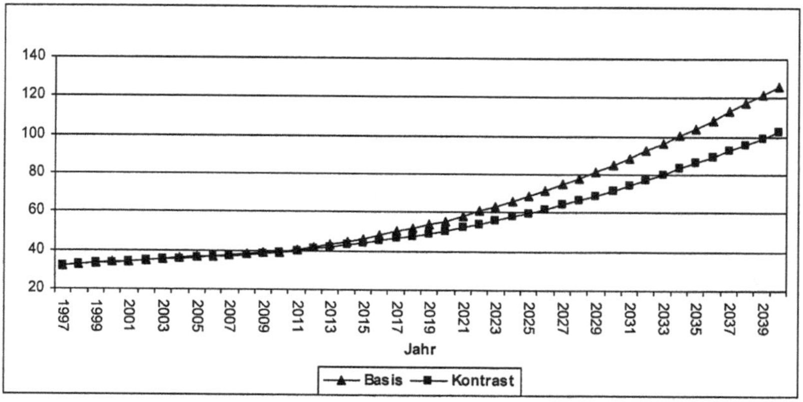

Abbildung A 16: Bruttolohn-/-gehaltssumme je Arbeitnehmer Inänder

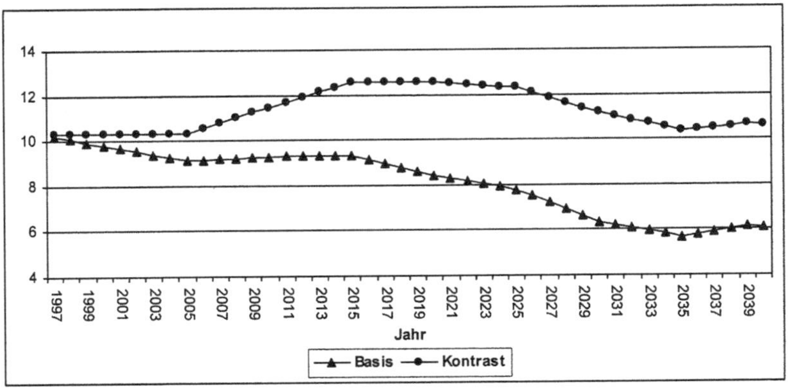

Abbildung A 17: Arbeitslosenquote (Alte Bundesländer), (in Prozent der abhängigen zivilen Erwerbspersonen)

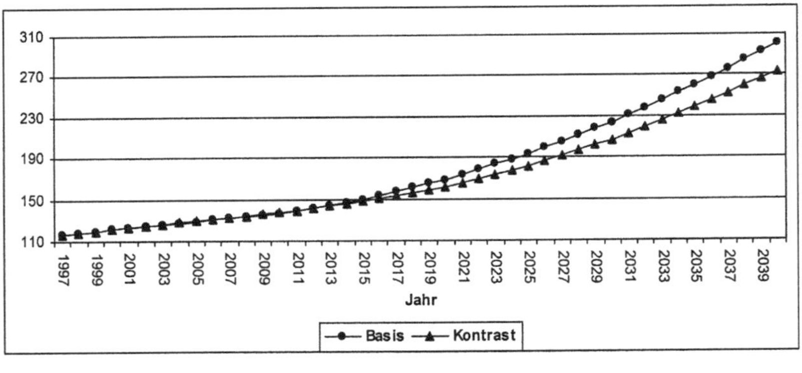

Abbildung A 18: Preisindex BIP (Alte Bundesländer), 1991=100

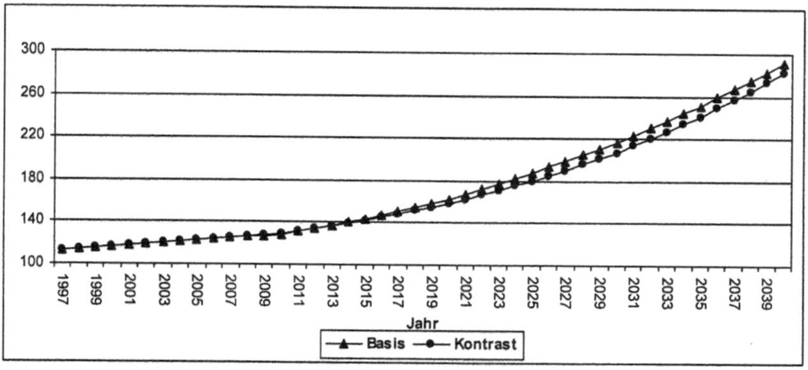

Abbildung A 19: Preisindex Bruttoanlageinvestitionen (Alte Bundesländer), 1991=100

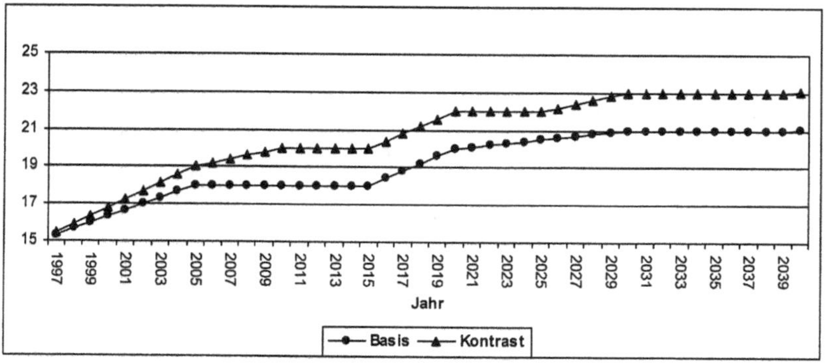

Abbildung A 20: Mehrwersteuersatz, in Prozent

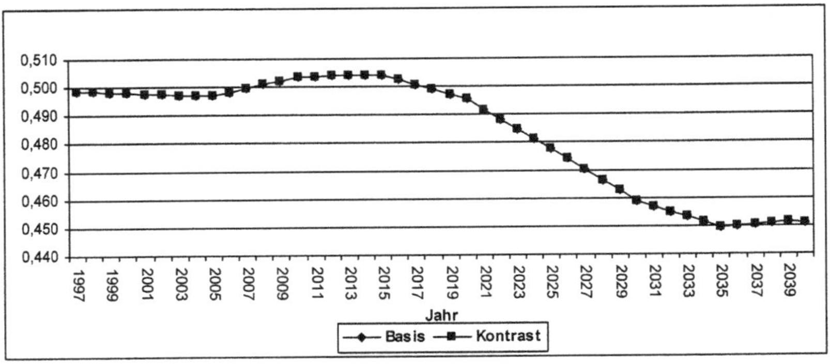

Abbildung A 21: Erwerbspersonenpotential

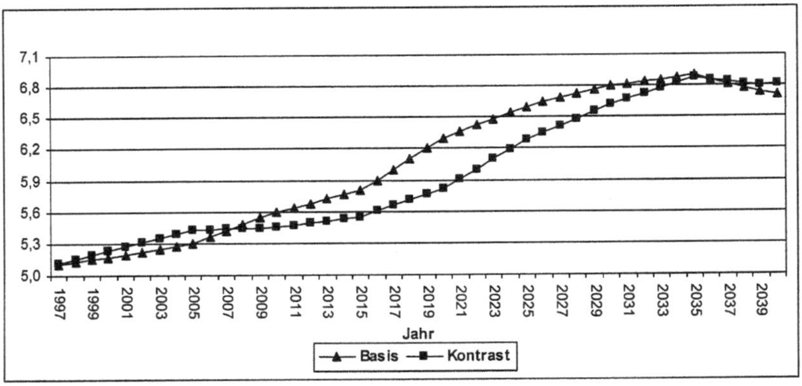

Abbildung A 22: Langfristiger Nominalzinssatz

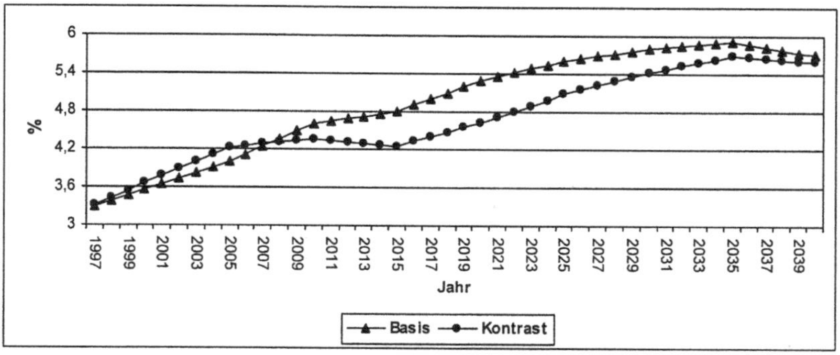

Abbildung A 23: Kurzfristiger Nominalzinssatz

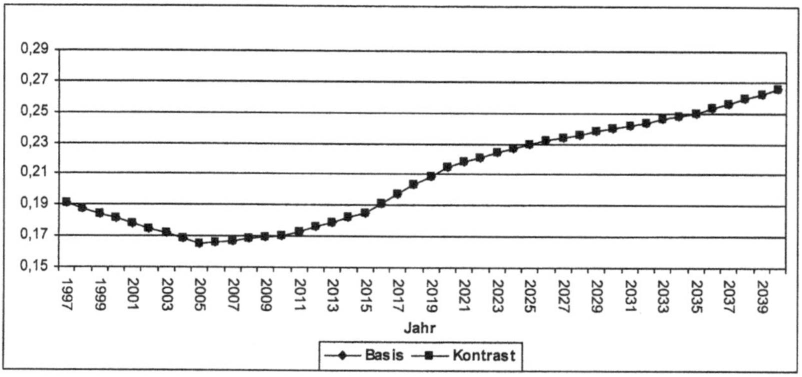

Abbildung A 24: Ölpreisindex reale $/barrel

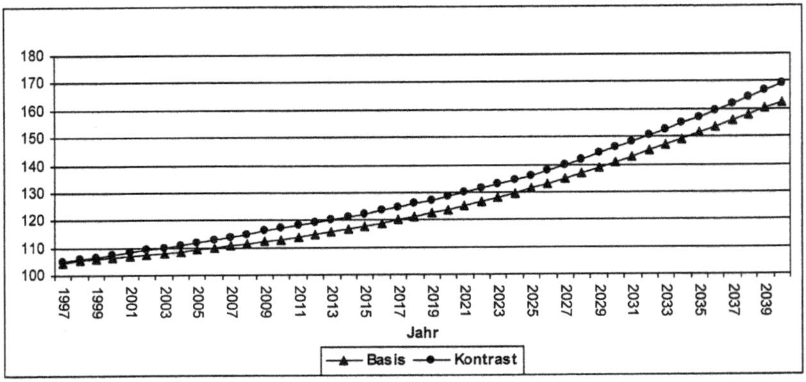

Abbildung A 25: Preisindex Export (Alte Bundesländer), 1991=100

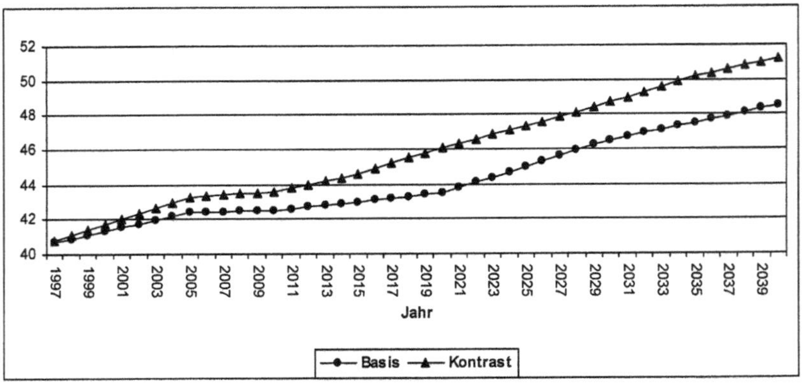

Abbildung A 26: Summe der Sozialversicherungssätze (Alte Bundesländer)

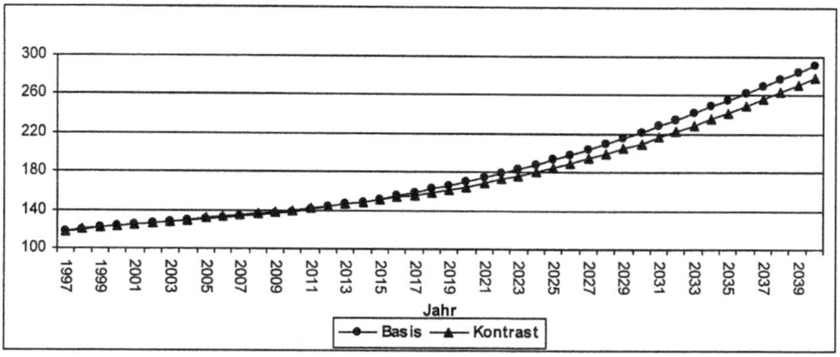

Abbildung A 27: Preisindex Privater Verbrauch (Alte Bundesländer), 1991=100

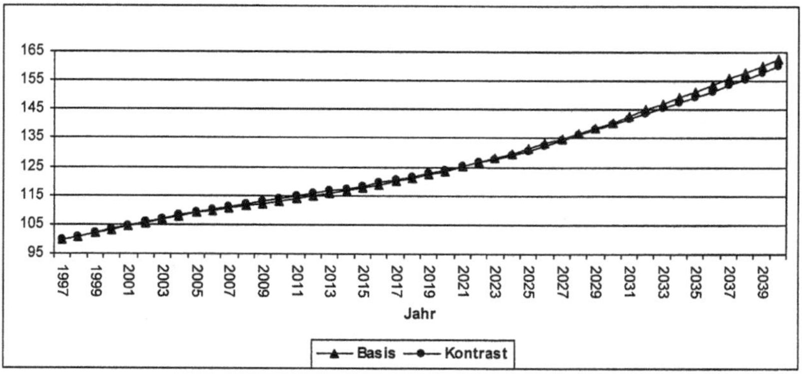

Abbildung A 28: Preisindex Import (Alte Bundesländer), 1991=100

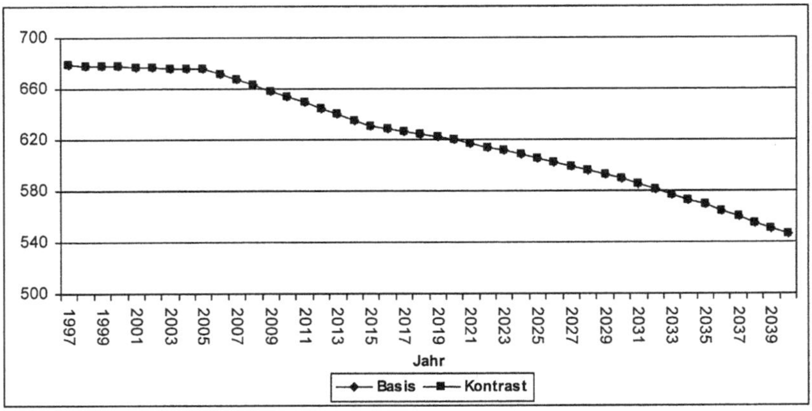

Abbildung A 29: Einwohner (Bremen), 1000 Personen

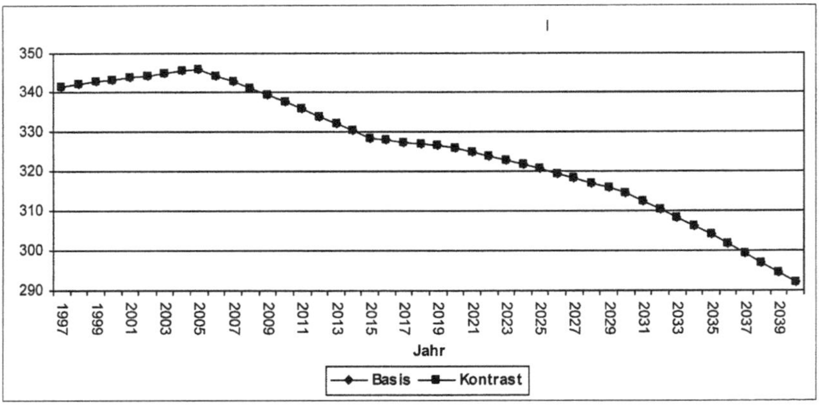

Abbildung A 30: Zahl der privaten Haushalte (Bremen), 1000 HH

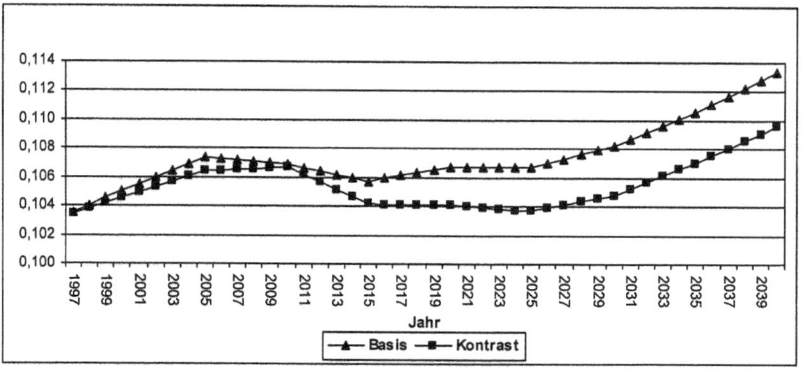

Abbildung A 31: Lohnabhängige Arbeitnehmer, Staat (Bremen), in Prozent

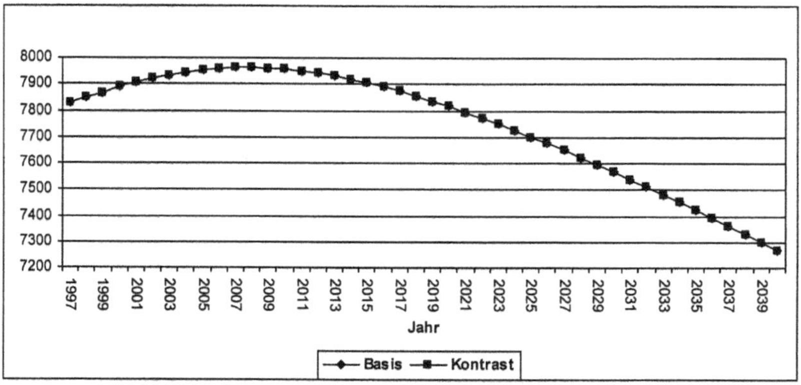

Abbildung A 32: Einwohner (Niedersachsen), 1000 Personen

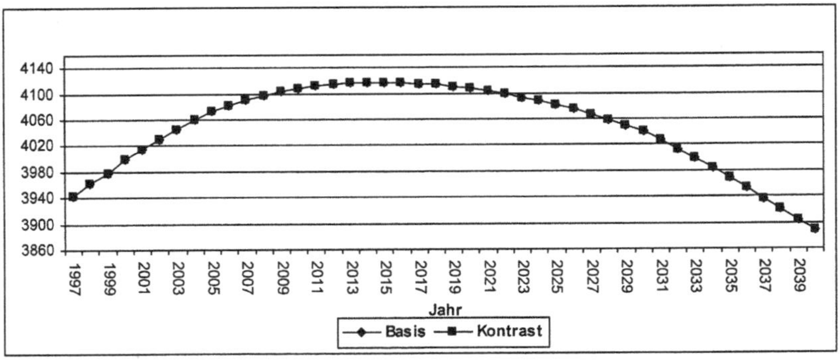

Abbildung A 33: Zahl der privaten Haushalte (Bremen), 1000 HH

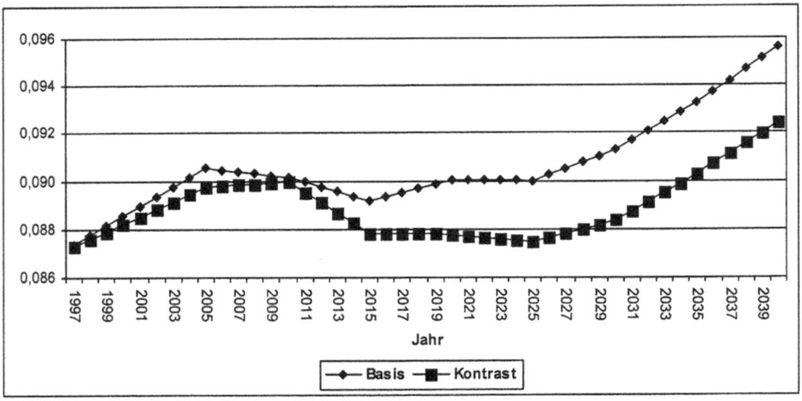

Abbildung A 34: Lohnabhängige Arbeitnehmer, Staat (Niedersachsen), Quote

Abkürzungsverzeichnis

ATKIS	Amtliches Topographisches-Kartographisches Informationssystem
BSH	Bundesamt für Seeschifffahrt und Hydrographie
CZMS	Coastal Zone Management Subgroup
DEKLIM	Deutsches Klimaforschungsprogramm
DSS	Decision Support System
EVRI	Environmental Valuation Reference Inventory
GIS	Geographisches Informationssystem
HHTHW	Höchstes Tidehochwasser
IPCC	Intergovernmental Panel on Climate Change
KLIMU	Klimaaänderung im Unterweserraum
KRIM	Klimawandel und präventives Risiko- und Küstenschutz-Management an der deutschen Nordseeküste
MTHW	Mittleres Tidehochwasser
PPP	Purchasing Power Parity
RECOACT	Regional Economic Risk and Response Analysis of Climate Change Impacts
SRES	Special Report on Emission Scenarios des IPCC

Abbildungsverzeichnis

Abbildung 1: Anstieg des globalen durchschnittlichen Meeresspiegels 1990-2100 für die IPCC-Emissionsszenarien (Quelle: IPCC 2001). 24
Abbildung 2: Einordnung regionalökonomischer Klimafolgenforschung. 26
Abbildung 3: KRIM-Szenariowürfel. 28
Abbildung 4: Szenarioansatz in KRIM. 31
Abbildung 5: KRIM-Untersuchungsgebiet (Quelle: Dietmar Kraft). 32
Abbildung 6: Ansätze zur Ermittlung von Vermögensschäden. 39
Abbildung 7: HOWAS-Schadensfunktion für ein Einfamilienhaus mit Keller und Garage (Massivbauweise, Baujahr nach 1964) (Quelle: Bayern-LfW (1998)). 42
Abbildung 8: Vorgehensweise des mesoskaligen Ansatzes gemäß Klaus, Schmidtke (1990). 51
Abbildung 9: Verläufe des Bruttoinlandsprodukts der Untersuchungsregion (BRECOMOD ESTUARY-Simulation im Rahmen von KLIMU)(Quelle: Elsner, Knogge (2001)). 58
Abbildung 10: Der Total Economic Value und seine Zusammensetzung. 64
Abbildung 11: Interdisziplinäre Folgenabschätzung. 69
Abbildung 12: Methodik der Ermittlung von Vermögensschäden in KRIM. 70
Abbildung 13: Zuordnung von Ausgangsdaten, Schadensfunktionen und Wertkategorien (K/S = Klaus, Schmidtke; KapSt = Kapitalstock). 76
Abbildung 14: Verlauf der Schadensfunktionen für fünf sektorale Kapitalstöcke. 78

Abbildung 15: Verlauf der Schadensfunktionen für die weiteren Wertkategorien. 79
Abbildung 16: Vereinfachte Grundstruktur der regional-ökonometrischen Modelle in RECOACT. 92
Abbildung 17: Prüfstatistik für BIP, real, Bremen....103
Abbildung 18: Prüfstatistik für Erwerbstätige, Bremen....103
Abbildung 19: Prüfstatistik für BIP, real, Niedersachsen....103
Abbildung 20: Prüfstatistik für Erwerbstätige, Niedersachsen....104
Abbildung 21: Reales Bruttoinlandsprodukt, Bremen, Mill. EURO....110
Abbildung 22: Erwerbstätige im Land Bremen, 1000 Personen 110
Abbildung 23: Reales Bruttoinlandsprodukt, Niedersachsen, Mill. EURO....111
Abbildung 24: Erwerbstätige im Land Niedersachsen, 1000 Personen....111
Abbildung 25: Übersicht über die Simulationsmethode....112
Abbildung 26: Ablauf der Ermittlung ökologischer Schäden....119
Abbildung 27: Flächen im KRIM-Untersuchungsgebiet unterhalb + 1 m NN (Quelle: D. Kraft)....122

Abbildungsverzeichnis, Anhänge

Abbildung A 1: Schadensfunktion Kapitalstock Verarbeitendes Gewerbe....186
Abbildung A 2: Schadensfunktion Kapitalstock Landwirtschaft 188
Abbildung A 3: Schadensfunktion Kapitalstock Handel und Verkehr....190
Abbildung A 4: Schadensfunktion Kapitalstock Dienstleistungen....192
Abbildung A 5: Schadensfunktion Kapitalstock Staat....194
Abbildung A 6: Schadensfunktion Vorratsvermögen....196

Abbildung A 7: Schadensfunktion Wohnkapitalstock..198
Abbildung A 8: Schadensfunktion Hausrat..200
Abbildung A 9: Schadensfunktion KFZ für Überflutungshöhen bis 1,50 m 202
Abbildung A 10: Schadensfunktion Infrastruktur für Überflutungshöhen bis 1,00 m 204
Abbildung A 11: Einwohner (Alte Bundesländer), 1000 Personen....................257
Abbildung A 12: Lohnsteuersatz (Alte Bundesländer), in Prozent 257
Abbildung A 13: Lagerinvestitionen, reale (Alte Bundesländer), Mill. Euro 258
Abbildung A 14: Ausfuhr (Alte Bundesländer), Mill. Euro 258
Abbildung A 15: Erwerbspersonen (Alte Bundesländer), 1000 Personen 259
Abbildung A 16: Bruttolohn-/-gehaltssumme je Arbeitnehmer Inänder...259
Abbildung A 17: Arbeitslosenquote (Alte Bundesländer), (in Prozent der abhängigen zivilen Erwerbspersonen) 260
Abbildung A 18: Preisindex BIP (Alte Bundesländer), 1991=100.....................260
Abbildung A 19: Preisindex Bruttoanlageinvestitionen (Alte Bundesländer), 1991=100...261
Abbildung A 20: Mehrwersteuersatz, in Prozent...261
Abbildung A 21: Erwerbspersonenpotential..262
Abbildung A 22: Langfristiger Nominalzinssatz 262
Abbildung A 23: Kurzfristiger Nominalzinssatz 263
Abbildung A 24: Ölpreisindex reale $/barrel...263
Abbildung A 25: Preisindex Export (Alte Bundesländer), 1991=100...264

Abbildung A 26: Summe der Sozialversicherungssätze (Alte Bundesländer) 264
Abbildung A 27: Preisindex Privater Verbrauch (Alte Bundesländer), 1991=100 265
Abbildung A 28: Preisindex Import (Alte Bundesländer), 1991=100 265
Abbildung A 29: Einwohner (Bremen), 1000 Personen 266
Abbildung A 30: Zahl der privaten Haushalte (Bremen), 1000 HH 266
Abbildung A 31: Lohnabhängige Arbeitnehmer, Staat (Bremen), in Prozent 267
Abbildung A 32: Einwohner (Niedersachsen), 1000 Personen 267
Abbildung A 33: Zahl der privaten Haushalte (Bremen), 1000 HH 268
Abbildung A 34: Lohnabhängige Arbeitnehmer, Staat (Niedersachsen), Quote 268

Tabellenverzeichnis

Tabelle 1: KRIM-Klimaszenario für 2050 (Veränderungen ggü. 1990; Angaben zu Wind, Temperatur und Niederschlag liegen nach Quartalen differenziert vor). 29
Tabelle 2: Merkmale des mikro-, meso- und makroskaligen Ansatzes zur Ermittlung von Vermögensschäden (Quelle: Hamann, Reese (2000), Schmidtke (2001), Reese, Markau (2002), Daschkeit, Sterr (2003), Markau, Reese (2003)). 40
Tabelle 3: Auszug aus der Schadensmatrix des MERK-Projektes (angegeben sind Schäden in %) (Quelle: Reese et al. (2003), S. 95). 43
Tabelle 4: Common Methodoloy zur Ermittlung sozioökonomischer und ökologischer Auswirkungen nach Vulnerabilitätsklassen (Quelle: CZMS (1992), Appendix D, S. 9). 45
Tabelle 5: Vulnerabilität der deutschen Küstenregion nach der Common Methodology bei einem Meeresspiegelanstieg von 1 m bis 2100 (Quelle: Ebenhöh et al. (1997), Sterr, Simmering (1996)) 46
Tabelle 6: Schädigungsmatrix für den Kapitalstock des Sektors Landwirtschaft (Schadensersatz in %) (Quelle: Klaus, Schmidtke (1990), S. 112). 50
Tabelle 7: Vergleich der Analysebereiche verschiedener Studien zur Sturmflutgefährdung 55
Tabelle 8: Funktionen von Küstenlandschaften (Quellen: Bijlsma et al. (1996), Turner, Adger (1996), Sterr (1997), Klein (2002), Hupfer et al. (2003)) 63

Tabelle 9: Überblick über Studien mit mesoskaligen Schadensermittlungen. 74

Tabelle 10: Schadenspotenziale in den Fokusflächen in Mill. € (2000) (Quelle: Datensatz aus Franzius-Institut für Wasserbau und Künsteningenieurwesen, eigene Berechnungen) 83

Tabelle 11: Schäden in den Fokusflächen unter Klima Status quo in Mill. € (2000) (Quelle: Datensatz aus Franzius-Institut für Wasserbau und Künsteningenieurwesen, eigene Berechnungen) 84

Tabelle 12: Schäden in den regionalen Fokusflächen unter KRIM-Klimaszenario in Mill. € (2000) (Quelle: Datensatz aus Franzius-Institut für Wasserbau und Künsteningenieurwesen, eigene Berechnungen). 85

Tabelle 13: Schadenspotenziale und Schäden in den Fokusflächen des KRIM-Untersuchungsgebietes. 86

Tabelle 14: Schäden in den Fokusflächen bei einem Ereignis der ANATOL-Klasse in Mill. € (2000) (Quelle: Datensatz aus Franzius-Institut für Wasserbau und Künsten-ngenieurwesen, eigene Berechnungen). 87

Tabelle 15: Die Struktur des ökonometrischen Modells für das Land Bremen (Anzahl der Gleichungen) 89

Tabelle 16: Die Struktur des ökonometrischen Modells für das Land Niedersachsen (Anzahl der Gleichungen). 90

Tabelle 17: Konsumfunktion (die Funktion des realen privaten Verbrauchs pro Kopf der Bevölkerung) der regional-konometrischen Modelle, Parameterschätzung und Teststatistik. 95

Tabelle 18: Funktion der Nettoanlageinvestitionen der regional-ökonometrischen Modelle, Parameterschätzung und Teststatistik. 96
Tabelle 19: Funktion der Bruttowertschöpfung der regional-ökonometrischen Modelle, Parameterschätzung und Teststatistik. 97
Tabelle 20: Funktion des Bruttolohnsatzes der regional-ökonometrischen Modelle, Parameterschätzung und Teststatistik 98
Tabelle 21: Funktion der Arbeitsnachfrage der regional-ökonometrischen Modelle, Parameterschätzung und Teststatistik 99
Tabelle 22: Funktion des Arbeitsangebots der regional-ökonometrischen Modelle, Parameterschätzung und Teststatistik. 100
Tabelle 23: Gegenüberstellung der exogenen Variablen des Modells und der von PROGNOS zur Verfügung gestellten Daten. 109
Tabelle 24: Überblick über Überflutungsfolgen für das reale Bruttoinlandsprodukt (BIP) sowie für die Beschäftigung (ET) in den Fokusflächen. 115
Tabelle 25: Überblick über die Kosten von Deicherhöhung bzw. der Errichtung einer zweiten Deichlinie, sowie über die Folgen für das reale Bruttoinlandsprodukt sowie für die Beschäftigung in den Fokusflächen. 118
Tabelle 26: Jade-Sperrwerk und seine Folgen für das reale Bruttoinlandsprodukt sowie für die Beschäftigung. 117
Tabelle 27: Weser-Sperrwerk und seine Folgen für das reale Bruttoinlandsprodukt sowie für die Beschäftigung. 117

Tabelle 28: Detaillierungsgrad der Informationsgrundlagen einer Berechnung ökologischer Schäden. 120

Tabelle 29: Überflutungsflächen in den Fokusflächen unter „Klima Status quo“ und „KRIM Klimaszenario“ (Quelle: Datensatz aus Franzius-Institut für Wasserbau und Künsteningenieurwesen, eigene Berechnungen). 130

Tabelle 30: Ökologische Schäden eines Küstenschutz-versagens in den Fokusflächen unter Klima „Status quo“ und „KRIM-Klimaszenario“ (Quelle: Datensatz aus Franzius-Institut für Wasserbau und Künsten-ingenieurwesen, Eigene Berechnungen). 131

Tabelle 31: Ökologische Schäden eines Küstenschutzversagens in den Fokusflächen bei einem Ereignis der ANATOL-Klasse (Quelle: Datensatz aus Franzius-Institut für Wasserbau und Künsteningenieurwesen, eigene Berechnungen) 132

Tabelle 32: Gegenwartswerte einer Zahlung von 1000 Geldeinheiten für verschiedene Zahlungszeitpunkte und Diskontsätze. 137

Tabelle 33: Beispiel zum Vorgehen der Kosten-Nutzen-Analyse einer Küstenschutzinvestition. 139

Tabelle 34: Überblick über die Schäden in den Fokusflächen unter Klima Status quo, unter KRIM-Klimaszenario und bei einem Ereignis der ANATOL-Klasse in Mill. € (2000). 142

Tabelle 35: Übersicht – Abdeckung der Analysebereiche der Fokusflächen durch die Inputs aufbereiteter Daten aus den Simulationen der Forschungsverbandes KRIM 144

Tabelle 36: Ergebnisse der Kosten-Nutzen-Kalkulationen unterschiedlicher Küstenschutzprojekte unter dem KRIM-Klimaszenario. 146
Tabelle 37: Ergebnisse der Kosten-Nutzen-Kalkulationen unterschiedlicher Küstenschutzprojekte bei einem Ereignis der ANATOL-Klasse. 147

Tabellenverzeichnis, Anhänge

Tabelle A 1: Ausgangsdatenpaare Kapitalstock Verarbeitendes Gewerbe 185
Tabelle A 2: Ausgangsdatenpaare Kapitalstock Landwirtschaft. 187
Tabelle A 3: Ausgangsdatenpaare Kapitalstock Handel und Verkehr 189
Tabelle A 4: Ausgangsdatenpaare Kapitalstock Dienstleistungen 191
Tabelle A 5: Ausgangsdatenpaare Kapitalstock Staat 193
Tabelle A 6: Ausgangsdatenpaare Vorratsvermögen 195
Tabelle A 7: Ausgangsdatenpaare Wohnkapitalstock 197
Tabelle A 8: Ausgangsdatenpaare Hausrat 199
Tabelle A 9: Ausgangsdatenpaare KFZ 201
Tabelle A 10: Ausgangsdatenpaare Infrastruktur 203
Tabelle A 11: Brake - Die Werte der Impulse und deren Folgen für das reale Bruttoinlandsprodukt sowie für die Beschäftigung. 205

Tabelle A 12: Butjadingen - Die Werte der Impulse und deren Folgen für das reale Bruttoinlandsprodukt sowie für die Beschäftigung. 206
Tabelle A 13: Wangerland - Die Werte der Impulse und deren Folgen für das reale Bruttoinlandsprodukt sowie für die Beschäftigung. 207
Tabelle A 14: Wangerooge - Die Werte der Impulse und deren Folgen für das reale Bruttoinlandsprodukt sowie für die Beschäftigung. 208
Tabelle A 15: WHV - Die Werte der Impulse und deren Folgen für das reale Bruttoinlandsprodukt sowie für die Beschäftigung. 209
Tabelle A 16: Wursten - Die Werte der Impulse und deren Folgen für das reale Bruttoinlandsprodukt sowie für die Beschäftigung. 210
Tabelle A 17: Bremen - Die Werte der Impulse und deren Folgen für das reale Bruttoinlandsprodukt sowie für die Beschäftigung. 211
Tabelle A 18: Bremerhaven - Die Werte der Impulse und deren Folgen für das reale Bruttoinlandsprodukt sowie für die Beschäftigung. 212
Tabelle A 19: Brake - Deicherhöhung und ihre Folgen für das reale Bruttoinlands-produkt sowie für die Beschäftigung. 213
Tabelle A 20: Butjadingen - Deicherhöhung und die Einrichtung einer zweiten Deich-linie und deren Folgen für das reale Bruttoinlandsprodukt sowie für die Beschäftigung. 213

Tabelle A 21: Wangerland - Deicherhöhung und die Einrichtung einer zweiten Deich-linie und deren Folgen für das reale Bruttoinlandsprodukt sowie für die Beschäftigung. 214
Tabelle A 22: Wangerooge - Deicherhöhung und ihre Folgen für das reale Brutto-inlandsprodukt sowie für die Beschäftigung. 214
Tabelle A 23: WHV - Deicherhöhung und ihre Folgen für das reale Bruttoinlands-produkt sowie für die Beschäftigung. 214
Tabelle A 24: Wursten - Deicherhöhung und die Einrichtung einer zweiten Deichlinie und deren Folgen für das reale Bruttoinlandsprodukt sowie für die Beschäftigung. 215
Tabelle A 25: Bremerhaven - Deicherhöhung und ihre Folgen für das reale Brutto-inlandsprodukt sowie für die Beschäftigung. 215

Strukturwandel und Strukturpolitik

Herausgegeben von Wolfram Elsner

Band 1 Karsten Seidel: Maritime Netzwerke und europäische Industriepolitik. 2000.

Band 2 Dieter Bögenhold (Hrsg.): Kleine und mittlere Unternehmen im Strukturwandel – Arbeitsmarkt und Strukturpolitik. 2000.

Band 3 Thomas Knogge: Umweltschocks und langfristige regionale Wirtschaftsentwicklung. Eine integrative Analyse reginalökonomischer Folgen des globalen Klimawandels. Mit dem Fallbeispiel der nordwestdeutschen Küstenregion. 2002.

Band 4 Wolfram Elsner (Hrsg.): Neue Alternativen des Länder-Finanzausgleichs. Modellrechnungen und Gutachten unter besonderer Berücksichtigung der Stadtstaaten-Problematik. 2002.

Band 5 Stefan Meyer: Strukturerneuerung und Regionalentwicklung durch Kooperationen und Netzwerke. Mit einer Fallstudie zum Autorecycling in Bremen. 2002.

Band 6 Martin Wrobel: Flughäfen in der Region. Regionale Gravitationszentren vor dem Verkehrsinfarkt? Eine Strukturanalyse und Prognose der landseitigen Verkehrssituation – am Beispiel des Airport Bremen. 2002.

Band 7 Martin Heinlein: Innovationen kleiner Unternehmen in regionalen Netzwerken. Die Förderung von Forschung und Entwicklung durch aktive Vermittlung im Wissens- und Technologietransfer. 2004.

Band 8 Martin Wrobel: Die Logistik als Motor regionaler Strukturentwicklung. Sektorale Clusterstrukturen und Netzwerkpotentiale am Beispiel Bremen und Hamburg. 2004.

Band 9 Sabine Bruns-Vietor: Logistik, Organisation und Netzwerke. Eine radikal konstruktivistische Diskussion des Fließsystemansatzes. 2004.

Band 10 Ernst Mönnich: Erklärungsansätze regionaler Entwicklung und politisches Handeln. Kritik und regionalökonomische Konsequenzen. 2004.

Band 11 Jost Bartkowiak: Stadtzentren im Umbruch. Zur *Revitalisierung* von Großstadtzentren, deren Bedeutung für Stadtökonomie, Städtebau und Stadtgesellschaft. Am Beispiel zentralstädtischer Bahnhofsareale. 2004.

Band 12 Wolfram Elsner / Christoph Otte / Inhi Yu: Klimawandel und regionale Wirtschaft. Vermögensschäden und Einkommensverluste durch extreme Klimaereignisse sowie Kosten-Nutzen-Analysen von Schutzmaßnahmen. Am Beispiel der nordwestdeutschen Küstenregion. 2005.

www.peterlang.de

FSC
www.fsc.org
MIX
Papier | Fördert
gute Waldnutzung
FSC® C083411

Kolibri 360 GmbH
Ferdinand-Jühlke-Straße 7
99095 Erfurt, Deutschland
produktsicherheit@kolibri360.de

Druck:
CPI Druckdienstleistungen GmbH
im Auftrag der
Kolibri 360 GmbH
Ferdinand-Jühlke-Str. 7
99095 Erfurt